이게 다
양자역학 때문이야!

우주 만물의 근본적 특성에 대해 알고 싶어?

이게 다 양자역학 때문이야!

제레미 해리스 지음 | 박병철 옮김

문학수첩

생각하는 법을 가르쳐 주신 어머니,
글 쓰는 법을 가르쳐 주신 아버지,
이 두 가지를 동시에 하는 법을 가르쳐 준 내 동생 에드,
그리고 두 가지를 동시에 하면서 정신줄을 놓지 않는
비법을 전수해 준 사리나에게
이 책을 바친다.

Contents

Quantum Physics
Made Me Do It

양자역학quantum mechanics은 아주 작은 세상의 작동 원리를 설명하는 놀라운 과학이다. 원자와 분자들이 사는 미시 세계에서는 하나의 입자가 여러 장소에 '동시에' 놓일 수 있고, 시계 방향과 반시계 방향으로 '동시에' 회전하는 등, 논리와 상식을 거스르는 희한한 서커스가 매 순간 펼쳐지고 있다. 양자역학은 인간의 의식意識과 평행우주parallel universe에서 자유의지와 영생에 이르기까지 우주의 삼라만상을 아우르는 이야기이며, 인간의 본질을 들여다볼 수 있는 과학적 렌즈이기도 하다.

이론 자체가 기이한 만큼, 그것을 연구하는 사람들도 정상에서 살짝 벗어나 있다. 하지만 이들도 다른 사람처럼 가끔씩 파티를 벌이기도 한다.

지난 2014년, 나는 세계적으로 유명한 양자물리학자면서 정신 상태가 살짝 의심스러운 사람이 개최한 파티에 초대되었다. 지금부터 그를 '밥Bob'이라 부르기로 하자. 사실 이것은 그의 실제 이름이다.

물리학 분야에도 청중을 사로잡는 록스타가 있는데, 밥이 바로 그런 사람 중 하나였다. 내가 밥과 함께 연구를 시작하던 무렵, 그는 훗날 베스트셀러 반열에 오르게 될 교과서를 집필했고, 레이저 이론에 크게 기여한 논문을 연달아 발표했으며, 빛의 양자적 특성을 규명하는 유명한 실험을 수행했다. 또한 그는 프로이센 귀족의 이름을 딴 유명한 상을 받았는데, 이것은 물리학자로서 크게 성공했음을 증명하는 훈장과도 같았다(적어도 물리학자들 사이에서는 그렇게 통했다).

대학원생 시절, 나는 물리학에 대하여 밥에게 배운 것이 한두 가지 있긴 하다. 하지만 그날 파티의 주인공은 누가 뭐라 해도 밥이 아니라 나였다. 내 주변에는 밥을 포함한 두어 명의 록스타 물리학자와 머리카락에 잔뜩 힘을 준 대학원생 대여섯 명이 모여들어서 내가 종이 위에 휘갈긴 그림을 뚫어져라 쳐다보고 있었다. 내가 미술에 소질이 있냐고? 물론 아니다. 내가 그린 것은 동그라미에 작대기를 꽂은 듯 깡마른 사람일 뿐이었다(초등학생도 나보다는 잘 그릴 것이다).

무언가 한 마디 해야 될 것 같은 분위기였기에, 나는 천천히 입을 열었다. "바로 이겁니다. 이것 때문에 몇몇 사람들이 양자역학에서 평행우주가 가능하다고 믿는 거예요."

잘난 척할 생각은 없었지만, 사람들은 꽤 깊은 인상을 받은 것 같았다. "이거 이거… 보면 볼수록 의미심장하네!" "지금까지 이런 그림을 아무도 떠올리지 못했다니, 정말 믿을 수가 없군. 이 정도면 완전히 미친 이론도 아닌데 말이야." 밥도 내 그림에 충격을 받은 듯, 종이에서 시선을 떼지 못하고 있었다.

평행우주를 삼류 공상과학물쯤으로 치부해 왔던 연구실 사람들은 그 후로 몇 주 동안 이 가설을 꽤 진지하게 받아들이는 분위기였고, 개중에는 양자역학을 이해하는 새로운 방법으로 여기는 사람도 있었다. 예나 지금이나 갓 개종한 사람의 열정은 말리기 어려운 법이다.

최고의 물리학자들이 나 같은 20대 멍청이가 무심결에 끄적인 낙서에 이 정도로 영향을 받다니, 나 자신도 믿기지 않았다. 위대한 과학자들이 '존재하는 것과 존재하지 않는 것'에 대해 오랫동안 간직해 온 관념이 어떻게 반쯤 취한 20대 신출내기의 낙서 때문에 달라질 수 있다는 말인가?

나는 그 이유가 '교황이 사이언톨로지scientology (신神과 같은 초월적 존재를 부정하고, 과학기술로 모든 문제를 해결할 수 있다고 믿는 신흥 종교-옮긴이)에 대해 잘 알지 못하는 이유'와 일맥상통한다고 생각한다. 자신이 이미 진실을 알고 있다고 믿는 사람은 굳이 다른 버전의 진실을 찾으려 애쓰지 않는다. 아니, 찾지 않는 정도가 아니라 '찾으면 안 된다'고 스스로 옥죄는 것 같다. 결혼한 부부가 외도를 금기시하는 것과 비슷하다. 그래서 교황에게는 순교자가 있고, 사이언톨로지에는 톰 크루즈가 있으며, 양자역학에는 열렬한 추종자가 있다.

별로 놀라운 일도 아니다. 양자역학은 원래 종교와 비슷하기 때문이다. 그것은 우주의 시작과 끝에 관한 이야기이며, 우주에서 우리의 위치와 (믿거나 말거나) 우리가 죽은 후에 겪게 될 일까지 알려주는 이론이다.

그래서 양자역학은 다른 종교가 그랬던 것처럼 교리를 해석하는 단계에서 숱한 논쟁을 야기해 왔다. 물론 양자역학은 전례를 찾아보기 어려울 정도로 눈부신 성공을 거둔 이론이다. 그러나 나는 물리학자들이 '양자역학이 말하는 우주의 원리'를 놓고 고래고래 소리를 지르며 싸우는 모습을 여러 번 목격했다. 개중에는 무수히 많은 평행우주가 존재한다고 믿는 사람도 있고, 양자역학이 의식의 근원을 설명해 준다고 우기는 사람도 있으며, 우주의 미래는 이미 결정된 것이어서 우리의 운명도 빅뱅Big Bang이 일어나는 순간에 결정되었다고 주장하는 사람도 있다.

인류는 수십만 년 전부터 자연을 이해하기 위해 숱한 우여곡절을 겪으면서 서서히 지식의 탑을 쌓아왔고, 양자역학은 20세기 초에 엄밀한 검증을 거친 후 탑 꼭대기에 새로 추가된 최신 버전의 지식이다. 그런데 이렇게 '공인된 지식체계'가 어떻게 한 파티장에서 나돈 사소한 낙서 때문에 뿌리째 흔들릴 수 있다는 말인가?

파티 이야기가 나와서 말인데, 나는 밥의 집에서 파티가 열리기 몇 달 전에 또 다른 '괴짜들의 모임'에 참석한 적이 있다.

장소는 토론토 대학교 물리학과 건물에 있는 200석 규모의 대형 강의실이었는데, 내가 그곳에 간 이유는 세미나를 듣기 위해서가 아니라, 독실한 기독교도 물리학자가 "과학 이론에서 신의 존재가 필연적으로 유도되는 이유"를 코냑처럼 부드러운 바리톤 목소리로 설명하는 모습을 내 눈으로 직접 보고 싶었기 때문이다. 앞으로 그를 '커크Kirk'라 부르기로 하자. 사실 이것도 그의 실제 이름이다.

커크는 평행우주 추종자가 아니지만 "양자역학의 핵심에는 인간의 의식이 존재하며, 그 외의 해석은 불가능하다"고 굳게 믿는 사람이다. 그리고 이것은 그가 평생 간직해 온 종교적 세계관과 똑 부러지게 들어맞았다. 나는 의자에 앉아 그의 이야기를 경청하면서 속으로 이렇게 투덜거렸다. "양자역학을 깊이 파고들어서 어렵게 얻은 결론이 자신의 신념과 일치한다니, 거 참 운 좋은 사람이네. 그런데 결론으로 가는 도중에 개인적 신념의 영향을 눈곱만큼도 받지 않았다고 장담할 수 있으려나?"

커크의 강연이 끝난 후 심기가 불편해진 나는 곧장 집으로 돌아와 먼지 쌓인 교과서와 위키피디아를 열심히 뒤지기 시작했다. 다음 강연 때 그에게 반론을 제기할 만한 '건덕지'를 찾고 싶었기 때문이다. 양자역학의 역설적인 부분을 깊이 파고들어 갈수록 내용은 더욱 억지스럽고 기이한 쪽으로 변해갔지만, 관련 용어(종종 오용되거나 검증되지 않은 개념어)를 교묘하게 사용하면 제아무리 황당한 주장도 큰 무리 없이 정당화할 수 있을 것 같았다. 이런 식으로 한 시간, 두 시간을 지나 세 시간이 넘게 흘렀을 때…

드디어 인내심이 바닥난 나의 여자친구가 불평을 늘어놓기 시작했다. 수건을 던질 시간이 된 것이다.

이 일을 계기로 나는 두 가지 교훈을 얻었다. 첫 번째는 누군가와 같은 집에서 살면 인터넷 검색 시간에 뚜렷한 한계가 부과된다는 것이고, 두 번째는 나와 교황의 공통점이 생각보다 많다는 것이었다. 그동안 나는 나 자신을 '양자역학의 다양한 관점을 충분히 이해하는 사려 깊은 물리학자'라고 생각해 왔는데, 뜬구름 잡는 소리를 파고들다 보니 나도 모르게 그쪽 분위기에 동화되고 있었다.

그렇다고 오해하지는 말아주기 바란다. 나는 이른바 양자 의식 행상꾼(양자역학과 인간의 의식을 억지로 연결시켜서 형이상학적 담론을 펼치는 사람─옮긴이)이 아니다. 그러나 물리학의 기본 요소 중 하나가 '인간의 의식'이라는 점에는 고개를 끄덕이지 않을 수 없었다. 물론 대부분의 물리학자는 여기에 동의하지 않고 나 역시 그랬지만, 인간의 의식을 물리학에 결부시키는 것은 사람들이 생각하는 것만큼 황당무계한 발상이 아니다.

양자역학이라는 이론 자체가 원래 그렇게 생겨먹었다. 미시 세계의 현상을 설명하는 정교한 이론인데도, 복잡한 수학을 걷어내고 기본 뼈대만 남기면 공상과학을 방불케 한다. 게다가 이 이론은 주변 세계에 대해 오랜 세월 동안 간직해 왔던 우리의 믿음을 뿌리째 뒤흔들었고, '현실 세계'라는 개념 자체를 처음부터 다시 생각하게 만들었다.

양자역학은 이 세계에 대해 무엇을 말해주고 있는가? 물리학자들이 지금 이 시대를 가리켜 "현실에 대한 지식이 과학 역사를 통틀어 가장 흥미진진하면서도 불확실한 시대"라고 주장하는 이유는 무엇인가?

이 질문에 답하려면 인류가 스스로를 이해하기 위해 어떤 과정을 거쳐왔는지, 그 파란만장한 역사를 되돌아볼 필요가 있다.

태초에 땅콩이 있었다

간단한 질문에서 시작해 보자. 당신이 가장 최근에 땅콩 때문에 화를 낸 건 언제였는가?

대부분의 사람들은 이런 반응을 보일 것이다. "그런 적 없어. 난 땅콩을 좋아한다고. 근데 양자역학 이야기를 한다면서 갑자기 웬 땅콩 타령이야?" 제법 날카로운 지적이다. 그러나 여기에는 그럴만한 이유가 있다. 땅콩은 무시무시한 '살인 기계'이기 때문이다. 통계자료마다 조금씩 차이가 있긴 하지만, 매년 수십에서 수백 명(주로 어린아이들)이 땅콩 알레르기 때문에 사망한다. 게다가 땅콩은 옷에 잘 지워지지 않는 기름 자국을 남기기도 하고, 땅콩 조각이 치아 사이에 끼면 오후 회의를 망칠 수도 있다.

그런데도 당신은 땅콩을 원망하지 않는다(물론 스스로를 책망하는 사람도 없다). 이유는 간단하다. 당신은 땅콩을 '자기 때문에 일어난 일에 책임질 능력이 없는 식물'이라고 생각하기 때문이다. 땅콩이 우리 몸에 아무리 나쁜 영향을 미친다 해도 그것은 그저 아무 죄 없는 콩과식물 중 하나일 뿐이다.

오늘날 대부분의 사람들은 땅콩을 이런 식으로 생각하고 있지만, 옛날부터 그랬던 것은 아니다. 이 점을 이해하기 위해, 당신이 알몸인 상태로 울창한 정글 속에 갇혔다고 가정해 보자. 내친김에, 당신이 현대 과학기술에 대한 지식도 말끔하게 잊어버렸다고 가정하자. 스마트폰도, 노트북컴퓨터도 없으며, 21세기 문명에 대한 기억도 없다. 간단히 말해서 그냥 원시인이 된 것이다.

당신은 주변을 둘러보면서 혼자가 아님을 금방 깨닫는다. 정글은 풍부한 토양과 온갖 동식물로 가득 차있다. 조류나 설치류 같은 동물은 덩치가 만만해서 한 끼 식사 거리로 적당해 보인다. 잠깐, 저기 바위 위에 표범 한 마리가 당신을 노려보고 있다. 그런데 녀석의 눈빛을 가만히 보니, 방금 전에 다람쥐를 바라보며 군침을 삼키던 당신의 눈빛과 비슷하다. 식사고 뭐고 일단 튀어야 할 것 같다.

이제 당신은 인류의 조상과 매우 비슷한 처지에 놓여있다. 가장 눈에 띄는 것은 먹이사슬의 최정점에 있던 당신이 졸지에 중간 단계로 강등되었다는 점이다. 인류가 만물의 영장이 된 것은 장구한 세월 동안 피도 눈물도 없이 진행된 '자연선택'이라는 게임에서 챔피언 타이틀을 획득했기 때문인데, 이런 것을 모두 잃은 당신은 자연의 매트릭스에 완전히 갇혀버렸다. 지금부터 당신이 주변 환경과 교환하게 될 모든 상호작용은 목숨을 건 도박이다. 앞으로 5분 후에 당신이 먹이를 얻을 확률은 다른 짐승의 먹이가 될 확률과 거의 비슷하다.

약육강식의 살벌한 생존 게임 판에서 인간의 위상은 설치류나 이끼, 검치호랑이(또는 땅콩)와 크게 다르지 않다. 아마도 우리 선조들 중에는 이런 생각을 떠올린 사람도 있을 것이다. "인간의 육체적 능력은 벌레, 식물, 또는 흙과 물리적으로 비슷하다. 그렇다면 우리의 정신적 수준도 이들과 비슷하지 않을까?" 그래서 일부 역사가들은 애니미즘^{animism}(동물, 식물, 장소 등 인간이 아닌 온갖 물체에도 영혼이 깃들어 있다고 믿는 사상)이 수만 년 전부터 유행했다고 주장한다.

인류는 어느 시점부터 한 곳에서 무리를 지어 살기 시작했고, 그 규모가 점점 커지면서 마을과 도시가 생겨났다. 그 안에서 사람들은 곡물을 창고에 잔뜩 쟁여놓고 소와 닭을 키우기 시작했지만, 마음속에는 찜찜한 구석이 남아있었다. "가만… 밀과 닭, 그리고 소들도 우리와 똑같은 영혼을 갖고 있을지 모르는데, 이렇게 막 대해도 되는 걸까?"

한 이론에 의하면 인류는 이때부터 인지부조화(다양한 생각과 지각, 소망, 의도 등이 서로 일치하지 않는 상태에서 느끼는 불편한 감정-옮긴이)를 겪으면서 다음과 같은 가치관을 형성해 나갔다고 한다. "영혼을 가진 존재를 학대하는 것은 사람이 할 일이 아니다. 그런데 나는 올바른 사람이므로, 내가 막 대하는 밀과 소는 영혼을 갖고 있지 않다."

그리하여 사람을 제외한 생명체와 사물에 영혼이 존재한다는 애니미즘 사상은 서서히 자취를 감추었고, 동식물과 사물(바다, 강, 산, 바위 등)을 관장하는 새로운 신이 등장했다. '식물에게도 영혼이 있다'는 생각이 '밀의 신'이나 '농업의 신'으로 대체된 것이다.

새로 찾은 신은 생존에 필수적인 식량(밀, 보리 등)이나 무거운 짐을 옮겨주는 동물들(소, 말, 나귀 등)을 우리와 연결해 주는 중재자 역할을 했기에 더없이 위대한 존재였고, 그 덕분에 우리는 초자연적인 개념을 포기하지 않고서도 양심의 가책 없이 곡식과 동물을 마구 다룰 수 있게 되었다. 짜잔~! 드디어 다신교가 탄생한 것이다.

종교의 기원과 진화를 설명하는 이 이론이 옳다면, 대부분의 문명에서 애니미즘이 폐기된 이유는 논리적 오류 때문이 아니라 심리적으로 불편했기 때문이다. 사실 여부를 따지기 전에, 일단은 이 결론을 기억해 두기 바란다. 나중에 알게 되겠지만, 애니미즘은 20세기 초에 출현한 양자역학 덕분에 새로운 생명력을 얻게 된다.

조로아스터에서 아브라함으로 이어지는 유일신교

유일신교 또는 일신교는 다신교와 달리 단 하나의 신만을 믿는 종교이다. '유일신'이라는 말을 들으면 대부분의 사람들은 아브라함 계통의 종교인 유대교와 기독교, 그리고 이슬람교를 떠올릴 것이다. 우리에게 친숙한 이 세 가지 종교는 (신도 수로 미루어 볼 때) 역사상 가장 큰 성공을 거둔 사례로 남았지만, 사실 이들은 유일한 일신교가 아니며 최초의 일신교도 아니었다.

서기전 1500~1000년 사이의 어느 날, 30세 전후의 페르시아 청년이

고색창연한 파티로 밤을 보낸 후 강둑에 앉아 상념에 잠겼다. 바로 이날 그는 하나의 신을 섬기는 새로운 종교를 떠올렸고, 이 종교는 3,000년이 지난 지금까지도 '조로아스터교^{Zoroastrianism}(배화교)'라는 이름으로 명맥을 유지하게 된다. 그렇다. 그 청년의 이름이 바로 조로아스터^{Zoroaster}였다.(지역마다 이름이 조금씩 다른데, 중동과 독일에서는 자라투스트라^{Zarahustra}로 알려져 있다 - 옮긴이) 현대 기독교 및 이슬람교와 마찬가지로, 조로아스터교는 영혼과 자유의지, 그리고 신성한 존재들이 현실 세계를 초월한 곳에 존재한다고 주장한다. 그래서 종교학자들 중에는 조로아스터교가 후대에 탄생한 아브라함 계통 종교(유대교, 기독교, 이슬람교)의 뿌리라고 주장하는 사람도 있다.

최초의 유일신교가 유대교이건 조로아스터교이건 또는 완전히 다른 종교이건 간에, 이들의 교리는 모든 생명체 중에서 인간을 특별하게 취급한다는 공통점을 갖고 있다. 즉, 인간은 자유의지와 영혼을 가진 유일한 존재이며, 사후 세계도 오직 인간만이 인지할 수 있다는 것이다. 지난 수백 년 동안 전 세계 대학교에서는 긴 수염에 우스꽝스러운 가발을 쓴 학자들이 더없이 근엄한 표정으로 이 문제를 진지하게 토론해 왔지만 기존의 개념에 (시대에 맞는) 약간의 아이디어를 추가했을 뿐, 별다른 진전을 이루지 못했다.

물리학에 익숙하지 않은 독자들에게는 다소 기이하게 들리겠지만, 100여 년 전에 탄생한 양자역학은 우주에 대한 기존의 관념을 송두리째 갈아엎으면서, 수백 년 동안 이어져 온 종교적 딜레마를 더욱 난해하게 만들었다. 오늘날 양자역학은 인간과 생명, 그리고 우주의 본질을 놓고 논쟁이 벌어질 때마다 빠지지 않고 등장하는 단골 메뉴로 자리 잡았고, 이로 인해 과학자들과 철학자들은 천년 넘게 전수되어 온 '자기인식自己認識'이라는 개념을 처음부터 다시 생각하게 되었다.

양자역학은 인간이라는 존재와 자유의지, 그리고 불멸의 영혼에 얼마나 큰 영향을 미쳤을까? 이 질문에 제대로 답하려면 인간의 정신세계에서 가장 최근에 일어났던 혁명적 변화를 살펴볼 필요가 있다. 그것은 바로 "이성理性을 통해 세상에 대한 무지를 타파하고 현실을 개혁한다"는 계몽주의enlightenment였다.

하나에서 무無로

자연에 대한 인류의 사상思想은 처음에 '모든 것이 신성하다'에서 출발했다가 한 걸음 물러나 '많은 것이 신성하다'로 완화되었고, 그 후 '단 하나만이 신성하다'는 쪽으로 기울었다.* 이해의 폭이 넓어질 때마다 (적어도 서구 세계에서는) 영혼과 신의 수가 급격하게 줄어든 것이다. 이와 같은 추세는 우리의 여정에서도 비슷한 패턴으로 계속된다.

1687년 7월 5일, 영국 왕립학회에서 《자연철학의 수학적 원리Philosophiæ Naturalis Principia Mathematica》라는 책이 출간되었다. 부담스러울 정도로 장황한 제목에 인성 개발에도 별 도움이 되지 않지만, 이 책은 330년이 지난지금도 아마존에서 별점 4개를 달고 절찬리에 판매 중이다. 사실 편집

---

* 이 변화 과정은 서구 세계를 지배해 온 유대교, 기독교, 이슬람교의 탄생과 일맥상통하는 점이 있지만, 애니미즘-다신교-유일신교로 이어지는 종교의 변천사에 직접적인 영향을 미쳤다고는 보기 어렵다. 애니미즘을 기반으로 한 사회는 지금도 세계 곳곳에 남아있다.

상태가 별로 좋지 않고 내용도 어렵기로 악명 높지만, 그 안에 담긴 정보의 품질은 모든 단점을 커버하고도 남는다. 이 책에는 우주 만물이 예외 없이 따르는 범우주적 법칙과 이 법칙을 수학적으로 풀어서 미래를 예측하는 방법이 일목요연하게 소개되어 있다. 이 엄청난 책의 저자는 독자들도 한 번쯤 들어봤을 17~18세기 영국의 물리학자 아이작 뉴턴Isaac Newton이다.(뉴턴의 책은 제목이 너무 길어서 흔히 '프린키피아Principia'라는 약어로 통용되고 있다-옮긴이)

대체 얼마나 대단한 책이길래 '과학 역사상 최고의 명저'라는 타이틀을 330년이 넘도록 보유하고 있는 것일까? 뉴턴 이전에 여덟 살 어린아이가 "사과는 왜 땅으로 떨어지나요?"라고 물었다면 "그야 하나님께서 떨어지도록 만들었기 때문이지!"라는 답이 돌아왔을 것이다. 그러면 아이는 별다른 의심 없이 밭으로 나가 쟁기질을 하거나, 머리를 긁으며 이를 잡거나, 부모님이 물려준 성경책을 읽으면서 '세상만사=신의 뜻'이라는 등식을 머릿속에 새겼을 것이다.

그러나 뉴턴이 제시한 답은 화끈하게 달랐다. 뉴턴은 사과가 떨어지는 현상에 '신성한 존재'를 개입시키지 않고, 일련의 수학적 규칙을 적용하여 모든 과정을 완벽하게 설명했다.

수학으로 중무장한 뉴턴의 이론은 하늘에서 관측되는 현상과 땅에서 일어나는 현상을 하나의 법칙으로 통일시켰다. 즉, 뉴턴의 물리학은 과거 수천 년 동안 완전히 다른 세상으로 취급되어 온 '인간계'와 '신계'를 개념적으로 매끄럽게 연결하는 일종의 완충장치였던 셈이다. 이로부터 인류는 과학적 논리로 세상을 이해하는 새로운 사고체계를 개발했고,

이것은 훗날 계몽주의의 모태가 되었다.

뉴턴의 고전물리학이 종교의 기반을 위태롭게 만들었다고 주장하는 사람도 있지만, 사실 뉴턴 자신은 한평생 독실한 기독교 신자로 살았다. 그는 "사과가 나무에서 떨어지는 것은 신의 소관이 아닐 수도 있으나, 사과의 낙하를 초래한 수학 법칙은 신의 소관임이 분명하다"고 굳게 믿었다.

그 후로 수십, 수백 년에 걸쳐 후대의 과학자들은 우주에 담긴 수학적 암호를 풀어나갔고, 지식이 새로 쌓일수록 신에 대한 의존도는 점차 줄어들었다. 원래 인간의 믿음이란 자기합리화에 기초한 것이기에(앞서 말한 대로, 애니미즘에서 다신교로 옮겨간 것도 이런 합리화의 결과였다) "신의 개념을 도입하지 않아도 과학만으로 자연을 이해할 수 있다"고 믿는 사람이 점차 많아졌다.

사람들에게 이런 사고방식을 주입한 장본인이 누구인지 아는가? 프랑스 혁명을 계승하여 제1통령으로 즉위했던 나폴레옹 보나파르트Napoleon Bonaparte가 바로 그 주인공이다.

유럽의 절반을 점령한 후 파격적인 교육개혁을 가차 없이 밀어붙이던 어느 날, 나폴레옹은 태양계 운동 이론을 정립한 당대 프랑스 최고의 물리학자 피에르 시몽 라플라스Pierre-Simon Laplace와 마주 앉아 간단한 대화를 나눴다.

나폴레옹: 그대는 복잡한 과학 이론을 전개하면서 신神이라는 단어를 단 한 번도 언급하지 않았다. 어떻게 그럴 수 있는가?

라플라스: (여유만만한 미소를 지으며) 그야 제 이론은 그런 번거로운 가설을 도입하지 않아도 완벽하게 작동하기 때문이죠!

신의 개념을 도입하지 않고 태양계에 속한 모든 행성의 운동을 물리적으로 서술한 것은 과학사에 길이 남을 업적이었다. 과학에서 신이 추방된 것은 신이라는 개념이 과학적 모순을 낳기 때문이 아니라, 굳이 신을 도입하지 않아도 우주의 섭리를 이해할 수 있었기 때문이다.

폭풍전야

19세기가 끝나갈 무렵, 물리학은 자연의 수많은 비밀을 속 시원하게 밝히면서 최고 전성기를 구가하고 있었다. 과학자들은 증기기관을 만들고, 수성의 타원궤도를 0.01° 오차 이내로 예측하고, 액체와 기체의 거동을 입이 딱 벌어질 정도로 정확하게 계산할 수 있게 되었다. 우주를 이해하는 데 필요한 모든 법칙을 알아냈으니, 이제 남은 일은 그 법칙을 응용할 수 있는 좀 더 흥미롭고 유용한 분야를 찾는 것뿐이었다.

영국의 물리학자 켈빈 경Lord Kelvin, William Thomson이 1900년에 했던 발언은 당시 과학계의 분위기를 잘 대변해 준다. "이제 물리학의 역할은 끝났다. 앞으로 할 일이란 관측 장비의 성능을 개선해서 정확도를 높이는 것뿐이다."

19세기 물리학에는 신이나 영혼, 자유의지, 또는 의식에 관한 내용이 눈을 씻고 찾아봐도 없다. 물리학자들은 우주를 '무한히 작으면서 엄청나게 많은 당구공(입자)의 집합체'로 간주했고, 여기에 운동법칙을 적용하면 모든 당구공의 미래를 알아낼 수 있다고 굳게 믿었다.

입자들이 서로 부딪히면 그들 중 일부가 결합하여 더 복잡한 구조체를 형성할 수도 있다. 그러나 당시 물리학자들은 이 모든 과정이 뉴턴의 법칙에 따라 진행된다고 믿었기에, 모호한 개념을 추가로 도입할 필요가 없었다. 입자들이 여러 번 충돌하다 보면 바위가 만들어질 수도 있고, 여기서 더 진행되면 땅콩이나 인간도 만들어진다는 식이다. 그리고 물체의 구조가 제아무리 복잡해도 이들 모두는 '단순하면서도 100퍼센트 예측 가능한' 뉴턴의 운동법칙을 따른다.

이로부터 얻어진 결과는 가히 환상적이었다. 임의의 한순간에 우주의 스냅샷이 주어진다면(즉, 임의의 순간에 우주를 구성하는 모든 입자의 위치와 속도를 안다면), 여기에 뉴턴의 법칙을 적용하여 모든 입자의 미래를 100퍼센트 정확하게 예측할 수 있다. 수천 년 전에 소수의 예언자들이나 할 수 있었던 일(그것도 말이 하도 모호해서 무슨 소린지 알아들을 수 없었던 것)을 물리학으로 완벽하게 구현할 수 있게 되었으니, 물리학자들은 스스로를 '조물주와 동기동창'쯤으로 생각했을 것이다.

그러나 여기에는 받아들이기 싫은 부작용도 있다. 미래를 100퍼센트 정확하게 예측할 수 있다면, 이는 곧 모든 미래가 이미 결정되어 있다는 뜻이 아닌가? 바로 그렇다. 우주 만물이 뉴턴의 운동법칙을 따른다는 것은 우주에서 일어나는 모든 사건이 뉴턴역학에 암호처럼 저장된 대본을 칼같이 따른다는 뜻이다. 철학자들은 이런 세계관을 '결정론determinism' 이라 불렀다. 미래에 일어날 모든 사건이 과거에 일어났던 사건에 의해 이미 결정되어 있기 때문이다.

나의 몸이 100퍼센트 예측 가능한 원자들로 이루어져 있다면, 나는 이 책을 쓸 운명이었고 당신도 이 책을 읽을 운명이었으며, 미래에 우리가 내리게 될 모든 결정도 이미 정해져 있다. 이런 상태에서는 자유의지나 영혼, 또는 신이 개입할 여지가 없어 보인다.

자신을 이해하기 위한 인류의 여정이 이것으로 마무리되었다면 제법 시적詩的인 종결이라 할 수 있다. 처음에는 모든 만물에 신성한 정령이 깃들어 있다는 애니미즘에서 출발했다가 '신성한 존재가 모든 만물만큼 많진 않지만 그래도 꽤 많은' 다신교로 갈아탔고, 얼마 후 온갖 신성함을 단 하나의 대상에게 몰아주는 유일신교로 정착했다. 그리고 수천 년에 걸친 이 변천 과정에서 '의식과 영혼, 그리고 자유의지를 가진 존재'의 수는 기하급수로 줄어들었고, 종국에는 인간조차도 '영혼이나 자유의지가 없는 입자의 집합일 수도 있다'는 극단적 환원주의reductionism까지 등장했다. 처음부터 끝까지 일관성 있게 변하는 것이, 왠지 올바른 답을 향해 나아가는 것처럼 보인다.

그러나 현실은 사람들의 바람과 달리 일관적이지도, 시적이지도 않았다. 철옹성 같았던 뉴턴식 세계관에 서서히 먹구름이 드리우다가, 어느 순간 갑자기 카드로 쌓은 집처럼 허물어진 것이다.

희미한 증거

뉴턴역학은 정말로 막강한 위력을 발휘했다. 예측이 정확한 것은 말할 것도 없고, 증기기관과 자동차 등 혁명적인 기계가 연달아 발명되면서 산업계 전체가 재편성되고 새로운 제국이 탄생했다.

19세기가 저물어 갈 무렵, 물리학에는 별로 중요해 보이지 않는 두 가지 문제가 해결되지 않은 채 남아있었는데, 그중 하나가 바로 수성의 공전궤도였다. 앞서 언급한 대로, 수성의 공전궤도를 뉴턴역학으로 계산한 값은 실제 관측값과 0.01°만큼 차이가 난다. 이 결과를 어떻게 받아들여야 할까?

이 질문에 대한 사람들의 반응은 다음과 같이 두 종류로 나뉜다.

(1) 우아, 엄청 정확하네! 뉴턴은 정말 대단한 천재야. 그렇지? 이제 뉴턴의 법칙을 이용해서 증기기관이나 전구처럼 유용한 물건을 만들어 보자고!

(2) 잠깐 기다려 봐. 계산에 그토록 정성을 들였는데 왜 0.01°나 차이가 나지? 혹시 이론이 틀린 거 아냐?

우리는 (1)에 속하는 사람을 공학자라 하고, (2)에 속하는 사람을 물리학자라 부른다.

수성이 공전궤도를 돌면서 딸꾹질을 한다고? 오케이, 그럴 수도 있다. 태양계에는 행성이 8개나 있는데(당시는 명왕성이 발견되기 전이었다) 그중 한두 개가 딸꾹질을 한다고 해서 세상이 끝나는 것도 아니다. 하지만 '자외선 파탄ultraviolet catastrophe'으로 불리던 두 번째 문제는 물리학자의 심기를 더욱 불편하게 만들었다.

난로에 불을 지피면 일부 부품이 뜨거워지면서 빨간색으로 변한다. 왜 그럴까? 19세기 물리학자들은 달궈진 물체의 색상과 온도의 관계를 추적하다가, 이론과 실험 사이에 심각한 차이가 있음을 알게 되었다. 실제로 물체에서 방출되는 자외선의 양은 별로 많지 않은데, 이론으로 계산한 값이 거의 무한대에 가까웠던 것이다. 물리학자들은 이 말도 안 되는 결과를 자외선 파탄이라 불렀다.

'수성의 공전궤도에서 나타난 오차'와 '뜨거운 물체의 자외선 파탄'은 뉴턴역학으로 설명될 수 없었기에, 당시 과학자들 사이에는 뉴턴역학에 무언가 문제가 있다는 흉흉한 소문이 돌기 시작했다.

그러던 어느 날, 덥수룩한 콧수염에 피아노 연주와 암벽등반이 특기인 독일의 물리학자 막스 플랑크Max Planck가 자외선 파탄을 해결하는 기발한 아이디어를 떠올렸다. 당시 본인은 전혀 짐작하지 못했지만, 그것은 과학의 패러다임을 송두리째 갈아엎는 양자 혁명의 신호탄이었다.

양자명상quantumplation('양자quantum'와 '명상contemplation'의 합성어-옮긴이)

플랑크의 목적은 단 하나, 자외선 파탄을 해결하는 것뿐이었다. 그 시절에 과학 전문 유튜버가 존재하여 그와 인터뷰를 했다면 아마 이렇게 말했을 것이다. "뜨거운 물체에서 방출되는 복사선輻射線, radiation의 스펙트럼을 이론적으로 재현하는 것은 내 일생일대의 꿈이었습니다. 그 정도면 과학사에 이름을 남길 수 있지 않을까요?"

플랑크는 파격적인 가정을 내세워서 자외선 파탄 문제를 해결했다. 그리고 얼마 가지 않아 그의 가정은 사실로 판명되었으며, 플랑크는 본의 아니게 판도라의 상자를 최초로 열어젖힌 주인공이 되었다. 그 이유를 이해하기 위해, 졸졸 흐르는 물을 상상해 보자.

다들 알다시피 물은 상온常溫(일상적인 온도)에서 액체 상태로 존재한다. 항상 매끄럽게 흐르는 것을 보면, 작은 알갱이의 집합체로는 보이지 않는다. 물은 연속적으로 흐르는 유체流體, fluid의 일종이다. 그러나 사실 물은 작은 알갱이로 이루어져 있다. 우리는 이것을 물 분자, 즉 H_2O라 부른다. 그런데도 물이 연속체처럼 보이는 이유는 최소 단위 알갱이인 분자가 엄청나게 작기 때문이다.

플랑크는 난로에 주입된(또는 방출된) 열에너지가 연속적으로 흐르지 않고, 물 분자처럼 '불연속적인 작은 알갱이'로 이루어져 있다고 생각했다.(이 알갱이의 이름이 바로 '양자quantum'이다–옮긴이) 그런데 이 에너지 알갱이가 너무 작아서, 지난 수천 년 동안 아무도 그 존재를 눈치채지 못했던 것이다!

이는 실로 엄청난 발견이었다. 당시 사람들은 에너지가 공간 속에서 파도처럼 흐르는 연속체라고 믿었는데, 40대 초반의 젊은 물리학자가 이 오래된 믿음을 한 방에 날려버린 것이다. 과학의 역사를 바꾼 위대한 발견이 고작 뜨거운 난로의 색상 변화를 설명하는 과정에서 이루어졌다니, 이런 아이러니가 또 어디 있을까?

그 무렵, 물리학의 판도를 뒤엎은 사람은 플랑크뿐만이 아니었다. 플랑크의 양자 가설이 발표되고 얼마 지나지 않아 "과거에 파동이라고 믿어왔던 것이 사실은 입자였다"고 주장하는 사람들이 속속 등장했는데, 최고의 물리학자로 알려진 알베르트 아인슈타인Albert Einstein도 그중 한 사람이었다.(아인슈타인의 광전효과 이론을 두고 하는 말이다–옮긴이)

파격은 여기서 끝나지 않았다. "과거에 입자라고 믿어왔던 것들이 사실은 파동이었다"고 주장하는 사람까지 나타난 것이다. 물리학자들은 무엇이 파동이고 무엇이 입자인지 밝히기 위해 듣도 보도 못한 이론을 앞다퉈 개발하기 시작했고, 이 와중에 극심한 수학적 혼란이 야기되었다.

그 후로 시간이 흐르면서 혼탁했던 먼지는 서서히 가라앉았고, 20~30년이 지난 후에는 탁월한 아이디어와 황당무계한 추측이 뒤죽박죽으로 섞인 희한한 이론이 모습을 드러냈다. 일단 이것을 '양자역학 1.0'이라 부르기로 하자.

양자역학 1.0은 시럽형 감기약처럼 뒷맛이 개운치 않았지만, 계산으로 얻은 값은 실험 결과와 기가 막히게 잘 들어맞았다. 애초에 문제가 되었던 자외선 파탄을 해결한 건 물론이고, 기본 입자의 '질량과 전하의 비율'(이것을 비전하比電荷라 한다−옮긴이)을 믿기지 않을 정도로 정확하게 예측했다.

그러나 대다수의 물리학자들은 무언가 잘못되었다는 느낌을 끝내 떨칠 수 없었다.

가장 큰 문제는 양자역학 1.0이 뉴턴식 물리학의 기본 가정에 부합되지 않는다는 점이다. 뉴턴의 고전역학에 의하면 물리계는 누군가가 자신을 바라보건 또는 무관심하건 상관없이 언제 어디서나 자신의 길을 간다. 물리계가 작동하는 방식은 주어진 법칙에 따라 좌우될 뿐, 관측 여부와는 무관하다. 예를 들어 당신이 원자 1개를 상자의 한쪽 구석에 던져놓고 한동안 자리를 비웠다가 다시 돌아왔다면, 굳이 상자를 열어보지 않아도 원자가 여전히 그 자리에 있다는 것을 100퍼센트 확신할 수 있다. 이는 곧 당신이 자리를 비운 동안 원자에게 일어난 일을 (엄청나게 지루하고 따분하겠지만) 일관된 논리로 설명할 수 있다는 뜻이다.

그러나 양자역학에서는 이런 믿음이 통하지 않는다. 양자 세계에서 '관측되지 않은 것'은 확고한 실체로 존재하지 않는다. 20세기 초에 양자역학에 뛰어든 물리학자들은 원자와 같이 보이지 않는 물체의 거동을 서술하기 위해 황당무계한 이야기를 만들어 냈고, 그 결과로 탄생한 양자역학 1.0은 이 황당무계한 이야기와 기가 막히게 잘 맞아 들어갔다. 양자 이론에 의하면 원자는 당신이 보지 않을 때 '그 자리에서 완벽한 정지 상태로 존재하는 것'이 원리적으로 불가능하며, 당신이 잠시 자리를 비운 동안 원자에게 일어난 일에 대해서는 단 하나도 확실하게 알아낼 수 없다. 이런 관점에서 볼 때 '관찰의 순간'이란 모든 것이 엉망진창, 뒤죽박죽으로 섞인 우주가 아주 드물게 '논리적으로 이해되는 순간'에 해당한다.

누군가가 원자를 바라볼 때(관측할 때)와 바라보지 않을 때의 원자 거동 방식이 다르다면, 다음과 같은 질문을 제기하지 않을 수 없다. 입자(또는 땅콩)는 누군가가 자신을 바라보고 있는지 어떻게 알 수 있는가? 관측을 행할 수 있는 주체는 누구인가? 오직 인간만이 관측을 실행할 수 있는가? 아니면 쥐나 벼룩이 땅콩을 바라봐도 관측에 해당하는가? 관측의 정확한 정의는 무엇인가? 무언가를 사람이 보는 것은 관측이고, 벼룩이 보는 것은 관측이 아닌가? 그렇다면 관측은 '의식意識'과 관련되어 있는가?

물리학자 중에는 이런 질문을 하찮게 여기는 사람도 있고, 양자역학 1.0을 대대적 수리가 시급한 잡탕 이론으로 취급하는 사람도 있었다.

그러나 둘 중 어느 쪽 입장을 취하건, 양자역학을 정식 이론으로 수용하려면 수천 년 동안 고이 간직해 온 철학적 가치관을 말끔하게 포기해야 했다. 우리 선조들이 애니미즘에서 다신교를 거쳐 유일신교로 정착할 때까지 수천 년이 걸렸는데, 20세기 들어 단 수십 년 사이에 인간이라는 존재가 '나에게 아무런 관심도 없고 영혼도 없는 원자들의 집합'으로 평가절하되었으니, 그 허탈함을 극복하기란 결코 쉬운 일이 아니었을 것이다.

양자 혁명은 세상을 바라보는 관점을 송두리째 바꿔놓았다. 애니미즘에서 '영혼 없는 결정론'에 이르기까지 인류가 거쳐왔던 모든 철학 사조가 새로운 가능성을 품은 채 다시 도마 위에 올려졌고, 이로부터 평행우주, 우주의식universal consciousness, 정신-육체 이원론mind-body dualism 등 새로운 우주관이 연달아 탄생했다.

이것들이 바로 이 책의 주제다. 이것은 당신과 나의 이야기이자 모든 인류에 관한 이야기이며, 우리의 믿음에 영향을 주는 학자들의 이야기이기도 하다(개중에는 가끔 사기꾼도 있다).

독자들의 흥미를 자극하기 위해 사실을 과장할 생각은 추호도 없다. 물리학을 논할 때 논리보다 감정을 앞세웠다간 오류를 범하기 쉽다. 위에 열거한 항목은 우리의 자의식을 형성하고 이상적인 사회의 형태를 결정하는 중요한 개념이어서, 책 한 권을 채우기에 부족함이 없다.

물론 파티 석상에서 가볍게 나누는 대화 소재로도 안성맞춤이다.

토끼굴 속으로

양자 세계, 즉 원자 규모의 작은 세계는 상식을 뛰어넘는 기이함으로 가득 차있다. 그런데 물리학자들은 이런 것을 어떻게 알아냈을까?

비결은 단 하나, '실험'이다. 양자적 규모에서 정교하게 설계된 실험을 실행했는데 황당무계한(그리고 몹시 혼란스러운) 결과가 나왔다면, 자연이 양자적 규모에서 황당한 법칙에 따라 운영된다는 것을 사실로 받아들일 수밖에 없다. 물리학자들은 다양한 실험 결과를 분석하다가 부지불식간에 판도라의 상자를 열어버렸고, 그로부터 온갖 희한한 비밀이 사방팔방으로 퍼져 나왔다.

우선 실험에 관한 이야기부터 풀어나가 보자. 물리학 실험은 엄청나게 지루한 작업이다. 물론 실험의 목적은 우주의 본질에 대한 질문의 답을 찾는 것이지만, 사실 대부분의 실험자는 어떤 결과가 나올지 미리 짐작하고 있다.

이런 식으로 시나리오가 이미 짜여있으니, 의외의 결과가 나오는 경우는 극히 드물다. 그럼에도 불구하고 당신이 실험 결과를 받아 들고 대경

실색했다면, 그것은 다음 두 가지 경우 중 하나일 것이다.

(1) 지난 수백 년 동안 과학계를 풍미한 수천 명의 과학자들이 한결같이 잘못 알고 있었던 것을 당신(최저 임금을 받으면서 혹사당하는 대학원생)이 제대로 알아냈다. 과학계의 슈퍼스타가 탄생하는 순간이다!

(2) 실험을 엉망으로 실행하여 엉터리 결과가 나왔다.

평범한 대학원생의 두뇌는 컵라면과 싸구려 맥주, 그리고 하루 네 시간의 수면으로 작동되고 있으므로, 놀라운 실험 결과가 나왔다면 (1)보다 (2)일 확률이 압도적으로 높다. (1)과 같은 초유의 사건이 일어나려면 당신이 보유한 과학적 지식이 주변 동료들의 지식을 모두 합한 것과 맞먹어야 한다. 요즘처럼 분업화된 세상에서는 도저히 불가능한 일이다.

그러나 1800년대 초만 해도 세상의 모든 지식을 거의 독식하다시피 한 괴물이 가끔 있었는데, 그중 한 사람이 토머스 영^{Thomas Young}이라는 영국인이다. 그는 의사이자 언어학자였고 로제타석^{Rosetta stone}(서기전 196년에 이집트에서 제작된 비석으로, 고대 이집트어 해독의 시발점이 되었다-옮긴이)의 비문을 해독한 고고학자이자 뛰어난 음악가였으며, 당대 최고의 과학자이기도 했다. 2006년에 출간된 영의 전기에 "모든 것을 알았던 마지막 사람^{The Last Man Who Knew Everything}"이라는 부제가 붙을 정도였으니, 그가 요즘 세상에 살았다면 약력을 소개하는 방대한 웹페이지가 사방에 넘쳐났을 것이다.

토머스 영은 1801년에 양자역학의 신비함을 뚜렷하게 보여주는 최초의 실험을 실행했다. 물론 당시에는 양자역학이라는 이론이 존재하지 않았지만, 영이 얻은 반직관적 결과는 우주에 대한 18세기식 사고의 틀을 타파하는 데 부족함이 없었다. 그 후로 지금까지, 토머스 영의 실험은 평행우주 가설과 정신-육체 이원론을 비롯하여 논란의 소지가 다분한 새로운 개념을 줄줄이 낳으면서 현대과학에 지대한 영향을 미친 기념비적 실험으로 자리 잡게 된다.

대체 어떤 실험이었을까?

고전물리학에 구멍을 뚫다

영의 실험은 칸막이용 스크린에 2개의 슬릿slit(가늘고 긴 구멍)을 뚫는 것으로 시작된다.

이제 스크린을 향해 빛을 비춘다. 단, 광선의 폭은 두 슬릿을 모두 포함할 정도로 넓다.

그다음, 스크린의 왼쪽 슬릿을 막아서 빛이 오른쪽 슬릿만 통과하도록 만든다.

마지막으로, 칸막이용 스크린 뒤편에 관찰용 스크린을 추가로 설치하여 오른쪽 슬릿을 통과한 빛이 도달할 때 생기는 패턴을 관측한다.

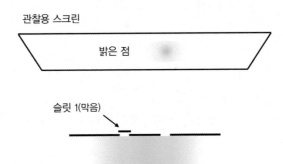

결과는… 별로 인상적이지 않다. 관찰용 스크린의 오른쪽에 밝은 점이 생길 뿐이다.(사실은 '밝은 점'이 아니라 '밝고 가느다란 줄'이 생긴다. 슬릿의 모양이 가늘고 길기 때문이다. 그러나 책에 제시된 그림은 위에서 내려다본 단면도에 해당하기 때문에 '줄'을 '점'으로 표기했다-옮긴이) 왼쪽 슬릿을 막고 오른쪽 슬릿만 열어놓았으니 당연한 결과다. 이와 반대로 오른쪽 슬릿을 막고 왼쪽 슬릿을 열어놓으면 어떻게 될까? 당연히 관찰용 스크린의 왼쪽에 밝은 점이 생길 것이다.

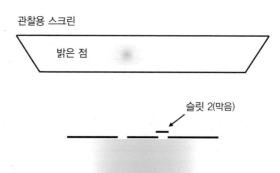

관찰용 스크린

밝은 점

슬릿 2(막음)

이 실험에서 알아낸 사실은 다음과 같다—빛은 불투명한 물질(스크린)을 통과할 수 없으며, 뚫린 구멍은 통과할 수 있다. 독자들은 아마 이렇게 생각할 것이다. "그 정도는 유치원생도 알겠구만. 이 책, 시작부터 왜 이렇게 썰렁해?"

잠깐, 이게 다가 아니다. 토머스 영은 세 번째 경우, 즉 슬릿 2개를 모두 열어놓은 경우에도 동일한 실험을 실행했다. 과연 어떤 결과가 나왔을까?(슬릿 2개를 모두 닫은 네 번째 경우까지 궁금해할 사람은 없을 줄로 믿는다)

성급한 사람은 아마 이렇게 생각할 것이다. "이것도 너무 쉽잖아. 오른쪽 슬릿만 열어놓은 경우에는 관찰용 스크린의 오른쪽에 밝은 점이 생기고 왼쪽 슬릿만 열어놓은 경우에는 스크린의 왼쪽에 밝은 점이 생겼으니까, 둘 다 열어놓는다면 왼쪽과 오른쪽에 2개의 밝은 점이 생기겠지."

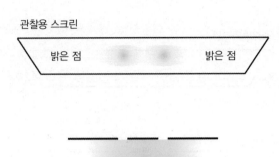

관찰용 스크린

밝은 점　　　　　　　밝은 점

그럴듯한 추측이다. 슬릿의 폭이 두툼하면서 슬릿 사이의 간격이 충분히 넓으면 이 추측이 옳다. 그러나 슬릿이 아주 좁으면서 두 슬릿 사이의 간격이 가까우면 완전히 다른 결과가 얻어진다. 토머스 영은 슬릿 2개를 모두 열었다가 관찰용 스크린에 이전과 완전히 다른 무늬가 형성된 것을 발견하고 깊은 생각에 잠겼다.

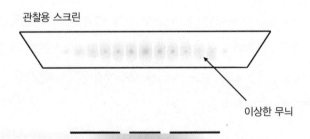

관찰용 스크린

이상한 무늬

당신이 18세기 과학자들과 비슷한 사고방식을 갖고 있다면, 스크린에 형성된 무늬를 바라보며 이렇게 외칠 것이다. "대체 이게 뭐야? 말도 안 돼! 슬릿 1개만 열어놓았을 때 스크린에 밝은 점 1개가 만들어졌잖아. 그렇다면 2개를 모두 열었을 땐 밝은 점 2개가 나타나야 정상인데 줄무늬가 웬 말이냐고! 대체 무슨 일이 일어나고 있는 거야?"

이 실험의 정식 명칭은 '영의 이중슬릿 실험Young's double slit experiment'으로, 아무도 짐작하지 못했던 의외의 결과 때문에 세계적 유명세를 타게 된다. 두 슬릿을 모두 열었을 때 관찰용 스크린에 선명한 줄무늬가 나타난 것이다.(줄이 뻗은 방향은 슬릿이 뻗은 방향과 같다−옮긴이) 더욱 놀라운 것은 실험자인 영이 그 이유를 논리적으로 설명했다는 점이다.

슬릿을 1개만 열었을 때 관찰용 스크린에 밝은 점 1개가 나타났으므로, 두 슬릿을 모두 열어놓으면 스크린에는 2개의 밝은 점이 나타날 것 같다. 그러나 실제로는 복잡한 패턴(줄무늬)이 모습을 드러낸다. 토머스 영은 원인을 추적한 끝에 다음과 같은 결론에 도달했다. "슬릿 1을 통과한 빛은 슬릿 2를 통과한 빛과 어떤 식으로든 혼합되었을 것이다. 그렇지 않고서는 스크린에 나타난 줄무늬를 설명할 길이 없다."

다른 비슷한 사례를 들어보자. 독자들은 베이킹소다에 식초를 섞으면 거품을 뿜으면서 갑자기 부피가 커진다는 사실을 알고 있는가? 이것은 초등학교 과학 시간에 단골 메뉴로 등장하는 '화산 시뮬레이션' 실험이다. 베이킹소다와 식초를 섞었을 때 일어나는 화학반응을 한 번도 들어본 적이 없다면 "글쎄, 물에 젖은 밀가루와 비슷해지지 않을까?"라고 생각할 것이다.

하지만 현실은 그렇지 않다. 베이킹소다와 식초를 섞으면 갑자기 거품이 일면서 두 재료를 단순히 더한 것과는 완전히 다른 결과가 나타난다. 두 슬릿을 모두 열었을 때 완전히 다른 결과가 초래되는 토머스 영의 실험과 비슷하다. 분말과 액체를 섞었을 뿐인데 예상과 다른 결과가 나왔다는 것은 두 재료 사이에 어떤 상호작용이 일어났다는 뜻이다. 이와 마찬가지로, 영의 실험에서 의외의 줄무늬가 나타났다는 것은 슬릿 1을 통과한 빛과 슬릿 2를 통과한 빛 사이에 모종의 상호작용이 있었음을 의미한다.

관찰용 스크린에 줄무늬가 나타난 이유는 두 가닥의 빛이 섞이면서 둘의 밝기를 단순히 더한 것보다 더 밝아지거나 어두워졌기 때문이다.

그러나 물리학자들은 '섞인다'는 일상적 어휘보다 '간섭干涉, interference'이라는 용어를 더 좋아한다. 즉, 슬릿 1과 슬릿 2를 통과한 빛줄기가 서로 '간섭을 일으켜서' 관찰용 스크린에 의외의 줄무늬가 형성된 것이다. 그래서 물리학자들은 이것을 '간섭무늬interference pattern'라 부른다.

이 실험을 21세기에 물리학과 대학원생이 실행했다면 아마도 다음과 같은 대화가 오갔을 것이다.

대학원생: 교수님, 가림판에 슬릿 2개를 뚫고 빛을 쏘았더니 관찰용 스크린에 선명한 줄무늬가 나타났어요. 토머스 영의 이중슬릿 실험을 제가 완벽하게 재현했습니다. 이 정도면 졸업해도 되겠죠? 지금 이 순간에도 학자금 대출이자가 무섭게 불어나고 있다고요!

지도교수: 200년 전에 실행된 실험을 재탕해서 학위를 받겠다고? 토머스 영의

서명이 들어간 인증서를 받아 오면 졸업시켜 주지.

그러나 토머스 영은 평범한 대학원생과 달랐다. 그는 스크린에 간섭무늬가 형성된 이유를 수학적으로 규명한 후, 다른 광원과 다른 슬릿을 이용한 실험에서 어떤 결과가 나올지 예측해 나가기 시작했다.

줄무늬가 형성되는 이유를 자세히 설명하고 싶지만, 독자들의 정신건강에 해로울 것 같아 생략한다. 어쨌거나 영의 실험은 당대 최고의 물리학자들에게 더없이 강한 인상을 남겼고, 향후 100년 동안 '이중슬릿 실험에서 스크린에 간섭무늬가 나타나는 이유'를 설명하는 최고의 논리로 자리 잡았다.

그러나 1900년대 초에 아인슈타인이 나타나 모든 것을 망쳐버렸다.

아인슈타인은 세상을 향해 자신 있게 외친다. "어이, 복사에너지가 연속적이지 않고 불연속의 알갱이로 이루어져 있다는 막스 플랑크의 양자가설을 알고 있나? 제레미(이 책의 저자-옮긴이)가 이 책의 서론에서 이미 얘기했다고? 오케이, 좋아. 그런데 나는 복사에너지뿐만 아니라 빛까지도 불연속적인 알갱이로 이루어져 있음을 증명했어. 이 알갱이를 '광자photon'라 부르기로 했고 말이야. 분위기 파악했으면 다들 멍하니 서있지만 말고 빨리 가서 물리교과서를 새로 써야지!"

아인슈타인은 왜 교과서를 새로 쓰라고 닦달하는 것일까? 빛이 입자로 이루어져 있다는 사실이 토머스 영의 이중슬릿 실험과 왜 양립할 수 없다는 것일까? 당신은 이렇게 생각할지도 모른다. "별일 아닐 거야. 빛이 입자면 어때? 슬릿 1을 통과한 광자가 슬릿 2를 통과한 광자와 어떤 식으로든 상호작용 해서 스크린에 간섭무늬를 만들 수도 있잖아?"

꽤 그럴듯한 설명이다. 그러나 '광자는 절대로 쪼개지지 않으며, 하나의 광자는 한 번에 하나의 슬릿만 통과할 수 있다'는 제한조건이 가해지면 이 설명은 곧바로 설득력을 잃는다. 광자가 상호작용을 하려면 슬릿 1과 슬릿 2를 동시에 통과해야 하고, 이렇게 되려면 멀쩡했던 광자가 슬릿을 통과하는 순간에 반으로 쪼개져야 하기 때문이다. 즉, 광자가 '더 이상 쪼갤 수 없는 빛의 최소 단위'라면 2개의 슬릿을 동시에 통과할 수 없고 간섭을 일으킬 수도 없으므로, 관찰용 스크린에는 줄무늬(간섭무늬) 대신 밝은 점 2개가 형성되어야 한다. 그렇지 않은가?

아인슈타인이 빛의 입자설(광양자설)을 주장하자, 물리학자들은 그 진위 여부를 확인하기 위해 곧바로 실험에 착수했다. 빛의 강도를 아주 약하게 줄여서, 광자가 한 번에 1개씩 슬릿을 통과하도록 만든 것이다.

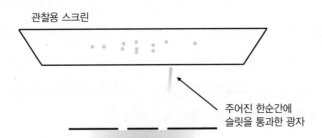

관찰용 스크린

주어진 한순간에
슬릿을 통과한 광자

이런 식으로 광원을 희미하게 켜놓고 한동안 기다렸더니, 관찰용 스크린에 서서히 모양이 나타나기 시작한다.

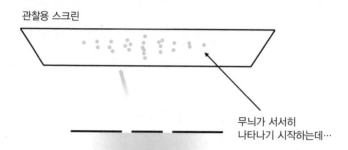

관찰용 스크린

무늬가 서서히
나타나기 시작하는데…

간섭이 일어날 수 없으니까 당연히 밝은 점 2개가 생길 것으로 기대했는데… 이런 황당한 경우가 있나, 이전과 같은 줄무늬가 또다시 나타났다!

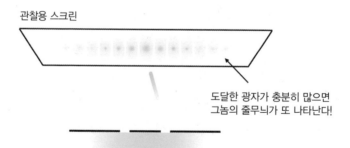

관찰용 스크린

도달한 광자가 충분히 많으면
그놈의 줄무늬가 또 나타난다!

어찌 이런 일이…. 눈으로 직접 보고도 믿어지지 않는다. 아무래도 슬릿 1을 통과한 광자와 슬릿 2를 통과한 광자가 상호작용을 한 것 같다. 그것 외에는 간섭무늬를 설명할 길이 없다. 그렇다면 특정 순간에 슬릿을 통과한 하나의 광자가 간섭을 일으켰다는 말인가? 광자가 자기 자신과 간섭을 일으킨다고? 어떻게 그럴 수 있을까?

만일 이것이 사실이라면 광자는 어느 쪽 슬릿을 통과했을까? 왼쪽? 오른쪽? 아니면 두 슬릿을 동시에 통과했을까?

하나의 광자가 간섭을 일으키려면 두 슬릿을 동시에 통과하는 수밖에 없다.

정말로 그렇다. 작디작은 광자 1개가 말 그대로 '2개의 슬릿을 동시에 통과했다'.

바로 여기가 문제의 핵심이다. 토머스 영의 이중슬릿 실험에 의하면 관찰용 스크린에는 분명히 간섭무늬가 만들어지는데, 알고 보니 그 빛이라는 것은 작은 알갱이(광자)로 이루어져 있었다. 이 두 가지 주장을 모두 수용하려면 '광자와 같은 양자적 입자는 서로 다른 곳에 동시에 존재할 수 있다'는 황당한 결과를 받아들여야 한다.

이것은 이중슬릿 실험에 국한된 이야기가 아니다. 플랑크의 양자 가설(에너지의 양자설)과 아인슈타인의 광양자설(빛의 양자설)이 제기된 후, 물리학자들은 다양한 실험을 통해 아원자입자subatomic particles(원자를 구성하는 입자)가 두 장소에 동시에 존재하거나, 두 가지 이상의 속도로 두 가지 이상의 방향을 향해 동시에 나아갈 수 있음을 증명했다.

실제로 실험을 해보면 하나의 입자가 동시에 여러 곳에 존재하거나 동시에 여러 가지 일을 수행하는 것은 물론이고, 그것이 입자의 천성인 것처럼 보이기까지 한다. 특정 위치에서 입자가 발견되었을 때, (1) 입자의 움직임을 방해하는 장애물(단단한 벽이나 가림막)이 없고 (2) 그 입자를 더 이상 관측하지 않는다면 입자가 차지하는 공간이 점점 넓어진다. 다시 말해서, 시간이 흐를수록 입자의 존재가 점점 더 넓은 영역으로 퍼져나간다는 뜻이다.

아원자입자의 다중인격장애는 DSM-5(정신질환 진단 및 통계자료-옮긴이)에 나와있지 않지만, 양자역학과 관련된 모든 교과서에 빠짐없이 등장하는 토픽이다.

그렇다. 모든 입자는 파동적 성질을 갖고 있으며, 모든 파동은 입자적 성질을 갖고 있다. 교과서에는 '파동-입자 이중성wave-particle duality'이라는 그럴듯한 용어로 소개되어 있다. 양자 세계가 기이한 현상으로 가득 차 있는 이유는 바로 이 마법 같은 특성 때문이다. 파동-입자 이중성을 잘 활용하면 평행우주와 숨겨진 현실, 심지어 인간의 영혼까지 과학적 관점에서 논할 수 있다.

믿기지 않는다고? 그렇다면 책을 끝까지 읽어보기 바란다. 이 책을 쓴 목적이 바로 그것이기 때문이다. 단, 본론으로 들어가기 전에 양자역학과 관련된 불편한 진실 하나를 미리 밝혀두고자 한다.

양자역학: 감추고 싶은 비밀

물리학자는 글보다 그림을 좋아한다. 솔직히 말해서, 양자역학의 80퍼센트는 '시간에 따른 사물(주로 미시적 입자들)의 변화를 일련의 그림으로 표현하는 직업'이라 할 수 있다.

　그러나 물리학자는 워낙 자존심이 강해서 일반인이 이 사실을 알아채는 것을 원치 않았기에, '켓ket'이라 불리는 특별한 기호 |〉를 도입했다.('ket'은 괄호를 뜻하는 'bracket'의 오른쪽 끝부분에서 따온 용어이다−옮긴이) 양자적 논술에 이 기호를 섞어 쓰면 무언가 의미 있고 복잡한 일을 하는 것처럼 보인다.

　켓은 그 안에 들어있는 대상의 '양자상태quantum state'를 의미한다. 양자상태가 뭐냐고? '상태狀態, state'라는 단어를 좀 더 폼 나게 표현한 것뿐이다. 상태는 또 뭐냐고? '사물이 처한 형편이나 모양'을 유식한 티가 나도록 써놓은 것뿐이다.

　간단한 예를 들어보자.

내 친구 스티브

내 친구 스티브의 양자상태

　그러므로 '사람을 그릴 때 원과 작대기밖에 떠올릴 줄 모르는 바보'와 '양자물리학자'의 차이란, 그림의 오른쪽 끝에 켓이 달려있는지의 여부다. 원과 작대기로 사람을 그리면 미술적 재능이 없는 사람이고, 똑같은 그림을 켓 안에 그려 넣으면 물리학자가 된다. 어떤 문장에 켓이 들어있으면 이는 곧 '켓 안에 들어있는 내용물의 양자적 특성에 대해 논하는 중'이라는 뜻이다.

우리도 이왕이면 폼 나게 해보자는 뜻에서, 이 책의 전반에 걸쳐 켓을 사용하기로 한다. 지레 겁먹을 필요 없다. 간단한 사물 몇 개만 그릴 줄 알면 된다(사실 그림은 이미 그려져 있으므로, 독자들은 그림을 이해하기만 하면 된다!).

준비되었는가? 그러면 지금부터 방대한 우주의 구조를 간단한 그림으로 이해해 보자.

전자를 소개합니다!

앞에서 우리는 '광자光子, photon'라는 입자를 만난 적이 있다. 토머스 영의 이중슬릿 실험을 난해하게 만들었던 바로 그 입자다.

광자는 물리학의 대부분을 차지하는 중요한 입자임이 분명하지만, 이 것만으로는 충분하지 않다. 당신과 똑같이 생긴 복사본이 왜 평행우주에 존재하는지, 그리고 일부 물리학자들이 어떻게 양자역학에서 영혼의 존재를 이끌어 내는지 이해하려면 '전자電子, electron'라는 또 하나의 양자적 입자를 알아야 한다.

전자는 아주 작은 아원자입자로서, 정확한 비유는 아니지만 일종의 공ball으로 간주할 수 있다.

모든 공이 시계 방향이나 반시계 방향으로 자전할 수 있는 것처럼, 전자도 두 방향으로 자전할 수 있다.(회전축이 공의 중심을 지나면 자전rotation이고, 회전축이 공의 외부에 있으면 공전revolution이다. 이 두 가지 운동을 묶어서 '회전'이라 하는데, 이 책에서는 자전과 공전을 구별해서 쓸 것이다. 물리학에서는 입자의 자전을 '스핀spin'이라고 한다-옮긴이)

자전하는 전자를 켓으로 표현하는 방법은 다음과 같다. 아래 그림은 시계 방향, 또는 반시계 방향으로 자전하는 전자의 양자상태를 나타낸다.

시계 방향으로 자전하는
전자의 양자상태

반시계 방향으로 자전하는
전자의 양자상태

양자역학에서 정말로 이상한 것

양자역학의 가장 희한한 특성은 독자들도 이미 알고 있다. '양자적 입자는 여러 가지 일을 동시에 수행할 수 있다'는 특성이 바로 그것이다. 예를 들어 토머스 영의 실험에서 광자는 2개의 장소에 동시에 존재할 수 있다.(즉, 하나의 광자는 쪼개지지 않고서도 슬릿 1과 슬릿 2를 동시에 통과할 수 있다-옮긴이) 그런데 지금까지 실행된 수많은 실험에 의하면 전자도 광자와 같은 초능력을 갖고 있어서 동시에 여러 곳에 존재할 수 있고, 동시에 시계 방향과 반시계 방향으로 자전할 수 있다. 누군가가 "왼쪽으로 돌면서 동시에 오른쪽으로 돈다고? 세상에 그런 게 어디 있냐?"고 따진다면 나는 이런 답을 줄 수밖에 없다. "양자 세계는 그런 말도 안 되는 일이 수시로 일어나는 세계다. 그리고 양자 세계가 상식에서 벗어난 것은 내 책임이 아니다."

자전하는 전자를 군이 머릿속에 그리고 싶다면, 색^色으로 이해할 것을 권한다. 세계 방향으로 자전하는 전자를 흰색에, 반시계 방향으로 자전하는 전자를 검은색에 대응시키면 전자는 회색을 띨 수도 있다.

믿기지 않기는 나도 마찬가지다. 지금까지 나는 왼쪽으로 돌면서 동시에 오른쪽으로 도는 물체를 한 번도 본 적이 없다. 그러나 양자역학의 수학과 다양한 실험 결과는 이것이 사실임을 명백하게 증명하고 있다.

사정이 이러하니 일단 사실로 받아들이자. 다음으로 할 일은 이 희한한 전자를 켓(| ⟩)으로 나타내는 것이다. '시계 방향으로 자전하면서 동시에 반시계 방향으로 자전하는 전자'는 아래와 같이 2개의 켓의 합으로 나타낼 수 있다.

(+ 부호는 전자가 두 가지 일을 동시에 수행하고 있다는 뜻이다)

양자역학에 따르면 '동시에 두 방향으로 자전하는 회색 입자'는 어디에나 존재한다.

아직 완전히 설득되지 않은 독자는 이렇게 묻고 싶을 것이다. "좋다. 시계 방향과 반시계 방향으로 동시에 자전하는 물체가 정말로 존재한다고 치자. 그런데 왜 나는 지금까지 그런 물체를 단 한 번도 보지 못했는가?" 정곡을 찌르는 백만 불짜리 질문이다. 이 질문의 답은 '양자적 관측의 역설quantum measurement paradox'과 밀접하게 관련되어 있으며, 현대물리학이 풀어야 할 가장 중요한 문제 중 하나다. 물론 아직도 문제로 남아있다는 것은 아무도 답을 모른다는 뜻이기도 하다.

앞으로 이 질문의 답을 찾다 보면 '다중우주'와 '양자적 의식'으로 자연스럽게 넘어갈 것이다.

켓으로 펼치는 이야기

양자역학의 판도라 상자를 열기 전에 마지막으로 짚고 넘어갈 게 하나 있다. 잠시 시간을 내서, '켓으로 이야기를 풀어가는 법'에 대해 알아보기로 하자.

여기, 상자 안에 전자 1개가 들어있다. 전자 옆에는 자전감지기(또는 스핀감지기)라는 특수 장치가 부착되어 있는데, 전자가 시계 방향으로 자전하면 '딸깍!' 소리가 나고, 반시계 방향으로 자전하면 아무 소리도 나지 않는다.

또한 자전감지기 옆에는 권총이 매달려 있고, 총구 바로 앞에 고양이 한 마리가 앉아있다. 자전감지기에서 '딸깍!' 소리가 나면 이 신호가 총에 전달되어 총알이 발사된다. 간단히 말해서, 전자가 시계 방향으로 자전하면 고양이는 죽는다.

이 모든 상황을 켓으로 표현해 보자. 전자는 시계 방향으로 회전하는데 자전감지기가 아직 켜지지 않았다면, 다음과 같이 켓의 연속적인 곱으로 나타낼 수 있다.

시계 방향으로 자전하는 전자 · 아직 켜지지 않은 감지기 · 격발되지 않은 총 · 살아있는 고양이

모든 장치를 세팅하고 1분쯤 기다렸다가 자전감지기의 스위치를 켠다. 지금 전자는 시계 방향으로 자전한다고 했으니 감지기는 곧바로 '딸깍!' 소리를 낼 것이다. 켓 표기에서 감지기를 D로 표기하고 '딸깍 소리를 내는 감지기'를 D√로 표기하면 현재의 상태는 다음과 같다.

감지기의 스위치가 켜지자 전자의
자전 방향을 감지한 후 '딸깍!' 소리를 냄

감지기가 권총에 신호를 보내면 몇 분의 1초 안에 옆에 있는 권총이 발사된다. 이 순간의 상태를 켓으로 표현하면 다음과 같다.

총알이 발사된 총

총구를 이탈한 총알은 잠시 후 고양이에게 명중한다. 안타깝게도 고양이는 이 실험의 희생양이 되었다.

죽은 고양이

전자가 반시계 방향으로 자전하는 경우는 이보다 훨씬 간단하다. 자전 감지기에서 '딸깍!' 소리가 나지 않으니 총이 발사되지 않고 고양이도 죽지 않는다. 즉, 감지기를 켜기 전이나 후나 달라지는 것이 하나도 없다.

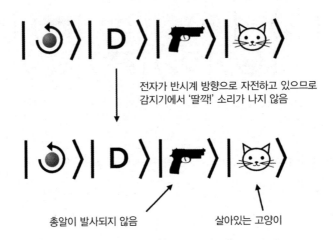

전자가 반시계 방향으로 자전하고 있으므로
감지기에서 '딸깍!' 소리가 나지 않음

총알이 발사되지 않음   살아있는 고양이

전술한 두 가지 이야기(고양이가 죽는 이야기와 살아남는 이야기)는 논리적으로나 상식적으로 아무런 문제가 없다. 고양이에게는 매우 잔인한 실험이지만, 현실 세계에서 얼마든지 실행 가능하다.

그러나 앞서 말한 대로 전자는 양자 세계에 존재하는 희한한 입자여서, 시계 방향과 반시계 방향으로 '동시에' 자전할 수 있다. 그렇다면 모든 실험 장치를 양자 규모로 줄였을 때 어떤 결과가 얻어질까? 결론부터 말하자면, 살아있으면서 죽은 '좀비 고양이'가 등장한다.

양자 좀비 고양이

전자가 시계 방향과 반시계 방향으로 동시에 자전하는 경우를 켓으로 표현하면 다음과 같다.

두 방향으로 동시에 자전하는 전자

감지기의 스위치는 아직 켜지지 않았음

여기서 백만 불짜리 질문을 던져보자. 자전감지기의 스위치를 켜면 어떤 일이 벌어질까? 감지기에서 '딸깍!' 소리가 날까? 아니면 아무런 일도 일어나지 않을까?

양자역학에 의하면 두 가지 사건이 모두 일어난다. 감지기의 일부는 전자가 시계 방향으로 자전한다고 판단하여 '딸깍!' 소리를 내고, 다른 일부는 전자가 반시계 방향으로 자전한다고 판단하여 아무런 소리도 내지 않는다. 마치 감지기가 전자의 이중성 때문에 2개로 분리된 것 같다.

이 상황을 켓으로 표현하면 다음과 같다.

자전감지기가 2개(|D)와 |D√)로 분리됨:

한 부분은 전자가 시계 방향으로
자전한다고 판단하여 '딸깍!' 소리를 내고…

…다른 부분은 전자가 반시계 방향으로
자전한다고 판단하여 소리를 내지 않음

괄호 안에는 각기 다른 2개의 짧은 이야기가 펼쳐져 있다. 하나는 전자가 시계 방향으로 자전하여 감지기에서 '딸깍!' 소리가 난 경우이고, 다른 하나는 전자가 반시계 방향으로 자전하여 감지기가 아무런 반응도 보이지 않은 경우이다.

이제 감지기에서 출발한 신호가 권총에 도달하면 어떻게 될까? 총알이 발사될까, 아니면 가만히 있을까?

그 답은 감지기의 경우와 동일하다. 즉 총알은 발사되기도 하고, 발사되지 않기도 한다. 감지기에서 출발한 신호가 권총에 도달하는 순간, 권총도 두 가지 버전(발사된 총과 발사되지 않은 총)으로 분리되기 때문이다.

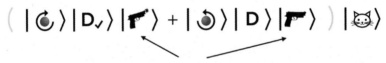

권총은 '발사된 상태'와 '발사되지 않은 상태'로 분리됨

이제 고양이의 안부를 물을 차례다. 과연 어떻게 되었을까? 지금쯤이면 독자들도 짐작할 것이다. 자전감지기와 권총이 그랬듯이, 고양이의 상태도 2개로 분리된다. 하나는 영문도 모르는 채 총에 맞아 세상을 하직한 고양이고, 다른 하나는 멀쩡하게 살아있는 고양이다.

이 최종 결과를 켓으로 표현하면 아래와 같다.

$$(\; | \circlearrowright \rangle \; | D_\checkmark \rangle \; | \text{🔫} \rangle \; | \text{🐱} \rangle \; + \; | \circlearrowleft \rangle \; | D \rangle \; | \text{🔫} \rangle \; | \text{🐱} \rangle$$

시계 방향 자전, 감지기에서 소리 남,
총알이 발사됨, 죽은 고양이

반시계 방향 자전, 감지기 무반응,
총알이 발사되지 않음, 살아있는 고양이

이것으로 우리는 하나의 상자로부터 완전히 다른 두 가지 이야기를 이끌어 냈다. 한 이야기에서는 전자가 시계 방향으로 자전하는 바람에 총이 발사되어 고양이가 죽었고, 다른 이야기에서는 전자가 반시계 방향으로 자전하여 총이 발사되지 않은 덕분에 고양이가 살았다.

둘 중 어느 쪽이 진짜 이야기일까? 여기서 양자역학은 과감하게 외친다. "둘 다 진짜다. 둘 중 어느 쪽도 다른 쪽보다 우월하지 않다." 즉, 하나의 상자 속에 두 가지 버전의 이야기가 공존한다는 뜻이다.

전자의 자전은 시계 방향인가, 반시계 방향인가?—두 방향으로 동시에 자전한다.

자전감지기에서 '딸깍!' 소리가 났는가?—소리가 나기도 했고, 나지 않기도 했다.

고양이는 살았는가, 죽었는가?—살아있으면서 죽었다. 그래서 좀비 고양이다.('슈뢰딩거의 고양이'라는 이름으로 더 잘 알려져 있다–옮긴이)

토끼굴 속으로

오케이, 나도 안다. '살아있으면서 죽은 고양이'를 본 사람은 이 세상 어디에도 없다. 그래서 이렇게 주장하는 사람도 있을 것이다. "나는 둘째가라면 서러운 고양이 애호가인데, 좀비 고양이는 단 한 번도 본 적이 없다. 그런 것은 이 세상에 존재하지 않는다. 따라서 양자역학은 틀린 이론임이 분명하므로 몽땅 폐기처분 되어야 한다!"

솔직히 말해서 나도 그러고 싶다. 그러나 양자역학은 역사 이래로 지금까지 인류가 개발한 이론 중 가장 정확한 이론이기에 도저히 그럴 수가 없다. 양자역학으로 계산된 값은 실험으로 얻은 값과 혀를 내두를 정도로 정확하게 일치한다. 갓난아기가 옹알이를 이상하게 한다고 목욕물과 함께 버릴 수는 없지 않은가?

좀비 고양이를 본 사람이 아무도 없는데, 양자역학은 왜 좀비 고양이가 존재한다고 우기는 걸까? 양자역학을 이해하려면 어떻게든 그 이유를 설명해야 한다.

물론 쉬운 일은 아니다. 이 과업을 처음으로 해낸 사람은 1920년대 덴마크의 물리학자이자 "난해한 언어를 구사하는 사람^{sesquipedalian*}"으로 유명한 닐스 보어$^{Niels Bohr}$였다. 여기서 잠시 보어의 설명을 들어보자.(원문 그대로 옮긴 것은 아니고, 설명의 핵심을 이 책의 진도에 맞게 수정한 것이다–옮긴이)

(독특한 억양의 덴마크어로) 나는 좀비 고양이를 본 적이 없지만, 수학적으로 풀어보면 반드시 존재할 수밖에 없다는 결론에 도달한다.

상자의 내부를 아무도 들여다보지 않는다면, 그 안에는 죽은 고양이와 산 고양이가 동시에 존재한다. 그러나 내가 상자의 뚜껑을 열고 내부를 들여다보는 순간, 무언가 알 수 없는 영향력이 작용하여 둘 중 하나의 상태(죽은 상태, 또는 살아있는 상태)만이 결과로 나타난다. 즉, 좀비 고양이를 관측하는 행위 자체가 '살아있으면서 죽은 중첩 상태'를 붕괴시켜서 하나의 상태(살아있는 상태, 또는

---

* 'sesquipedalian'을 구글에서 찾아보면 "길고 거창한 어휘를 즐겨 쓰는 사람"이라고 나와있다. 보어는 글을 어렵게 쓰는 사람으로 유명한데, 양자역학을 주제로 그가 발표한 논문은 난해한 철학 용어로 가득 차있어서, 지금도 '읽기 싫은 물리학 논문 best 5'에 올라있다.

죽은 상태)로 결정되는 것이다. 일단 관측이 실행되면 고양이는 살았거나 죽었거나, 둘 중 하나다. 눈으로 직접 보지 않고 관측 도구를 사용해도 결과는 마찬가지다. 결론적으로 말해서, 이 역설적 상황을 설명하는 하나의 키워드는 바로 '붕괴collapse'다!

보어의 설명을 켓으로 표현하면 다음과 같다.

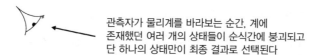

관측자가 물리계를 바라보는 순간, 계에 존재했던 여러 개의 상태들이 순식간에 붕괴되고 단 하나의 상태만이 최종 결과로 선택된다

물리계가 관측자나 관측 장비에 의해 관측되는 순간, 단 하나의 상태만 살아남고 나머지는 마술처럼 붕괴된다

'붕괴'를 이용한 보어의 설명은 그다지 와닿지는 않지만 다른 대안이 없으니 일단 받아들이는 수밖에 없을 것 같다. 그런데 포용성을 최대한으로 발휘한다 해도 한 가지 의문만은 떨치기 어렵다. 어떤 행위를 '관측'으로 간주할 것인가? 그리고 관측을 수행하여 계의 상태를 붕괴시킬 수 있는 주체는 누구인가? 사람 대신 쥐나 벼룩이 상자 내부를 바라봐도 중첩된 상태가 붕괴될 것인가? 보어는 이 점에 대해 구체적인 언급을 피하면서 "현미경이나 카메라 같은 큰 물체일수록 작은 물리계를 붕괴시킬 가능성이 높다"고 했다. 이런 설명으로 만족할 수 있을까? 물론 틱도

없다.

보어가 확실하게 아는 것이라곤 "야구공과 같은 거시적 물체가 동시에 여러 곳에 존재하거나 여러 방향으로 동시에 자전하는 기이한 현상이 현실 세계에서 목격되지 않으려면 붕괴가 충분히 일찍 일어나야 한다"는 것뿐이었다. 예를 들어 관측 행위가 시작되고 3초 후에 붕괴가 일어난다면, 죽은 고양이와 산 고양이가 동시에 존재하는 광경을 3초 동안 볼 수 있다. 그런데 우리가 사는 세상에서는 이런 일이 절대로 일어나지 않으므로, 관측이 시작되는 즉시 붕괴가 일어나야 한다.

20세기 초까지 우주의 섭리를 만족스럽게 설명해 오다가 양자역학의 출현으로 위기감을 느낀 물리학자들은 지푸라기라도 잡는 심정으로 보어의 애매모호한 설명을 받아들였다. 어쨌거나 최종적으로 하나의 상태만 남는다는 주장을 수용하면 좀비 고양이의 악몽에서 벗어날 수 있었기 때문이다. 그런데 중첩된 상태가 하나만 남고 붕괴된다는 게 정말 사실일까? 물리학자들은 거의 기도하는 마음으로 보어의 주장이 사실이기를 기원했다.

그러나 물리학자 중에는 보어의 붕괴이론에 심한 반감을 드러낸 사람도 있었으니, 그 대표적인 인물이 바로 폭탄머리의 원조인 알베르트 아인슈타인이었다.

아인슈타인의 입장

좀비 고양이를 없애기 위해 보어가 제시한 해결책에는 아인슈타인이 끔찍하게 싫어했던 '무작위성randomness'이 개입되어 있었다. 보어의 주장에 따르면 좀비 고양이를 관측하는 순간, 여러 개의 중첩된 상태 중 하나만 남고 모두 붕괴되는데, 이때 최종적으로 남는 상태는 완전히 무작위로 결정된다. 여기서 무작위라 함은 "관측 장비가 제아무리 정교해도 붕괴 결과를 미리 예측하는 것은 원리적으로 불가능하다"라는 뜻이다. 당신이 무언가를 관측할 때 어떤 결과가 나올지 미리 알 수 없으니, 우주 자체가 불확실하다는 뜻이기도 하다.

그러나 아인슈타인은 뉴턴의 물리학이 진리로 통하던 시절에 교육을 받은 구시대 사람이었다. 고전물리학에 따르면 우주는 근본적으로 예측 가능하며, 모든 사건은 그보다 먼저 존재했던 원인으로부터 초래된 결과다. 그러므로 과거 어느 시점에 우주에 대하여 충분한 정보를 알고 있다면 특정 전자가 시계 방향으로 자전할지 또는 반시계 방향으로 자전할지 예측할 수 있으며, 고양이의 생사 여부도 미리 알 수 있다.

아인슈타인은 '예측 가능한 우주'를 선호했다. 무작위로 결정되는 우주보다 정교한 논리로 예측할 수 있는 우주가 훨씬 안정적으로 느껴지기 때문이다. 그래서 그는 무작위가 난무하는 보어의 이론이 지나치게 파격적이고 불경스럽다며 노골적인 반감을 드러냈다.

아인슈타인이 양자역학을 싫어한 이유는 이것이 전부다. 정교한 수학적 논리나 관측 자료에 근거한 반론이 아니라 다분히 감정적인 반감이었다. "난 네 이론이 싫어. 왜냐고? 그냥 맘에 안 드니까!"

생각해 보면 참으로 재미있는(사실은 웃기는) 상황이다. 대부분의 사람들은 물리학자를 '오로지 증거에 입각하여 과학적 진리를 추구하는 고귀한 정신의 소유자'로 생각하는 경향이 있다(새로운 진리가 발견되면 자신의 이름을 붙이는 식으로 독점권을 행사하기도 한다). 그러나 현실은 별로 그렇지 않다. 당대 최고의 물리학자인 아인슈타인과 보어도 우리와 마찬가지로 지독한 편견에 빠져있었으니 말이다. 물리학자 중에는 우주가 결정론적이어서 무작위성이 개입될 여지가 없다고 주장하는 사람도 있고, 무작위성이 자연의 본질이라고 우기는 사람도 있으며, 창조주가 우주를 인앤아웃 버거In-N-Out Burger(미국의 3대 햄버거 프랜차이즈 중 하나로, 고객이 재료를 직접 선택하는 시크릿 오더Secret Order로 유명함－옮긴이)처럼 다양하게 만들어서, 각 우주에 따라 다른 법칙이 적용된다고 주장하는 사람도 있다. 여러 개의 후보 이론이 주어진 경우, 의외로 많은 물리학자들이 우리처럼 직관과 편견에 따라 자기 취향에 맞는 이론을 선택한다. 이 점에 대해서는 나중에 다시 논하기로 하자.

아인슈타인과 보어가 붕괴이론과 결정론을 놓고 한바탕 논쟁을 벌이던 무렵, 전 세계 물리학 실험실에서는 '양자적 입자는 무작위로 행동한다'는 증거가 무더기로 쏟아져 나왔다. 아인슈타인은 대세가 자신에게 불리한 쪽으로 기울고 있음에도 불구하고, 입자의 무작위 거동이 '환상'에 불과하다는 것을 어떻게든 입증하고 싶었다.

잘하면 쉽게 풀릴 것 같기도 했다. 사람들이 무작위라고 생각했던 현상들 중 대부분은 실제로 무작위가 아니기 때문이다.

누군가가 묻는다. "잠깐, 동전 던지기는 무작위 게임 아니던가?" 그렇지 않아도 입이 근질근질했는데 물어봐 줘서 고맙다.

동전 던지기는 무작위 게임이 아니다. 동전의 물리적 특성(크기, 모양, 재질, 질량분포, 공기저항이 동전에 미치는 영향 등)을 모두 알고, 허공에 던져진 동전의 운동을 시뮬레이션할 수 있는 슈퍼컴퓨터가 있다면, 앞면이 나올지 또는 뒷면이 나올지 100퍼센트 정확하게 예측할 수 있다. 그러므로 동전 던지기가 무작위 게임이라는 것은 환상에 불과하다. 그런데도 많은 사람들이 동전 던지기를 무작위 게임으로 생각하는 이유는 정확한 결과를 예측하기 위해 수행해야 할 계산이 너무 많기 때문이다. 그 복잡한 계산을 일일이 수행하느니 차라리 무작위 게임으로 간주하는 편이 정신건강에 좋다.

동전의 모든 특성을 낱낱이 파악하고 고가의 슈퍼컴퓨터를 대여하는 등 작정하고 덤빈다면 동전 던지기의 결과를 100퍼센트 정확하게 예측할 수 있다. 그러나 대부분의 사람들은 발등에 떨어진 일을 처리하거나, 직장에 출근하거나, 밀린 빨래를 해야 하기 때문에, 그런 일에 시간을 할애할 여유가 없다.

반면 아인슈타인은 정신무장이 투철했고 직장이 곧 연구소였으므로, 이런 일을 수행하기에 적격인 인물이었다. 그는 "물리계를 면밀히 들여다보면 모든 관측 결과(전자의 자전 방향, 고양이의 생사 여부 등)가 보이지 않는 변수에 의해 좌우되고 있음을 깨닫게 될 것"이라고 주장했다. 아인슈타인이 말한 숨은 변수hidden variables란 동전의 경우에 크기, 재질, 질량분포 등과 비슷한 개념이다. 즉, 숨은 변수를 알아내기만 하면 양자역학은 무작위성을 털어버리고 뉴턴의 물리학처럼 결정론적 이론이 된다.

그 후 아인슈타인은 숨은 변수를 찾기 위해 여생 동안 총력을 기울였지만 결국 뜻을 이루지 못한 채 세상을 떠났고, 그 뒤를 이은 수많은 물리학자들도 지금까지 이렇다 할 결과를 내놓지 못하고 있다.

아인슈타인과 보어의 논쟁은 물리학계의 판도를 가르는 '전쟁'의 양상으로 펼쳐졌다. 여섯 살쯤 더 젊었던 보어는 강한 체력과 화려한 언변, 그리고 인맥을 총동원하여 붕괴이론을 적극적으로 홍보하고 다녔고(보어의 남동생은 덴마크 국가대표 축수선수였으며, 보어 자신도 코펜하겐 아마추어 축구팀의 주전 골키퍼로 여러 경기에 출전했다-옮긴이) 몇 년 후 보어의 이론은 양자역학의 '가장 믿을만한 해석'으로 자리 잡게 된다.

그러나 붕괴이론은 그렇지 않아도 난해한 양자역학에 또 하나의 곤란한 개념을 끌어들였다. 인간의 '의식意識, consciousness'이 양자역학의 중앙 무대에 등장한 것이다.

양자 세계로 진출한 의식

좀비 고양이의 출현에 위기감을 느낀 물리학자들이 속 시원한 해결책을 간절히 기다리고 있을 때, 폭탄머리 물리학자와(아인슈타인 선생님, 죄송합니다!) 카리스마 넘치는 전직 축구선수가 제대로 한판 붙었다. 아마도 대부분의 물리학자들은 어느 한쪽을 응원한다기보다 "제발 아무나 빨리 이겨라. 이기는 편 우리 편!"을 외쳤을 것이다. 이 세기적 논쟁은 결국 보어의 판정승으로 마무리되었다.

그러나 보어의 붕괴이론은 한층 더 난해한 질문을 낳았으니, 그 핵심을 추리면 대충 다음과 같다.

- 인간, 또는 인간이 만든 관측 장비는 대체 어떤 점이 그리도 특별하기에 양자계(전자, 자전감지기, 권총, 고양이)의 다양한 상태 중 단 하나만 남기고 모조

리 붕괴시킨다는 말인가?

- 고양이는 전자나 감지기, 또는 권총의 상태를 붕괴시킬 수 없는가? 반드시 사람이 관측을 시도해야 붕괴되는가? 고양이 대신 원숭이를 상자에 넣으면 뭐가 달라지는가?

- 자전감지기나 권총은 어떤가? 이들은 전자의 상태를 붕괴시키지 못하는가? 만일 그렇다면 이유는 무엇인가?

이 질문에 대해 물리학자들은 저마다 다른 답을 제시했는데, 개중에는 뉴에이지(New Age, 기존의 문화와 가치를 배척하고 새로운 가치관을 추구하는 신문화운동으로 1960년대에 미국에서 유행했던 히피hippie가 그 대표적 사례다-옮긴이) 스타일의 해석을 내놓는 사람도 있었다. "살아있으면서 죽은 좀비 고양이가 인간에게 관측되는 순간 하나의 상태로 붕괴된다면, 인간의 관측 행위에는 붕괴를 유발하는 무언가가 포함되어 있어야 한다. 우리에게 붕괴라는 마법 같은 능력을 부여한 원천은… 바로 의식이다!"

정말 그럴까? 인간의 의식이 양자계에 집중되는 순간마다 붕괴가 일어나는 것일까? 그렇다면 인간은 우주의 운명을 좌우해 온 '의식의 물리학'을 그 긴 세월 동안 까맣게 모르는 채 살아왔다는 말인가?

일부 순진한 물리학자들은 말한다. "생각해 보니 그렇네. 얼마든지 그럴 수 있겠네." 바로 여기서 의식에 기초한 양자역학이 탄생했다. 그 뒤로 이어진 논쟁의 초점은 불을 보듯 뻔하다. 의식은 우리 몸의 어느 부분에 자리 잡고 있는가? 인간 이외의 다른 생명체는 의식이 아예 없는가? 인간이 다른 생명체보다 존귀한 이유가 바로 그 의식 때문인가?

만일 당신이 '물리학자들이 모여서 의견을 나누는 자리는 뉴에이지 스타일의 에너지 팔찌 광고처럼 경박하지 않아야 한다'고 생각한다면, 물리학에 의식을 끌어들이는 것이 별로 달갑지 않을 것이다. 충분히 이해한다. 나 역시 그런 시도를 별로 좋아하지 않는다. 그러나 물리학자들은 꽤 오래전부터 의식에 기초한 양자역학('이것을 의식 기반 양자역학'이라 하자)을 진지하게 연구해 왔고, 그 명맥은 지금도 유지되고 있다. 마음에 들지 않는다고 해서 마냥 외면할 수만은 없다는 이야기다. 이 점에 대해서는 나중에 좀 더 자세히 다루기로 하자!

보어의 붕괴이론은 가설과 추론으로 가득 찬 판도라의 상자를 완전히 열어젖혔고, 새로운 장난감을 손에 넣은 물리학자들은 보어의 붕괴이론과 의식 기반 이론을 오락가락하며 마음껏 상상의 나래를 펼쳤다. 그러나 붕괴가 일어나는 정확한 타이밍과 방법, 그리고 붕괴가 일어나는 이유에 대해서는 어느 누구도 만족할 만한 설명을 내놓지 못했다.

그러던 어느 날, 답답한 상황에 염증을 느낀 소수의 물리학자들이 위험한 질문을 제기했다. "양자역학에서 붕괴를 추방할 수는 없을까?"

그리고 그들은 기어이 해결책을 찾아냈다. 그 해결책은 바로…

다중우주 multiverse였다!

다중우주

1950년대에 휴 에버릿 3세 Hugh Everett III라는 물리학과 대학원생이 '현실 세계에서 좀비 고양이를 볼 수 없는 이유'를 설명하는 새로운 방법을 제안했다.

그는 말한다. "잘 들어, 이 바보들아.(물리학자들에게 하는 말임-옮긴이) 너희가 고양이보다 우월한 생명체라고 생각하니? 꿈 깨. 고양이나 인간이나 다를 게 없어. 너희는 그저 칠판을 들고 다니는 부랑자일 뿐이야."

물론 이런 식으로 말하지는 않았다. 그가 한 말을 정확하게 알고 싶은 사람은 위키피디아를 찾아보기 바란다.

에버릿은 인간이나 관측자를 어떤 식으로든 특별하게 간주할 이유가 없다고 주장했다. 고양이와 권총, 자전감지기가 켓 안에 들어가는 것처럼, 인간도 켓 안에 들어갈 수 있는 양자적 객체라고 생각한 것이다.

에버릿의 주장에 따라 이야기를 펼쳐보자. 실험자(관측자)를 물리계의 일부로 간주하여 켓으로 표기한 후, 이것을 좀비 고양이가 들어있는 상자에 추가하면 된다.

그러면 실험자가 상자의 내부를 들여다보기 전의 상태는 다음과 같다.

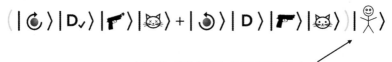

실험자는 아직 상자의 내부를 들여다보지
않아서 어떤 결과가 나왔는지 모르고 있음

드디어 실험자가 상자의 뚜껑을 열고 안을 들여다보면, 바로 그 순간에 실험자의 상태도 2개로 분리된다.

죽은 고양이를 보고 실의에 빠진 실험자

살아있는 고양이를 보고 기뻐하는 실험자

이제 두 가지 버전의 실험자에게 실험 결과를 묻는다고 하자.

"혹시 고양이가 죽었나요?" 한 버전은 우울한 표정으로 "네…"라고 답하고, 다른 버전은 활짝 웃으며 "아니요, 살아있어요!"라고 외친다.

"혹시 고양이가 살아있으면서 동시에 죽지 않았던가요?"라고 물으면 둘 다 황당한 표정을 지으며 이렇게 답할 것이다. "당연히 아니지. 그걸 질문이라고 하냐?"

개개의 경우에 실험자는 단 하나의 결과만 볼 수 있다. 그들이 관측한 고양이는 살아있거나 죽었거나, 둘 중 하나다. 양자역학의 법칙에 의하면 산 고양이와 죽은 고양이가 좀비처럼 동시에 존재하는데, 에버릿의 해석에서는 우리를 불편하게 만들었던 좀비 고양이가 말끔하게 사라졌다. 2개로 분리된 실험자가 각자의 타임라인에 갇혀 상대방을 볼 수 없기 때문이다.

바로 이것이 에버릿이 제시한 다중우주 가설의 핵심이다. 우리가 '살아있으면서 죽은 좀비 고양이'나 '발사되었으면서 발사되지 않은 권총'을 볼 수 없는 이유는 그것을 관측하는 순간에 우리 자신이 여러 개의 타임라인으로 분리되기 때문이다. 여러 개로 분리된 나는 각자 다른 결과

(그러나 명확한 결과)를 보게 된다.

지금까지 나는 두 그룹(고양이가 살아있는 그룹과 고양이가 죽은 그룹)의 켓을 '이야기', 또는 '타임라인'이라고 표현했는데, 이것을 '우주'로 바꿔도 상관없다. 고양이가 죽은 타임라인과 살아있는 타임라인은 그 후로도 드라마틱하게 변해나갈 것이기 때문이다.

예를 들어 우리의 관측자가 장차 엄청난 발명품을 개발하여 인류의 삶을 크게 바꿔놓을 인물이었다고 하자. 그런데 상자를 열었다가 죽은 고양이를 발견하고 너무 슬퍼서 다니던 연구소를 그만두었다면, 그 타임라인(우주)에 사는 인류는 발명품의 혜택을 누릴 수 없게 된다. 이 엄청난 차이는 고양이의 생사 여부에 좌우되고, 결국은 전자 1개의 자전 방향에 좌우되는 셈이다.

이 가설에 따르면 전자를 비롯한 기본 입자들이 '동시에 진행되는 평행한 삶'을 이끌고 있으므로, 우리의 다중우주는 입자들이 상호작용을 할 때마다 '모든 가능한 결과의 수'만큼 분열된다.

당연히 에버릿의 다중우주 가설은 현실의 본질에 대한 기존의 관념에서 크게 벗어나 있다. 하지만 보어의 붕괴이론이나 아인슈타인의 숨은 변수 이론hidden variable theory도 황당하긴 마찬가지다. 물리학자들은 양자역학을 놓고 온갖 스토리텔링을 개발하면서 한 가지 사실을 확실하게 깨달았다. 정말 그렇다. 어떤 가설이 옳건 간에, 우주는 우리가 생각했던 것보다 훨씬 기이한 곳이었다.

이제 독자들도 짐작하겠지만, 보어나 아인슈타인, 또는 에버릿의 해석에 따라 우주의 지도를 다시 그리면, 우주에서 가장 중요한 존재인 '나'

에게 드라마틱한 결과가 초래된다.

양자역학적 두뇌

양자역학을 어떤 식으로 해석하건, '자아自我'라는 개념은 처음부터 다시 정의되어야 한다.

제일 먼저, 보어의 해석은 다음과 같은 후속 질문을 야기한다. 인간을 비롯한 동물들은 어떤 점이 그토록 특별하기에, 양자계를 마구 흔들어서 다중인격을 드러내고 중첩된 상태를 붕괴시킨다는 말인가? 인간의 의식이나 관측 행위에 어떤 마법이라도 작용하는 걸까? 이것을 좀 더 현실적인 논리로 설명할 수는 없을까?

아인슈타인의 숨은 변수 이론도 궁금증을 유발한다. 모든 미래가 숨은 변수에 의해 계획되고 결정된다면, 인간은 그저 고귀한 로봇에 불과하지 않은가? 그렇다면 나의 자유의지는 어떻게 되는가? 자유의지가 없다면 의식이 무슨 소용인가? 다른 건 다 그렇다 치고, 숨은 변수란 대체 무엇인가?

에버릿의 다중우주 해석은 '나는 존재한다'는 지극히 당연한 관념 자체에 의문을 제기한다. 내가 앞으로 1초도 채 지나기 전에 수십억 개의 버전으로 분리될 운명이라면, 그들 중 누가 진정한 나인가? 그 많은 복사본들이 모두 나인가? 이런 것들이 앞으로 당신이 내리게 될 선택과 당신의 행동에 따르는 책임감에 어떤 영향을 미칠 것인가?

이 정도는 빙산의 일각에 불과하다. 위에 열거한 질문의 답을 찾는다면, 우리의 사고는 물리학의 경계를 넘어 광범위한 영역으로 확장될 것이다. 우리는 우주에서 유일한 존재인가? 애초에 우주는 인간의 출현을 염두에 두고 창조되었는가? 사후 세계는 정말로 존재하는가? 애니미즘 은 결국 사실이었던가? 원자에게도 의식이 있는가? 땅콩버터는 왜 잘 섞이지 않는 기름층으로 분리되어 있는가?

양자 이론의 판도라 상자는 그야말로 놀라움의 연속이다. 인류는 지난 몇 세기 동안 과학이 빠르게 발전해 온 덕분에 우주의 본질과 현실을 더 욱 명확하게 규명할 수 있게 됐는데, 20세기 초에 양자역학이 등장한 후 로 갑자기 모든 것이 모호하고 불확실해졌다. 수백 년 동안 정성 들여 쌓 아온 공든 탑이 수십 년 사이에 위태로워진 것이다.

앞으로 우리는 다양한 양자역학적 렌즈를 통해 세상을 들여다보면서 새로운 사실을 발견하게 될 것이다. 우주, 생명, 인간, 그리고 우주에서 우리의 위치는 렌즈의 종류에 따라 판이하게 다른 모습으로 나타난다. 또한 우리는 이런 아이디어들이 사회규범이나 법률 등 물리학과 무관해 보이는 분야에 중요한 영향을 미친다는 사실도 알게 될 것이다. 어떤 의 미에서 보면 우리의 탐구 과제는 '옳고 그름의 물리학'이라 할 수도 있다.

이 과정에서 우리는 과학의 소시지가 만들어지는 지저분하고 정치적 이면서 한편으로 우습기까지 한 제작 과정을 적나라하게 보게 될 것이 며, 우리가 실체를 이해할 때 어떤 식으로 학문의 영향을 받는지도 알게 될 것이다.

CHAPTER 2

붕괴되는 의식과 영혼의 물리학

고대 이집트인들은 이가 아플 때 쥐를 잡아서 반죽으로 만든 후 통증을 느끼는 부위에 바르곤 했다.

요즘 TV에 나오는 치약 광고를 보면, 치과의사가 단골처럼 등장하여 "이 치약이 최고"라고 외친다. 치과의사 열 명 중 아홉은 (출연료만 두둑이 준다면) 어떤 치약이건 상관없이 기꺼이 TV 카메라 앞에 서서 찬사를 늘어놓을 것이다. 그러나 누군가가 쥐 반죽을 치약이라고 만들어서 치과의사에게 홍보를 부탁한다면, 제아무리 깔끔한 튜브에 담겨있다 해도 선뜻 나서지 못할 것이다.

이 이야기의 요점은 다음과 같다─중요한 문제에 직면했을 때, 대부분의 사람들이 일반적으로 떠올리는 첫 번째 해결책은 그다지 효율적이지 않다는 것이다. 인류는 치약과 칫솔을 사용하기 전에 '쥐 반죽 바르기'라는 단계를 거쳤다. 치의학뿐만이 아니다. 양자역학도 쥐 반죽 못지않게 끔찍한 단계를 거치면서 어렵게 발전해 왔다.

좀비 고양이 역설이 처음 제기되었을 때, 그것은 해결책이 보이지 않는 엄청난 난제로 군림했다.(이른바 '슈뢰딩거의 고양이' 역설이다-옮긴이) 양자역학은 우주가 '살아있으면서 죽은 고양이'나 '여러 방향으로 동시에 날아가는 야구공'으로 가득 차있다고 주장한다. 그러나 이런 것은 우리의 일상적인 경험과 완전 딴판이다.

"이제 물리학이 할 일은 끝났다. 우주의 모든 현상은 이미 개발된 이론으로 완벽하게 설명할 수 있다"며 자신만만했던 물리학자들은 새로 등장한 양자역학이 과녁에서 벗어나자 전에 없던 불안감에 휩싸였다. 이론이 실험과 잘 일치하긴 하는데 그 이유를 이해할 수 없으니 참으로 당혹스러웠을 것이다. 좀비 고양이 따위에 더 이상 체면을 구길 수 없었던 그들은 시기적절하게 등장한(그러나 굽다가 만 빵 같은) 보어의 해석을 앞뒤 가리지 않고 덥석 끌어안았다.

이것이 바로 양자역학의 쥐 반죽에 해당하는 보어의 붕괴이론이다. 앞서 말한 대로 보어는 무언가를 관측하는 행위 자체가 여러 버전으로 중첩된 계의 상태를 하나만 남기고 붕괴시키기 때문에, 좀비 고양이(또는 동시에 여러 가지 일을 하는 거시적 물체)가 현실 세계에 존재하지 않는다고 주장했다.

그러나 이런 식의 설명은 또 다른 의문을 낳는다. '관측'의 주체는 누구인가? 오직 인간만이 관측을 실행할 수 있는가?

좀비 고양이로 되돌아가서 생각해 보자. 우리의 회색 전자(시계 방향과 반시계 방향으로 동시에 자전하는 전자)는 자전감지기에 의해 감지되었고 그 결과로 권총이 발사되었으며(또는 발사되지 않을 수도 있음), 이로써 고양이의 생사가 결정되었다. 그렇다면 언제, 어느 순간에 결정되는가? 실험자가 상자의 뚜껑을 열었을 때? 고양이가 총소리를 들었을 때? 권총에 자전감지기의 신호가 전달되었을 때? 아니면 감지기가 전자의 자전 방향을 감지했을 때?

사실, 이 모든 단계가 관측에 해당한다. 그러나 물리학자들은 정확하게 한순간을 콕 집어주길 원했고, 보어는 기대에 부응하기 위해 머리를 있는 대로 쥐어짜야 했다.

얼마 후, 보어는 우주에 두 종류의 물체가 존재한다는 결론에 도달했다. 하나는 '전자나 원자처럼 여러 곳에 동시에 존재할 수 있는(또는 동시에 여러 가지 일을 수행할 수 있는) 작은 물체'이고, 다른 하나는 '작은 물체를 관측함으로써 그들의 중첩된 상태를 붕괴시키는 큰 물체'이다.

'큰' 물체
(작은 물체를 관측하여 중첩된 상태를 붕괴시킴)

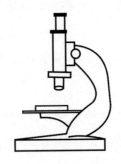

'작은' 물체
(여러 가지 상태로 동시에 존재할 수 있음)

$$| \circlearrowleft \rangle + | \circlearrowright \rangle$$

간단히 말해서, '큰 물체'가 '작은 물체'를 붕괴시킨다는 뜻이다. 왜냐하면… 음… 덩치가 크기 때문인가? 나도 잘 모르겠다. 보어가 더 이상의 설명을 하지 않았기 때문이다. 이와 반대로 전자와 같은 '작은 물체'

는 여러 곳에 동시에 존재할 수 있고 여러 가지 일을 동시에 할 수 있지만, 중첩된 상태를 붕괴시키진 못한다.

보어는 작은 물체와 큰 물체에 각기 다른 물리법칙이 적용된다고 주장했다. 우주가 두 세트의 전집을 따로 보관하고 있다는 말처럼 들린다.

당신은 당연히 묻고 싶을 것이다. "큰 것과 작은 것의 차이(붕괴 능력)는 어디서 비롯된 것이며, 이들을 가르는 경계선은 어디인가?"

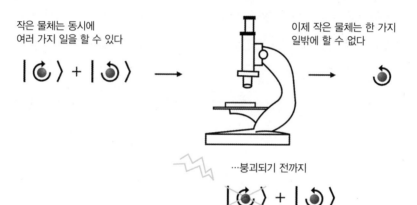

당연히 해야 할 질문이고 답도 주어져야 마땅한데, 보어는 아무런 답도 제시하지 않았다.(그 무렵 이런 질문의 답을 생각해 낼 수 있는 사람이 보어밖에 없었을까? 그렇다. 보어는 20세기 초 양자역학의 챔피언이었다-옮긴이) 그 대신 보어는 자신만 바라보고 있는 물리학자들을 향해 뭔가 있어 보이면서도 모호하기 그지없는 한마디를 날렸다. "우리가 '현실'이라고 부

르는 모든 것은 '비현실적'인 것들로 이루어져 있다!" 야구공이나 자동차 같은 일상적인 물체(큰 물체)가 전혀 일상적이지 않은 입자(작은 물체)로 이루어져 있다는 뜻인 것 같은데, 이런 설명으로 만족할 사람은 세상 어디에도 없을 것이다.

당시에는 좀비 고양이 역설을 해결하는 것이 급선무였기에, 대다수의 물리학자들은 더 이상 토를 달지 않고 보어의 설명을 받아들였다. 세계 최고의 석학들조차 우주가 '아주 큰 물체'와 '아주 작은 물체'로 나누어진다는 황당무계한 이분법을 양자역학의 기본 이념으로 삼았을 정도다. 큰 물체와 작은 물체의 경계를 아는 사람은 아무도 없었지만, 이것을 문제 삼는 사람도 없었다. 실제로 당시 물리학자들 사이에 회자되던 제1구호는 "닥치고 계산이나 해!(Shut up and calculate!)"였다.

사실 이것은 양자역학에 국한된 구호가 아니다. 그 무렵 대다수의 과학자와 철학자들은 과학의 본분이 '세상이 운영되는 방식'을 알아내는 것이 아니라 '필요한 양을 정확하게 계산하는 것'이라고 주장했다. 원자나 에너지의 실체를 따지고 드는 것보다, 비전하mass-to-charge-ratio(하전입자의 질량(m)에 대한 전하(e)의 비율. e/m - 옮긴이)와 같은 흥미로운 양을 가능한 한 정확하게(예를 들어 소수점 이하 열 번째 자리까지) 계산하는 것이 훨씬 더 실용적이라는 주장이다. 하긴, 과학자가 실용적인 연구에 집중하면 납세자의 세금을 펑펑 써도 심리적 부담이 적을 것 같긴 하다.

하지만 이런 관점은 과학의 진보를 저해할 가능성이 있다. 과학(특히 물리학)의 역사를 돌아볼 때 위대한 발견은 주로 새로운 물체나 현상의 존재를 가정하고 그것을 검증 가능한 방법으로 확인하면서 이루어졌다.

예를 들어 원자를 발견하려면 먼저 누군가가 그 존재를 가정해야 하고, 그 가정에 기초하여 물체의 거동 방식을 예측한 후 실험을 실행하여 가정과 실험 결과가 일치한다는 사실을 입증해야 한다. 이런 연구 방식이 실효를 거두려면 과학자들이 방정식을 갖고 놀면서 현실의 본질에 대해 침묵하지 않고 세상이 운영되는 방식에 적극적인 관심을 가져야 한다.

과학은 세상의 운영 방식을 설명할 때마다 입지가 한층 더 굳건해지지만, 모든 설명이 항상 좋은 쪽으로 작용하진 않는다. 보어의 붕괴이론이 바로 그런 경우였다. 만일 당신의 생각이 나와 같아서 '물리학의 본분은 실용적인 값을 예측하는 것이 아니라 세상이 운영되는 방식을 알아내는 것'이라고 생각한다면, '물리법칙은 큰 물체와 작은 물체에 차별적으로 작동하는데, 그 이유는 더 이상 따지지 말자'는 주장을 선뜻 받아들이지 못할 것이다.

다행히도 보어의 해석은 최종 결론이 아니다. 그 후로 수많은 물리학자들이 자연이 큰 것과 작은 것을 차별하는 이유와 둘 사이의 경계를 규명하기 위해 다양한 가설을 제안했고, 그 와중에 전혀 예상하지 못했던 변화가 나타났다.

과학 역사상 처음으로 인간의 의식이 방정식에 섞여 들어온 것이다.

마음이 왜 중요한가?

존 폰 노이만John von Neumann은 헝가리 태생 유태인으로, 여덟 살 때 미적분학을 깨우치고 열아홉 살 때 두 편의 획기적인 학술논문을 발표했으며, 최초의 전자식 컴퓨터 EDVAC을 설계하고, 맨해튼 프로젝트

Manhattan Project에 참여하여 원자폭탄을 설계하고, 게임이론Game Theory을 창시하고, 자기복제기계Automata의 개념을 정립하는 등 54년이라는 짧은 인생 동안 엄청난 업적을 남긴 인물이다. 아마도 그는 지구에서 살다 간 가장 똑똑한 사람일 것이다. 그 유명한 아인슈타인도 IQ만 놓고 보면 폰 노이만의 상대가 되지 못한다. 천재 이야기가 별로 달갑지 않은 독자를 위해 한마디 덧붙이자면, 폰 노이만은 자타가 공인하는 음치였고 요리 솜씨도 형편없었다.

폰 노이만은 보어의 해석에서 치명적인 허점을 찾아냈다. 작은 물체를 관측하여 붕괴시킬 수 있는 큰 물체도 결국은 작은 물체로 이루어져 있지 않은가? 원자나 전자의 상태가 붕괴되는 원리를 설명하기 위해 보어가 도입했던 관측 장비(현미경 등. 그러나 원자는 현미경으로 볼 수 없다-옮긴이)도 원자와 전자로 이루어져 있다!

현미경을 구성하는 개개의 원자들이 큰 물체와 작은 물체의 속성을 모두 갖고 있다면, 큰 물체에 속하는 현미경도 작은 물체처럼 굴어야 하지 않을까? 즉, 현미경도 전자처럼 동시에 여러 가지 상태에 놓일 수 있어야 하며, 그것을 들여다보는 사람(관측자)도 마찬가지다.

그리하여 폰 노이만은 '큰 것과 작은 것을 구별해야 할 이유가 없다'는 결론에 도달했다. 현미경을 통해 들여다보는 순간 원자의 중첩된 상태가 붕괴되었다면, 붕괴를 일으킨 원인은 현미경 자체일 수도 있고 그것을 들여다본 사람일 수도 있다. 이 '관측 사슬measurement chain'의 각 단계는 한 뭉치의 원자들로 이루어져 있어서, 다른 원자 뭉치와의 상호작용을 통해 붕괴를 유발한다. 개개의 원자 뭉치는 '현미경'이나 '권총', '고양이' 등 나름대로 이름을 갖고 있지만, 이들을 굳이 구별해야 하는 이유는 분명치 않다.

따라서 관측 사슬의 특정 부위를 '붕괴 유발자'로 지목할 근거도 없다. 폰 노이만은 다른 물체와 똑같이 원자로 이루어져 있는 관측자의 몸이 전자(또는 관측 사슬에 속한 다른 물체들)처럼 여러 개의 상태로 분리되지 않는 이유를 이해할 수 없었다. 이것은 1장에서 언급한 평행우주 가설과 놀라울 정도로 비슷하다. 그렇다. 폰 노이만은 휴 에버릿보다 수십 년 앞서서 평행우주의 개념을 떠올린 것이다!

그러나 폰 노이만은 에버릿과 달리 어느 시점에서건 붕괴가 반드시 일어나야 한다고 생각했다. '살아있으면서 죽은 고양이를 보았으면서 보지 않은 관측자'가 전 세계 연구소를 누비는 광경을 도저히 상상할 수 없었기 때문이다.

생각이 여기에 미치자 폰 노이만은 입장이 난처해졌다. 모든 물질은 원자로 이루어져 있는데, '작은 물체'인 원자는 붕괴를 일으킬 수 없다. 따라서 붕괴는 원자로 이루어져 있지 않으면서 새로운 법칙에 따라 작동하는 무언가에 의해 일어나야 한다.

폰 노이만은 이 미지의 물체가 무엇이건, 평범한 물질로 이루어진 물체는 아니라고 생각했다. 그것은 비물질적이어야 하며, 심지어 물리학마저 초월한 존재일 수도 있다. 주요 특성을 정리하면 아마 다음과 같을 것이다.

(1) 완전히 비물질적이다(원자로 이루어져 있지 않다).
(2) 물질의 상태를 마술처럼 붕괴시킬 수 있다.

(3) 인간의 시야에 들어온 모든 것을 추적하다가, 무언가가 동시에 여러 곳에 존재하거나 여러 가지 일을 동시에 수행한다는 사실을 인간이 알아채기 전에 재빨리 그것을 붕괴시킨다.

어느 순간부터 폰 노이만에게는 이 신비한 물체가 영혼이나 의식처럼 느껴지기 시작했다. 그는 이것을 '추상적 자아abstract ego'라 불렀다.

폰 노이만의 관점을 좀비 고양이 버전으로 분석해 보자. 처음에는 모든 것이 1장에 언급된 내용과 비슷하게 전개된다. 일단 두 가지 방향으로 동시에 자전하는 전자가 있고…

두 방향으로 동시에 자전하는 전자   감지기의 스위치는 아직 켜지지 않았음

…자전감지기가 전자의 자전 방향을 감지하면…

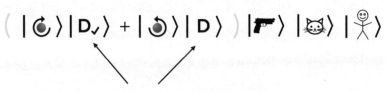

감지기가 2개의 상태로 분리됨. 하나는 시계 방향으로 자전하는 전자를 감지하여 '딸깍!' 소리를 내고, 다른 하나는 조용함.

…감지기가 권총에 신호를 보내고…

$$(\ | \circlearrowright \rangle \ | D\checkmark \rangle \ | \textrm{🔫} \rangle + \ | \circlearrowleft \rangle \ | D \rangle \ | \textrm{🔫} \rangle \ ) \ | \textrm{🐱} \rangle \ | \textrm{🙂} \rangle$$

권총이 '발사된 상태'와 '발사되지 않은 상태'로 분리됨.

…고양이는 죽고(또는 여전히 살아있고)…

$$(\ | \circlearrowright \rangle \ | D\checkmark \rangle \ | \textrm{🔫} \rangle \ | \textrm{🐱} \rangle + \ | \circlearrowleft \rangle \ | D \rangle \ | \textrm{🔫} \rangle \ | \textrm{🐱} \rangle \ ) \ | \textrm{🙂} \rangle$$

시계 방향 자전, 감지기 딸깍,
권총 발사. 고양이 사망

반시계 방향 자전, 조용한 감지기,
조용한 권총, 고양이 생존

…이 정보가 실험자에게 전달된다.

잠깐, 여기서 잊지 말아야 할 것이 있다. 양자역학의 법칙은 상자 안의 내용물(전자, 감지기, 권총, 고양이)뿐만 아니라 관측자에게도 똑같이 적용되므로, 관측자의 신체 역시 (폰 노이만이 상상했던 '붕괴를 유발하는 의식'은 아니라 해도) 두 가지 버전으로 분리되어야 한다.

의식 →

$$(\ | \circlearrowright \rangle \ | D\checkmark \rangle \ | \textrm{🔫} \rangle \ | \textrm{🐱} \rangle + \ | \circlearrowleft \rangle \ | D \rangle \ | \textrm{🔫} \rangle \ | \textrm{🐱} \rangle \ ) \ | \textrm{🙂} \rangle$$

폰 노이만은 이 비물질적인 의식이 실험자의 관측 행위를 추적하다가 무언가가 시야에 들어오면 관측 대상의 중첩된 상태를 붕괴시켜서, 실험자가 단 하나의 명확한 결과만 인지하도록 만든다고 생각했다.

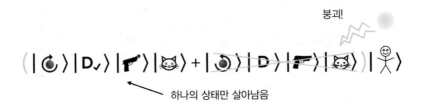

붕괴!

→ 하나의 상태만 살아남음

폰 노이만의 추론은 여기까지다. 실험자의 의식이 시야를 어떻게 추적하는지, 그리고 붕괴가 정확히 어느 순간부터 일어나는지에 대해서는 아무런 언급도 하지 않았고, 의식과 경험의 상호관계에 대해서도 입을 굳게 다물었다. 독자들은 당장 따지고 싶을 것이다. "뭐야? 그렇다면 새로 알게 된 것이 하나도 없잖아!" 그렇다. 폰 노이만의 설명은 하나의 미스터리를 다른 미스터리로 바꿔치기한 것처럼 보인다.

그러나 노이만식 접근법은 보어의 붕괴이론이 안고 있는 심각한 문제 중 일부를 해결하려는 값진 시도였으며, 과학 역사상 처음으로 물리법칙에 의식(또는 그와 유사한 것)이 등장하는 계기가 되었다. 이것은 '자기 이해self-understanding'를 추구해 온 인류의 역사에서 매우 중요한 사건이기에 객관적인 관점에서 살펴볼 가치가 있다.

붕괴에 대한 폰 노이만의 설명이 제기되기 전까지만 해도, 과학적 지식을 얻기 위한 인류의 모든 탐구 활동은 의식이나 영혼 같은 형이상학적 개념을 변두리로 밀어내려는 경향을 보여왔다. 그런데 양자역학을 해석하는 과정에서 '자연은 단명하고 비물질적인 인간의 마음을 배제하지 않는다'는 주장이 설득력을 얻기 시작했다. 아니, 배제하지 않는 정도가 아니라 마음을 절실하게 요구하는 것처럼 보인다!

물리학에 마음이 도입되자 '인간의 본성'이 곧바로 과학의 도마 위에 올랐고, 양자 전문 셰프들은 생전 처음 보는 식재료에 당혹감을 감추지 못했다. 당연히 폰 노이만의 제안은 물리학자들 사이에 숱한 논쟁을 야기하게 된다.

나는 '인간의 의식이 붕괴를 야기한다'는 주장을 100퍼센트 믿지 않는다. 그러나 물리학과 의식을 결부시킨 사람은 폰 노이만뿐만이 아니었다.

물질과 마음

'의식'은 익숙하면서도 신기한 단어다. 사람들의 대화에 시도 때도 없이 등장하는데, "의식이라는 단어를 정의해 보라"고 하면 다들 꿀 먹은 벙어리가 된다.

정의할 수 없는 단어는 과학의 탐구 대상이 될 수 없다. 그러므로 '의식'을 담배 연기로 가득 찬 철학자의 연구실에서 실험용 가운과 레이저 빔이 난무하는 실험실로 가져오려면, 그 의미부터 정확하게 파악해야 한다.

물론 쉬운 일은 아니다. 철학자들은 수천 년 동안 고민에 고민을 거듭하다가 "의식이 있는 것처럼 행동하는 것은 의식을 갖고 있다"는 결론에 간신히 도달했다. 독자들은 어떻게 생각할지 모르겠지만, 내가 보기엔 형편없는 답이다. 숙제를 내주고 수천 년을 기다렸는데 이 정도밖에 알아내지 못했다니, 한숨이 절로 나온다. 하지만 이것은 철학자들의 잘못이 아니다. 의식을 연구하려면 연구자 자신의 의식을 도구로 사용해야 하는데, 자고로 같은 재질의 도구로는 연구 대상을 세분하기 어려운 법이다(두부를 칼이 아닌 두부로 썬다고 상상해 보라!).

바로 이 점이 문제다. 과학이라는 칼로 의식을 아무리 잘게 썰어도, 의식의 핵심 부위를 콕 집어낼 수가 없다. 과학은 세상을 '무생물의 집합'으로 간주하지만, 의식은 다분히 주관적인 개념이다. 나는 당신에게 내 의식을 보여줄 수 없고, 당신도 나에게 당신의 의식을 보여줄 수 없다. 타인에게 보여줄 수 없고 막대기로 쿡쿡 찔러볼 수도 없으니 과학적으로 어떻게 분석해야 할지 막막하기만 하다.

내가 당신에게 의식이 있다고 믿는 이유는 당신이 꽤 많은 면에서 나와 비슷하게 행동하는 것처럼 보이기 때문이다. 그래서 나는 당신의 마음속에 나와 비슷한 경험과 느낌(이야기, 냄새, 소리, 좋아하는 음악 등)이 내재되어 있다고 생각한다. 물론 당신에게 정말로 그런 것이 있는지 100퍼센트 확신할 수는 없다!

이 세상에 별종 같은 사람이 얼마나 많건, 그리고 의식 연구에 얼마나 많은 돈을 쏟아붓건 간에, 과학에는 의식을 연구하는 데 필요한 어휘가 아예 없다. 그러나 우리는 모두 의식을 갖고 있으므로, 의식이 존재한다는 것을 알고 있다. 정말이지 감질나는 상황이다. 어떻게 하면 의식을 과학의 범주 안으로 끌어들일 수 있을까?

최근 들어 이 문제에 과감하게 도전장을 내민 사람이 있다. 헝클어진 머리의 (시간제) 블루스 밴드 멤버이자 인지철학자인 데이비드 차머스

David Chalmers가 그 주인공이다.

차머스는 두 눈을 부릅뜨고 외친다. "의식을 과학적으로 설명하지 못하는 이유가 어휘 부족(질량, 전하, 자기장 등) 때문이라면 과학 어휘를 늘리면 된다. 인간의 의식은 자연의 가장 기본적인 구성 요소일지도 모른다!"

다시 말해서, 의식을 과학적으로 다루고 싶다면 우주의 기본 구성 요소 목록에 의식을 추가해야 한다는 뜻이다. 틀려도 상관없다. 원자도 이런 식으로 과감한 가정을 세우고 실험을 통해 찾았으니까. 일단 의식이 우주의 기본 요소라는 가정을 세운 후 물리학과 양립할 수 있는 위치를 찾으면 된다.

80년 전에 폰 노이만이 의식 붕괴 이론을 떠올렸을 때도 차머스와 같은 생각을 했을까? 지금으로선 확인할 길이 없지만, '어려운 문제는 새로운 개념을 도입해서 해결한다'는 전략만은 매우 비슷하다.

어떤 면에서 보면 폰 노이만의 이론은 일타쌍피의 묘수라 할 수 있다. (1) 물리학 이론에 직접적으로 결부시킬 수 있는 의식의 그림을 제공했고, (2) 좀비 고양이 문제를 해결하는 또 하나의 실마리를 제공했기 때문이다. 또한 이로부터 흥미로운 가능성이 제기된다. 인간의 의식(인식 작용의 근원)이 육체와 분리된 채로 존재한다면, 육체가 사라진 후에도 남아 있을까? 그렇다면 혹시 영혼은 육체를 잃은 의식이 아닐까?

상상의 나래를 신나게 펼치는데 재를 뿌릴 생각은 없지만, 책의 진도상 아직은 이런 것을 논할 때가 아니다. 한 가지 확실한 것은 폰 노이만의 의식 모형이 등장한 후로 기이하고 난해한 후속 질문이 봇물 터지듯 쏟아져 나왔다는 점이다.

그중 하나는 붕괴가 일어나는 시점에 관한 질문이다. 신비에 가득 찬 의식은 정확히 어느 순간에 붕괴를 촉발하는가? 다들 알다시피 '관측'은 즉각적으로 이루어지는 행위가 아니다. 무언가를 관측하여 결과를 인식하려면 일련의 과정을 거쳐야 한다. 관측 대상의 정보를 담은 빛이 당신의 눈에 도달하면 시신경이 활성화되면서 두뇌에 신호를 전달한다. 그렇다면 좀비 고양이의 상태는 고양이의 몸에서 반사된 빛이 당신의 눈에 도달하기 전에 붕괴되는가? 아니면 시신경이 활성화되기 직전에 붕괴되는가? 혹은 시신경이 보낸 신호가 두뇌에 도달하기 직전에? 아니면 두뇌가 정보를 분석하는 도중에?

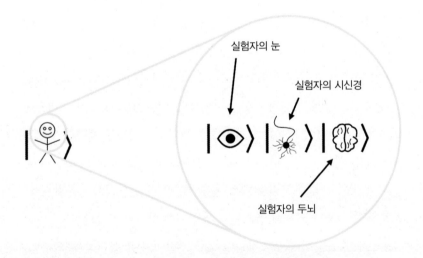

실험자의 눈

실험자의 시신경

실험자의 두뇌

이런 식으로 따지다 보니, 폰 노이만의 이론에서는 건질 게 별로 없는 것 같다. 관측 과정을 세분해서 보면 의식에 전구가 번쩍 켜지면서 관측 대상의 상태를 붕괴시키는 시점이 또다시 모호해진다.

우리의 의식은 붕괴 대상과 붕괴되는 시점을 어떻게 결정하는가? 그리고 육체와 의식이 분리되어 있다면, 육체를 잃은 의식은 어디에 숨어 있는가? 세계 최고의 천재 폰 노이만도 이 의문만은 끝내 해결하지 못했다. 그의 아이디어는 매우 탁월했지만, 어떤 면에서 보면 붕괴 문제를 해결하지 못한 채 뒤로 미뤄놓은 셈이다.

그럼에도 불구하고, 의식이 없는 양자적 물체와 비물질적인 의식에 대한 폰 노이만의 미완성 이론은 양자 이론에서 관측자와 의식의 역할을 연구하는 기초가 되었다.

사이비 과학 취급을 받던 '양자 신비주의quantum mysticism'에 볕 들 날이 좀 더 가까이 다가온 것이다.

CHAPTER 3
우주와 하나가 되다

디팩 초프라^{Deepak Chopra}는 아마도 세계에서 제일 유명한 양자 신비주의자일 것이다. 그는 "관측자란 비국소적 의식이며, 이 의식은 자신의 확률 파동^{probability wave}을 붕괴시켜서 관측 가능한 사건으로 변환한다"고 주장하여 세간의 관심을 끌었다. 다작가로도 유명한 그는 2014년까지 무려 80권의 책을 집필하여 8,000만 달러에 가까운 돈을 벌어들였다.(오직 인세만으로 이렇게 버는 것은 불가능하다. 초프라는 재산 증식에도 탁월한 안목을 갖고 있다-옮긴이)

많은 물리학자들은 초프라를 회의 어린 시선으로 바라보고 있으며, 내 느낌도 그들과 크게 다르지 않다. 초프라의 성공 비결을 굳이 꼽는다면 아마도 다음과 같을 것이다.

양자물리학의 화려한 전문용어(그럴듯하게 들리지만 별 의미 없음)

뉴에이지 명상 열풍

귀 얇은 청중

이 재료들을 거품이 충분히 생기거나 베스트셀러 목록에 오를 때까지 열심히 섞는다.

내가 보기에 디팩 초프라는 양자역학의 언어를 이리저리 비트는 꽈배기 스킬을 현란하게 구사하여 정규교수직을 얻은 것 같다.

어느 날, 나는 토론토 대학교 물리학과로부터 "오래된 물리교과서를 처분하려고 하는데 관심 있으면 연락하라"는 e-메일을 받았다. 당시 나는 공짜라면 물불 안 가리는 대학원생이었기에 당장 물리학과 사무실로 달려갔으나, 내가 도착했을 무렵에는 달랑 세 권만 남아있었다. 역시 공짜의 위력은 대단하다.

그날 내가 고른 책은 아미트 고스와미Amit Goswami가 집필한 《양자역학 Quantum Mechanics》이었다.

당시에는 몰랐지만, 고스와미는 진지한 핵물리학자이자 디팩 초프라 스타일의 양자역학을 열렬하게 지지하는 사람이다. 고스와미의 주장에 동의하는 것은 아니지만, 양자 신비주의가 의외로 설득력이 있다는 점만은 인정한다.

나는 책을 펼치고 목차부터 훑어보았다. 옳거니, 503페이지에 좀비 고양이 역설과 관련된 챕터가 있다. 그런데 막상 읽어보니 내가 예상했던 내용과 사뭇 달랐다. 한 가지 인상적인 것은 평소에 내가 양자역학으로 절대 입증할 수 없다고 생각했던 초프라 스타일의 '우주의식'을 고스와미가 정연한 논리로 풀어냈다는 점이다.

여기서 나는 매우 중요한 교훈을 얻었다. 주변 사람들이 한결같이 "그 아이디어는 엉터리야!"라고 외칠 때, 그 대열에 합류하기 전에 정말로 엉터리인지 반드시 확인해야 한다는 것이다. 무언가를 거부하는 집단은 그들만의 고정관념에 사로잡힌 경우가 종종 있기 때문이다. 고스와미를 사이비로 취급하는 물리학자 중 그의 이론을 제대로 이해하는 사람은 10퍼센트가 채 안 될 것이다. 물론 그의 책을 읽기 전까지는 나도 나머지 90퍼센트에 속했다.

지금부터 고스와미의 이론을 간략하게나마 독자들에게 소개하고자 한다. 감히 장담하건대, 이 부분을 다 읽고 나면 당신은 대부분의 물리학 박사보다 유식해질 것이다.

다층 케이크를 닮은 우주

1960년대에는 대부분의 사람들이 보어의 붕괴이론을 진리로 받아들였다. 보어의 이론에 의하면 전자는 누군가에게 관측되지 않는 한 동시에 여러 방향으로 자전하거나, 여러 곳에 동시에 존재하는 것처럼 거동한다.

하지만 동시에 두 방향으로 자전하는 것처럼 '거동'하는 전자가, 정말로 두 방향으로 동시에 자전하고 있을까? 혹시 두 방향으로 동시에 자전하는 것처럼 '보이는' 다른 일을 하고 있는 것은 아닐까?

고스와미는 그렇다고 생각한다. 고스와미의 주장에 따르면, 전자는 관측되기 전에는… 아예 존재하지도 않는다! 이것이 너무 파격적이라면, '관측되지 않은 전자는 우리와 다른 세상에 존재한다'고 생각해도 좋다.

동시에 여러 가지 일을 하는(또는 여러 장소에 동시에 존재하는) 양자적 입자는 우리와 다른 존재 평면에 살고 있는데, 고스와미는 이것을 '잠재적 세계the world of potentia'라 불렀다. 잠재적 세계에는 여러 개의 '나올 수 있는 관측 결과'가 동시에 존재한다. 예를 들면 '전자는 반시계 방향으로 회전하고 있었다'거나 '전자는 시계 방향으로 회전하고 있었다' 같은 것들이다. 누군가가 전자를 관측하면 잠재적 세계에서 하나의 가능성이 선택되어 현실 세계로 '승격'된다. 이것이 바로 고스와미의 이론에서 붕괴가 일어나는 방식이다.

여러 가지 일을 동시에 하는 입자는 머릿속에 쉽게 그려지지 않는다. 아니, 그려지지 않는 정도가 아니라 생각만 해도 머리에 쥐가 날 지경이다. 고스와미는 이런 기이한 상황을 가능한 한 피하기 위해 다음과 같이 제안했다. "전자가 여러 가지 일을 동시에 하긴 하는데, 우리가 사는 현실 세계가 아닌 잠재적 세계에서 하고 있다. 이곳은 원래 이상한 세계니까 아무리 이상한 일이 일어나도 상관없다. 오케이?"

이 논리에 의하면 관측되지 않은 전자는 현실 세계에 존재하지 않는다. 관측된 전자만이 현실 세계로 승격되어 우리 눈앞에 모습을 드러낸다. 즉, '여러 가지 일을 동시에 하는' 양자적 입자는 관측했을 때 나올 수 있는 '잠재적인 결과'로만 존재한다는 것이다. 모든 가능한 관측 결과들은 잠재적 세계에 존재하면서 누군가에게 관측되어(즉, 붕괴되어) 현실 세계로 승격되는 순간을 기다리고 있다.

고스와미의 논리를 좀비 고양이에 적용해 보자. 관측자가 뚜껑을 열기 전, 상자 속의 모든 내용물(전자, 자전감지기, 권총, 고양이)은 두 가지 일을 동시에 하고 있다. 그리고 이 두 가지 가능성(시계 방향으로 자전하는 전자, 딸깍 소리를 내는 감지기, 발사된 권총, 죽은 고양이, 그리고 이와 반대인 상황들)은 현실 세계가 아닌 잠재적 세계에 존재한다.

$$| \circlearrowleft \rangle \, | D_\checkmark \rangle \, | \text{🔫} \rangle \, | \text{🐱} \rangle + | \circlearrowright \rangle \, | D \rangle \, | \text{🔫} \rangle \, | \text{🐱} \rangle$$

잠재적 세계

현실 세계(관측자가 사는 세계)
(전자, 감지기, 권총, 고양이는 아직 존재하지 않음)

고스와미의 관점에서 볼 때 고양이는 '살아있으면서 죽은 고양이'라기보다, '아직 현실로 구현되지 않은 생존 가능성과 사망 가능성의 조합'에 가깝다. 이런 상태에서 누군가가 고양이를 관측하면 그때 비로소 하나의 결과가 잠재적 세계를 벗어나 현실 세계에 나타난다(고스와미는 이 것을 '관측의 세계the world of observation'라 불렀다).(p.89 도판 참조)

이 해석에 따르면 관측 행위는 일종의 창의적 행위인 셈이다. 잠재적 세계에 존재하던 여러 개의 가능성 중 하나가 관측이라는 행위를 통해 현실 세계에 나타나기 때문이다.

이로써 우주는 2개의 서로 다른 세계로 분할되었다. 하나는 회색 전자나 좀비 고양이처럼 관측을 실행했을 때 나올 수 있는 결과들이 복합적으로 존재하는 잠재적 세계이고, 다른 하나는 오직 하나의 장소에만 존

잠재적 세계

현실 세계(관측자가 사는 세계)

| ☉ ⟩ | D ⟩ | ☞ ⟩ | 🐱 ⟩

관측

재하거나 한 번에 한 가지 일만 할 수 있는 물체들(즉, '붕괴된 것들')이 존재하는 관측의 세계다. 예를 들어 우리의 육체는 우리가 끊임없이 관측하고 있기 때문에 관측의 세계에 존재한다.

무슨 SF소설에나 나올법한 이야기 같지만, 틀렸다고 반박할 근거도 없다. 보어와 폰 노이만의 이론이 그럴듯하게 들린다면, 고스와미의 이론도 그들 못지않게 그럴듯하다. 잠재적 세계와 관측의 세계가 따로 존재한다는 것이 문제의 소지가 많아 보이지만, 앞서 말한 대로 보어와 폰 노이만의 주장도 많은 문제점을 안고 있었다.

여기서 한 가지 짚고 넘어갈 것은 고스와미의 이론이 새로운 우주관을 제시했다는 점이다. 고스와미의 주장에 의하면 우주는 다층 케이크(여러 층으로 쌓아 올린 케이크)와 비슷하다.

이 정도면 꽤 파격적인 주장이다. 그런데 단지 이것만으로 고스와미와 초프라가 책을 팔아서 수천만 달러를 벌어들였을까? 그럴 리가 없다. 무언가 다른 요소가 더 있을 것이다.

영화 대사를 흉내 내자면… 찐따야, 타. 우주의식이 뭔지 알아보러 가자!

집단의식

고스와미는 2층으로 이루어진 우주를 떠올린 후 순진해 보이는 질문을 던졌다. 두 사람이 정확하게 '동시에' 관측한다면 좀비 고양이나 회색전자는 어떻게 될 것인가?

관측자 1   관측자 2

$|\circ\rangle\rangle\,|\,D\rangle\rangle\,|\,\text{🔫}\rangle\rangle\,|\,\text{🐱}\rangle + |\,\circ\rangle\rangle\,|\,D\,\rangle\,|\,\text{🔫}\rangle\rangle\,|\,\text{🐱}\rangle$

시계 방향 자전, 딸깍 소리를 낸 감지기,   반시계 방향 자전, 조용한 감지기,
발사된 권총, 죽은 고양이   반시계 방향 자전, 조용한 감지기,
                                        발사되지 않은 권총, 살아있는 고양이

꽤나 까다로운 질문이다. 보어의 붕괴이론에선 한 사람이 '살아있으면서 죽은' 좀비 고양이를 관측하면 '살아있는 고양이' 아니면 '죽은 고양이', 둘 중 하나로 결정된다.

---

* 영화 〈퀸카로 살아남는 법(Mean Girls)〉에 나오는 대사. 물론 당신은 찐따가 아니라 퀸카일 것이다.(원문은 "Get in, loser. We're going shopping(찐따야, [내 차에] 타. 쇼핑이나 하러 가자)"이다-옮긴이)

관측자 1

붕괴!

$$| \text{☾} \rangle | D_\checkmark \rangle | \text{🔫} \rangle | \text{🐱} \rangle + | \text{☽} \rangle | D \rangle | \text{🔫} \rangle | \text{🐱} \rangle$$

(무작위로 선택된) 하나의 결과

그런데 두 번째 관측자도 똑같은 좀비 고양이를 관측했다면, 붕괴를 일으킨 장본인은 누구인가? 자연은 둘 중 한 사람을 선택하고 다른 사람은 무시하는 것일까? 아니면 두 사람의 의식이 텔레파시를 교환하면서 누가 고양이의 상태를 붕괴시킬지 의논이라도 하는 걸까?

관측자 1

붕ㄱ…

관측자 2

붕…

−어? 너도 관측하려고?

−앗, 미안해. 난 그냥…

−아냐, 괜찮아. 지난번에 내가 붕괴시
켰으니까 이번엔 내가 양보할게

…괴!

$$| \text{☾} \rangle | D_\checkmark \rangle | \text{🔫} \rangle | \text{🐱} \rangle + | \text{☽} \rangle | D \rangle | \text{🔫} \rangle | \text{🐱} \rangle$$

음… 아무리 긍정적으로 생각하려 애써도 과학사에 길이 남을 헛소리 같다. 두 관측자의 의식이 마술처럼 통해서 좀비 고양의 운명을 결정한 다는 말인가? 게다가 이 소통이 본인도 모르는 사이에 이루어진다고?

흐음… 다시 들어도 여전히 헛소리다.

우리의 논리가 이런 지경에 봉착한 이유는 인간의 의식을 양자역학에 끼워 넣기 위해 무리수를 두고 있기 때문이다.

고스와미는 여기에 동의하지 않는다. 그는 대부분의 사람들이 의식에 대해 잘못 생각하고 있다고 지적했다.

두 명의 관측자들이 개별적인 의식을 갖고 있지 않다면 어떻게 될까? 우연히 좀비 고양이를 관측하게 된 두 관측자뿐만 아니라, 우주에 존재 하는 모든 관측자들이 하나의 거대한 의식을 공유하고 있다면 어떨까?

두 관측자가 하나의 통일된 의식을 공유하고 있다면… 굳이 일치시키 려고 조정할 필요가 없지 않을까? 이것이 바로 고스와미 이론의 핵심이 다. 모든 관측자는 하나의 의식을 공유하고 있으며, 지금까지 일어난 모 든 붕괴는 바로 이 의식이 작용한 결과라는 것이다.

정말 파격적이면서 놀라운 아이디어다. 우리는 두 부분으로 분할된 이 층 평면우주two layered plane universe에서 살고 있다.(여기서 평면plane이란 기 하학적으로 평평한 면이 아니라, 별개의 세상을 의미한다-옮긴이) 하나는 관 측 가능한 우주이고, 다른 하나는 잠재적인 관측 결과들이 모여있는 우 주다. 또한 이층 평면우주에서는 '관측자의 자격을 갖춘 생명체나 사물 들이 공유하고 있는 통일된 의식'만이 임의의 물체를 한 평면에서 다른 평면으로 이동시킬 수 있다.

고스와미의 이론에서 도출되는 흥미로운 결과들은 잠시 후에 다루기로 하고, 여기서 잠깐 중간 점검을 해보자. 독자들 중에는 이 이론이 지나치게 사변적이라고 생각하는 사람도 있을 것이다. 그 점엔 나도 100퍼센트 동의한다. 그러나 보어와 폰 노이만의 이론도 사변적이기는 마찬가지다. 좀비 고양이가 동시에 두 가지 상태에 놓여있는데 갑자기 밑도끝도 없이 "누군가가 바라보는 순간 붕괴된다"니, 이렇게 황당하고 무책임한 설명이 또 어디 있는가? 오히려 고스와미의 이론은 '두 관측자' 문제를 해결했으므로 보어와 폰 노이만의 이론보다 나았으면 나았지 결코 못하지 않다!

오늘날 대부분의 물리학자들은 보어의 설명을 별 의심 없이 받아들인다(최근 들어 이런 경향이 조금 달라지긴 했다). 대충 얼버무린 설명을 선뜻 수용하는 것을 보면 물리학자들의 사고방식이 꽤 유연하고 너그러운 것 같다. 그러나 이들에게 고스와미의 이론을 들려주면 손사래를 치며 외면하기 일쑤다. 분명히 보어 이론의 문제점을 해결했는데 대체 이론으로 인정하지 않는 것이다.

물리학자들은 의식과 같은 모호한 개념을 도입해서 비웃음을 사느니, 차라리 보어의 가설처럼 불완전한 이론을 받아들이는 편이 낫다고 생각한다. 적어도 내가 보기에는 그렇다. 물론 그 심정은 나도 십분 이해하지만, 사실 이것은 논리적 선택이 아니라 다분히 심미적審美的인 편견이다.

바로 여기가 핵심 포인트다. 물리학자들은 '과학적'인 이론을 정말 좋아한다. 다소 이상한 이론도 과학적으로 보일 수 있지만, 특정 부분에서만 이상해야 한다. 물리학 이론에 의식이나 영혼, 또는 다중우주가 개입되면 이상함을 넘어 사이비 취급을 받기 십상이다(하지만 항상 그런 건 아니었다. 1800년대까지만 해도 서양 철학자들은 인간의 의식을 현실 세계의 필수 요소로 간주했다).

특정 분야의 학문적 추세와 대외적 이미지는 종종 해당 분야의 최상위권에 있는 몇몇 학자들의 심미적 취향에 따라 좌우되곤 한다. 학자들 사이의 정치적 반목이 해로운 것은 바로 이런 이유 때문이다. 최고 학자들이 단지 '마음에 들지 않는다'는 이유로 이질적인 이론을 배척하면 그것으로 끝이다. 그런 이론은 더 이상 발붙일 곳이 없다.

나 역시 고스와미의 이론에 전적으로 동의하진 않지만, 보어와 폰 노이만 이론의 취약점을 보완했다는 점만은 인정하지 않을 수 없다. 게다가 고스와미의 이론은 또 다른 장점을 갖고 있다. 어떤 장점이냐고?

세 단어로 답할 수 있다. 그 장점이란 바로 '화성의 좀비 고양이'다.

화성의 좀비 고양이

보어의 이론에서 가장 논란의 대상이 되었던 부분은 "신호는 빛보다 빠르게 전달되어야 한다"는 것이었다.

이것은 정말로 심각한 문제다. 그 어떤 물체(입자, 원자, 분자 등)나 신호(전자기파)도 빛보다 빠르게 이동할 수 없다는 것은 현대물리학의 제1계명이다. 우주에는 절대 뛰어넘을 수 없는 속도의 한계가 존재한다!

이 점에 대해서는 나중에 좀 더 자세히 다루기로 하고, 지금 당장은 한 가지 사실만 기억해 두기 바란다. 만일 "어떤 물체도 빛보다 빠르게 이동할 수 없다"는 계명이 틀린 것으로 판명된다면, 우리가 알고 있는 모든 물리학은 파도에 휩쓸린 모래성처럼 순식간에 무너져 버린다. GPS^{Global Positioning System}(위성항법장치)에서 레이더^{radar}에 이르기까지 현대 기술의 대부분은 '범우주적 속도제한'이라는 원리에 기초하고 있다. 그래서 이 원리를 위협하는 증거가 발견되면 그날부터 물리학자는 악몽에 시달릴 수밖에 없다.

그러나 보어의 붕괴 모형은 속도제한 계명을 어겼다. 왜 그런가? 좀비 고양이 문제로 돌아가서 생각해 보자. 단, 이번에는 고양이가 전자와 자전감지기, 그리고 권총으로부터 아주 멀리 떨어져 있다고 가정하자. 어느 정도 거리가 좋을까… 오케이, 전자와 감지기와 권총은 지구에 설치하고, 고양이는 아예 화성으로 보내버리자. 이 정도면 충분할 것 같다. 그리고 또 한 가지, 상자를 만드는 기술이 비약적으로 발전하여 전자와 감지기와 권총, 그리고 화성으로 옮겨간 고양이가 모두 하나의 거대한 상자 안에 들어있다고 가정하자.

지구   화성

동시에 두 방향으로 자전하는 전자   아직 활성화되지 않은 감지기

총이 격발된 후 총알이 고양이에게 도달할 때까지 이전보다 시간이 좀 더 걸리겠지만, 조준이 완벽하다면 결과는 동일하다. 즉, 총알이 발사되면 고양이는 무조건 죽는다.

이제 자전감지기를 켜면 이전처럼 전자의 자전 방향에 따라 두 가지 상태로 분리된다. 그중 하나는 전자가 시계 방향으로 자전하여 '딸깍!' 소리를 낸 상태이고, 다른 하나는 전자가 반시계 방향으로 자전하여 아무 소리도 나지 않은 상태다. 그다음으로, 이 신호가 권총에 전달되면 (역시 이전과 마찬가지로) '발사된 총'과 '발사되지 않은 총'이라는 두 가지 상태로 분리된다.

마지막으로, 여기서 약간의 시간이 지나면(대략 20년쯤 걸린다) 총알이 고양이에게 도달하거나 도달하지 않아서 드디어 좀비 고양이가 탄생한다.

이제 우주에는 두 가지 버전의 시나리오가 공존한다. 하나는 지구에서

전자가 시계 방향으로 자전하고, 그 옆에 있는 감지기가 '딸깍!' 소리를 내고, 그 옆에 있는 권총이 발사되어 화성에 있는 고양이가 사망한 버전이며, 다른 하나는 전자가 반시계 방향으로 자전하고, 그 옆의 감지기에서 소리가 나지 않고, 그 옆에 있는 권총이 발사되지 않아서 화성에 있는 고양이가 멀쩡하게 살아있는 버전이다.

여기까지는 상자가 어마어마하게 크다는 것만 빼고 이전과 똑같다. 그런데 실험자가 상자의 뚜껑을 열고 고양이를 바라본다면 어떻게 될까?

글쎄, 아마도 고양이와 권총, 감지기, 그리고 전자가 한꺼번에 붕괴될 것이다. 만일 관측자가 화성에 가까운 곳에서 뚜껑을 열었는데 고양이가 죽어있었다면, 이는 곧 총이 발사되었고 전자는 시계 방향으로 자전했다는 뜻이다.

바로 여기서 문제가 발생한다. 실험자는 화성에 있는 고양이의 상태만 확인했으나, 고양이의 붕괴 효과가 즉각적으로 전달되어 지구에 있는

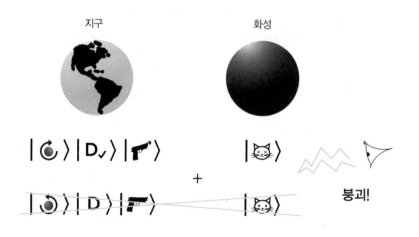

권총, 감지기, 전자가 고양이와 동시에 붕괴된다!

빛이 화성에서 지구로 전달되려면 거의 3분이 소요된다. 그런데 화성에서 이루어진 실험자의 관측 행위가 지구(권총, 감지기, 전자)에 영향을 미칠 때까지는 시간이 전혀 걸리지 않았다. 내가 노는 동네에서는 이것을 '초광속 물리학faster-than-light-physics'이라 부른다!

물리학자들은 이런 물리학을 너무도 싫어한 나머지 '비국소적nonlocal'이라는 이상한 형용사를 붙여서 부르기도 한다.

비국소적 효과는 물리학자들 사이에서 '절대로 용납될 수 없는' 금기사항이다. 타당한 근거 없이 비국소성을 논했다간 파티에서 따돌림 당하고 강의실에서 웃음거리가 되기 십상이다.

화성 좀비에서 우주의식으로

보어의 붕괴이론은 비국소성(빛보다 빠르게 이동하는 효과)을 야기했고, 이른바 전통파 물리학자들도 이 문제만은 가볍게 취급할 수 없었다. 자연에서 새로운 현상이 발견되면 물리학자들은 기대에 찬 눈길로 주시하지만, 그 현상이 초광속과 관련되어 있음이 밝혀지면 즉시 긴장 모드로 바뀐다.

아인슈타인이 양자역학에서 비국소적 효과를 발견했을 때, 겉으로는 심각한 척하면서도 속으로 쾌재를 불렀을 것이다. 원인이 무엇이건 비국소성은 물리학 이론에 치명적이기 때문이다.

그러나 고스와미의 이론은 비국소성을 야기하지 않는다. 비국소성의 원인인 화성 좀비 고양이가 현실이 아닌 잠재적 관측 결과로 존재하기 때문이다. 잠재적 세계는 현실과 완전히 분리된 세계인데, 현실과 똑같은 물리법칙이 적용될 이유가 없지 않은가? 앞서 말한 대로 잠재적 세계는 살아있는 고양이와 죽은 고양이가 동시에 존재하는 희한한 세계이므로, 현실 세계처럼 속도의 상한선이 존재할 이유가 없다. 즉, 잠재적 세계에서는 물체나 신호가 빛보다 빠르게 이동해도 상관없다는 뜻이다!

고스와미가 도입한 잠재적 세계가 초광속 문제(비국소성 문제)를 해결했다. 엄밀히 말하면 해결했다기보다 피해간 것에 가깝지만, 보어의 이론처럼 문제를 방치해 두는 것보단 오만 배 낫다.

만일 이것이 사실이라면 고스와미의 잠재적 세계는 매우 험한 세계일 것이다. 이곳에서는 입자가 동시에 여러 방향으로 자전할 뿐만 아니라, 우리가 아는 대다수의 물리법칙이 집행유예 상태로 묶여있다. 잠재적 세계는 모든 사건의 잠재적 결과들로 가득 차있는 '순수한 가능성의 세계'이며, 현실 세계의 관측자가 관측을 실행해야 비로소 그들 중 하나가 현실 세계에 모습을 드러낸다.

이곳에서 인간의 의식은 더욱 특별한 의미를 갖는다. 붕괴를 일으키는 원천이자 잠재적 세계에서 관측의 세계로 물체를 옮길 수 있는 유일한 원동력이 바로 의식이기 때문이다. 어떤 면에서 보면 의식은 우주의 두 층 사이를 연결하는 다리라 할 수 있다.

아직도 많은 독자들은 고스와미의 이론에서 사이비 냄새를 맡을 것이다. 나 역시 마찬가지다. 마음에 들지 않는다면 그냥 무시해도 그만이다. 그러나 적어도 물리학의 범주 안에서는 고스와미의 이론이 틀렸음을 증명할 방법이 없다!

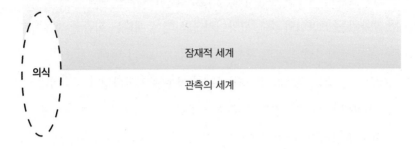

솔직히 말해서 '고스와미 이론에는 아무런 장점도 없다'고 잡아떼기가 쉽지 않다. 기존의 붕괴이론이 극복하지 못했던 문제 중 적어도 두 가지를 확실하게 해결했기 때문이다. '두 명의 관측자가 동시에 고양이를 관측했을 때 야기되는 문제'는 모든 관측자가 공유하는 의식을 도입하여 해결했고, '붕괴 신호가 빛보다 빠르게 전달되는 문제'는 우주를 두 층으로 분할하여 해결했다.

"이건 말도 안 돼. 기껏 방송에 출연해서 이런 헛소리나 늘어놓다니, 당신 지금 제정신이야? 차라리 넷플릭스에서 두 번이나 본 〈코스모스〉를 또 볼 걸 그랬어!" 혹시 이렇게 외치고 싶다면, 잠시 진정하고 내 말을 들어주기 바란다. 이론이 이상하다는 이유로 외면하는 것은 그다지 좋은 선택이 아니다. 이상한 정도로 따지면 우리가 별의 잔해에서 태어났다는 우주론이나, 블랙홀 근처에서 시간이 느리게 흐른다는 일반상대성 이론도 결코 만만치 않다. 이왕 발을 내디딘 김에, 방정식에 범우주적 다차원 의식을 추가해 보면 어떨까?

이것이 바로 고스와미가 한 일이다.

극한으로 밀고 가기

우주 전체가 하나의 의식 안에 포함되어 있다면 어떨까? 우리를 에워싼 모든 현실이 우주를 포함하는 거대한 의식 네트워크의 일부일 수도 있지 않을까?

이 과감한 가정을 계속 밀고 나가보자. 기본 아이디어는 다음과 같다. 고스와미의 이론에서 의식은 잠재적인 사건을 붕괴시켜 현실로 끌어내는 역할을 한다. 즉, 의식은 잠재적 세계와 관측의 세계를 연결하는 접착제인 셈이다.

그러므로 의식은 둘 중 한 세계의 일부가 아니라 두 세계에 모두 닿아 있어야 한다. 그렇다면 두 세계 모두 의식 안에 포함되어 있는 것은 아닐까? 의식이 두 세계에서 모두 발견된다면, 두 세계가 아예 의식 안에 존재할 수도 있지 않을까?

이로써 우리는 '모든 만물은 의식 안에 존재한다'는 결론에 도달하게 된다.

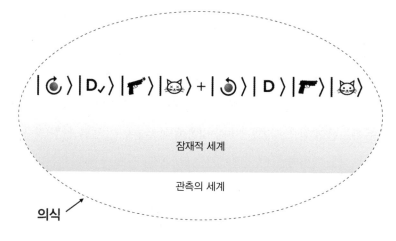

고스와미의 이론에서는 마음(의식)이 관측의 세계에 직접적인 영향을 줄 필요가 없기 때문에, '마법 같은 마음이 붕괴를 유발한다'는 폰 노이만 이론의 허점도 자연스럽게 해결된다. 모든 것이 마음에 포함되어 있으므로, 붕괴를 일으킬 수 있는 것은 오직 마음뿐이다. 즉, 마음이 하는 일이라곤 관측 대상을 '우리가 겪을 수 없는 잠재적 세계'에서 '우리에게 친숙한 관측의 세계'로 옮기는 것뿐이다.

다시 한번 강조하건대, 나는 고스와미의 이론을 믿지 않는다. 그러나 믿음이 안 간다고 해서 그 이론이 틀렸다고 단정 지을 수는 없다. 지금도 다수의 물리학자들은 심미적인 이유로 특정 이론을 반대하고 있는데, 이것은 결코 바람직한 현상이 아니다. 예나 지금이나 의식이 개입된 과학 이론은 공격의 대상이 되기 쉽다.

고스와미의 이론에 찬물을 끼얹기 전에, 새로 발견한 지식을 이용하여 뉴에이지 스타일의 비밀스러운 언어를 해독하는 방법에 대해 약간의 팁을 주고자 한다.

뉴에이지 언어를 해독하는 방법

이 장의 첫머리에서 인용했던 디팩 초프라의 발언을 떠올려 보자. "관측자란 비국소적 의식이며, 이 의식은 자신의 확률파동을 붕괴시켜서 관측 가능한 사건으로 변환한다." 처음에 독자들은 이 말을 완전 헛소리로 치부했을 것이다.

나도 이 문장을 5년 전에 접했다면 온몸에 경련을 일으켰을 것 같다. 그러나 나는 그 후로 나이를 먹으면서 좀 더 현명해졌으므로(그리고 독자들은 이 책을 펼쳐 든 후 여기까지 읽었으므로), 위와 같은 문장을 굳이 기존의 과학적 잣대로 분석할 필요가 없음을 알게 되었다.

우리는 고스와미의 잠재적 세계에서 초광속 이동이 허용되는 비결을 확인했는데, 이것이 바로 초프라가 말하는 '비국소적 의식'에 해당한다. 또한 이 용어에는 '모든 것이 하나의 범우주적 의식에 포함되어 있다'는 고스와미의 이론이 함축되어 있다. 여전히 모호한 구석이 있긴 하지만, 처음 읽었을 때보다는 들어줄 만하다.

문장의 뒷부분, 즉 "의식은 자신의 확률파동을 붕괴시켜서 관측 가능한 사건으로 변환한다"는 말은 의식이 잠재적인 결과들('확률파동')을 붕괴시켜서 명확하고 관측 가능한 결과로 바꾼다는 뜻이다.

이 정도면 꽤 그럴듯하게 들린다.

초프라가 외부인들(특히 정통파 물리학자들)과 소통하는 기술이 서툴러서 오해를 사는 면도 있지만, 정말로 불분명한 것은 기존의 물리학자들이 그에 대해 내린 평가다. 초프라는 정말로 양자역학을 완전히 잘못 표현하고 있는 것일까? 초프라는 이론을 해석하는 새로운 방법을 발견하고, 적용 범위를 꾸준히 확장해 왔다. 초프라가 사용하는 어휘는 기존의 물리학 용어와 많이 다르지만, 그가 하는 말 중에는 틀렸다고 입증할 수 있는 내용이 거의 없다.

대부분의 물리학자들은 이 점을 이해하지 못한다. 그들은 초프라가 양자 비스무레한 쓰레기 책을 귀 얇은 독자들에게 무차별 살포하여 떼돈을 벌고 있다고 생각한다. 글쎄, 과연 그럴까? 그는 의식과 관련된 가설 (파격적이지만 논리적으로 타당한 가설)을 양자 이론에 추가하여 책으로 출간한 것뿐이다. 다른 물리학자들도 이런 식으로 책을 쓰지 않던가? 물론 초프라의 책 중에는 쓰레기 같은 것도 있을 것이다.

그러나 초프라의 아이디어는 마구잡이로 펼친 공상과학이 아니라 합리적 사고의 산물이다. 지난 2017년에 뉴스 전문 웹사이트 '쿼츠Quartz'의 한 기자가 양자역학을 주제로 초프라와 인터뷰를 한 적이 있다. 이 자리에서 기자는 그에게 양자역학과 관련된 세 개의 트윗(tweet, 트위터에 올라온 게시물-옮긴이)을 보여주었는데, 둘은 초프라가 쓴 것이고 하나는 기자가 초프라를 떠보기 위해 인터뷰 전에 슬쩍 올려놓은 것이었다. 그러고는 초프라에게 세 트윗의 의미를 설명해 달라고 하자 초프라는 자신이 쓰지 않은 트윗을 금방 골라냈다. 그의 사고가 일관된 논리를 따르지 않았다면 절대로 할 수 없는 일이다.(논리가 아니라 문체만 봐도 구별할 수 있을 것 같다-옮긴이)

아미트 고스와미와 디팩 초프라의 기이한 해석에는 나름대로 분명한 논리가 있다. 이들은 거의 100년 전에 양자역학에 의식을 도입하여 판도라의 상자를 열었던 닐스 보어와 폰 노이만의 해석에 몇 가지 양념을 추가하여 양자 레스토랑의 메뉴판을 더욱 풍성하게 만들었다. 이 음식이 입맛에 맞지 않는 사람은 다른 메뉴를 주문하면 된다.

'붕괴'라는 단순한 개념에서 이토록 놀라운 이야기가 탄생한다는 것이 그저 놀라울 따름이다.

찬물 끼얹기

지금까지 나는 양자역학에 대한 고스와미(그리고 디팩 초프라)의 관점이 폰 노이만 같은 저명한 물리학자들과 비교할 때 전혀 손색이 없으며, 정통 양자 이론 못지않게 논리적임을 강조해 왔다.

그러나 논리에 하자가 없다고 해서 반드시 옳다는 보장도 없다.

고스와미와 초프라의 오류를 지적하기 전에, 한 가지 짚고 넘어갈 것이 있다. 지금 우리의 주요 테마는 양자역학과 자유의지, 그리고 의식에 관한 것이므로, "양자역학을 이용하면 육체와 정신을 연결할 수 있고, 더 나아가 암과 같은 난치병도 치료할 수 있다"는 초프라의 황당한 주장을 자세히 소개하진 않을 것이다(이런 말까지 해야 한다는 게 참으로 맥 빠지지만, 초프라의 치료법은 증거가 거의 없는 엉터리 이론이다. 하지만 그는 이런 주장을 책으로 출간하여 엄청난 돈을 벌어들였다). 또한 인터넷에서 5,500달러짜리 '저렴한' 티켓을 예매하면 4일 동안 진행되는 명상캠프에 참여할 수 있다는 사실도 절대 언급하지 않을 것이다(이 사이트에 들어가면 시간을 가리키는 큼지막한 배너가 제일 먼저 눈에 띄는데, 그 옆에는 수시로 올라가는 티켓 가격이 실시간으로 게시되어 있다. 빨리 등록하지 않으면 더 비싼 돈을 지불해야 한다).

그러므로 이 책에서는 양자 신비주의자들이 천박한 판매 전략으로 비윤리적 폭리를 취하는 현실을 굳이 폭로하지 않을 것이다. 그런 일은 절대 없을 것이다. 정말 그러고 싶지 않다. 그럼 시작해 보자.

방금 말한 대로 우리의 목적은 양자 의식을 물리적으로 이해하는 것인데, 물리학은 그 나름대로 문제점을 안고 있다.

고스와미의 이론은 (1) 붕괴는 실제로 일어나는 현상이고, (2) 붕괴를 일으키는 주체가 의식이라는 가정하에 성립한다. 이 두 가지 가정은 지금도 뜨거운 논쟁거리로 남아있다. 나는 유튜브에서 고스와미의 강연을 거의 싹쓸이하듯 봤는데, 그가 자신의 이론에서 제시한 기본 가정이 물리학계에서 '아직 결론이 나지 않은 미해결 문제'임을 인정하는 모습을 단 한 번도 본 적이 없다. 오히려 그는 양자적 붕괴가 마치 보편적 진리인 것처럼 말한다.

대안 이론은 차치하고, 고스와미 이론의 가장 큰 문제는 가장 중요한 '의식'을 정확하게 정의하지 않았다는 점이다. 고스와미의 이론을 분석해 보면 자체모순적인 요소가 곳곳에서 눈에 띈다. 예를 들어 고스와미의 이론은 많은 사람들이 공유하고 있지만, 그가 말하는 '의식'이 범우주적으로 공유되고 있음을 느끼는 사람은 단 한 명도 없다. 고스와미와 그의 추종자들은 이른바 '뉴에이지 양자 운동'이라는 기치 아래 자체모순을 설명하는 다양한 이론을 개발했으나, 지나치게 사변적이어서 선뜻 이해가 가지 않는다. 게다가 새로 등장한 이론들은 양자역학과 거의 무관하게 보일 정도로 고스와미의 원래 주장에서 한참 벗어나 있다.

의식이 양자역학에서 중요한 역할을 하려면 전자의 자기모멘트magnetic moment나 각운동량 못지않게 엄밀하고 정확하게 정의되어야 하는데, 이것은 결코 쉬운 일이 아니다. 개인의 의식을 (양자역학에서 영감을 받은) 우주의식과 연결 지으려는 행위는 극도로 불안한 기초 위에 제 발로 올라가는 것이나 다름없다. 고스와미가 말하는 '우주의식(또는 범우주적 의식)'은 개인의 육체에 묶여있지 않기 때문에, 방정식에서 육체를 제거하면 어떤 것이 의식으로 남을지 분명치 않다(육체가 사라지면 지각도, 개인적 경험도, 자아의식도 사라진다).

의식에 대한 독자들의 이해를 돕기 위해, 내가 겪었던 일화 하나를 소개한다. 언젠가 나는 실리콘밸리에서 Y-콤비네이터Y-Combinator, YC라는 스타트업 프로그램(신생 벤처기업을 위한 자문 회의-옮긴이)에 참여한 적이 있다.

YC의 주제는 '미래'다. 당시 내 주변에는 에어비앤비(Airbnb, 미국의 숙박 공유 플랫폼-옮긴이)나 도어대시(DoorDash, 미국의 음식 배달 대행 플랫폼-옮긴이) 같은 사업을 꿈꾸는 사람들로 북적거렸고, 실제로 그들 중 일부는 이런 사업의 주인공이 되었다. 그곳은 한마디로 '장밋빛 꿈과 엉뚱한 아이디어가 냉혹한 현실에 직면하는 현장'이었는데, 열악한 환경에도 불구하고 꿈을 이룬 사람이 의외로 많다.

그곳에서 나는 정말로 터무니없는 아이디어를 접하고 헛웃음을 터뜨렸다. 당신이 죽기 직전에 누군가가 당신의 두뇌를 적출하여 완벽한 상태로 보존해 놨다가, 뇌과학이 훨씬 발달하고 조지 마틴George R. R. Martin의 '얼음과 불의 노래A Song of Ice and Fire' 시리즈가 완간된 수백 년 뒤에 되살린다면 어떻게 될까?

나는 이 아이디어를 제안한 사람과 다음과 같은 대화를 나눴다(편의상 그의 이름을 H라 하자).

나: 두뇌만 잘 보존하면 사람의 의식도 똑같은 상태로 보존된다고 생각하시나요?

H: 그럼요. 보존되지 않을 이유가 어디 있습니까?

나: 내 생각은 다릅니다. 생각의 상당 부분은 두뇌 이외의 다른 요인으로부터 영향을 받잖아요. 호르몬 생산량, 호르몬 민감도, 혈중 산소 농도, 그리고 신체의 각 기관과 조직에 의해 결정되는 여러 요인들이 나의 사고에 영향을 주지 않

습니까? 어느 날 하루 동안 내 테스토스테론 수치가 평일보다 20퍼센트 높아졌다면, 그날도 다른 날과 똑같은 사람일까요?

H: 흠….

나: 나중에 책을 쓰게 되면 오늘 당신과 나눈 대화를 꼭 집어넣겠습니다. 아, 물론 내 생각이 훨씬 돋보이게 쓸 겁니다. 당연히 불공평하다고 생각하시겠지만, 역사는 승자가 기록하고 대화록은 작가가 쓰는 거니까요.

사실 그의 대사는 위에 적은 것보다 훨씬 많고 논리정연했다. 아무튼 여기서 내가 하고 싶은 말은, 많은 사람이 의식을 '신체 특정 부위의 성능에 국한되지 않는 그 무엇'으로 생각한다는 것이다. 만일 이것이 사실이라면 의식을 양자역학적으로 다루기가 더욱 어려워진다.

의식의 붕괴: 큰 그림

양자역학에 대한 폰 노이만과 고스와미의 해석이 옳다면 당신은 과연 어떤 존재인가?

일단, 당신은 육체를 갖고 있다. 당신에게는 두뇌가 있으며, 그 두뇌는 당신이 쌓은 경험에 부분적으로 영향을 미친다. 폰 노이만은 당신의 육체를 물질로 이루어진 물리적 실체로 간주했고, 고스와미는 거대한 통일 의식 네트워크의 한 부분이라고 주장했다.

폰 노이만과 고스와미는 당신이 '육체를 초월한 그 이상의 존재'라는 데 전적으로 동의한다. 또한 당신은 양자계가 붕괴되어 현실로 나타나는 데 핵심적 역할을 하는 단명하는 의식을 갖고 있다. 이 의식은 좀비 고양이를 볼 수 없는 이유를 설명해 주며, 원래부터 완전히 비물질적인 존재여서 물질계를 지배하는 물리법칙을 따르지 않는다. 또한 의식은 좀비 고양이와 상호작용을 해도 2개로 분리되지 않고(폰 노이만), 모종의 신호를 빛보다 빠르게 전달할 수 있다(고스와미).

폰 노이만과 고스와미가 옳고 육체와 정신(의식)이 분리되어 있다면 사후 세계가 존재할 수도 있을 것 같다. 고스와미는 사후 세계와 환생을 그만의 논조로 설파했는데, 물리법칙과는 완전히 무관하다.

그러나 고스와미는 우리가 느끼는 정체성과 경험의 상당 부분이 물리적 육체와 연결되어 있음을 인정했다(이 점은 폰 노이만도 동의할 것이다). 예를 들어 불의의 사고로 머리를 다친 사람은 자신의 이름이나 지인의 얼굴을 기억하지 못하고, 성격이 180도 달라지기도 한다. 그러나 수명을 다하여 '경험'과 '자아의식'이 육체와 함께 사라지면 대체 무엇이 남아서 사후 세계를 경험한다는 말인가? 고스와미는 이 질문에도 나름대로 해답을 제시했는데, 결국은 핸드웨이빙에 불과했다.('hand-waving'이란 발언자가 주제를 정확하게 이해하지 못한 채 현란한 손놀림으로 대충 얼버무리는 엉터리 설명을 뜻한다. 간단히 말해서, 헛소리라는 뜻이다-옮긴이)

그렇다면 인간 외의 다른 사물은 어떤가? 인간은 우주에서 '공유된 의식'에 접근할 수 있는 유일한 존재인가?

폰 노이만의 의식 붕괴 이론을 지지하는 사람들도 이 질문에는 명확한 답을 제시하지 못했다. 정답을 아는 사람이 없으니 오만가지 추측이 난무한다. 심지어 유튜브에는 꽤 유명한 물리학자가 "고양이는 고등 의식을 갖고 있어서 중첩된 상태를 붕괴시킬 수 있지만, 개구리와 곤충은 그럴 능력이 없다"고 주장하는 영상도 있다.

물질과 의식의 상호작용이 정확하게 규명되지 않는 한 이 어색한 상황은 당분간 계속될 것이다. 대상을 인간으로 한정해도 여전히 혼란스럽다. 일반적으로 어른은 양자상태를 붕괴시킬 수 있는데, 갓 태어난 신생아도 그런 능력을 갖고 있을까? 신생아가 할 수 있다면, 임신 초기의 배아胚芽나 정자와 난자는 어떤가? 이런 식으로 따지다 보면 생식세포를 넘어 원자와 분자에까지 도달하게 된다. 원자도 양자상태를 붕괴시킬 수 있을까?

진화의 역사를 거슬러 올라갈 때도 이와 비슷한 의문의 제기된다. 인간에게 의식이 있다면, 원숭이와 파충류, 버섯, 플랑크톤에게도 의식이 있지 않을까?

이로써 우리는 출발점으로 되돌아왔다. 지구에 존재하는 모든 것에 영혼이 깃들어 있다는 '애니미즘'이 바로 그것이다. 당신이 원한다면 우주 만물에 영혼을 부여한 범심론汎心論, panpsychism을 떠올려도 좋다. 지난 500년 동안 인류가 이룩한 온갖 발전(모든 발명품과 모든 과학 이론, 모든 방정식들)이 결국 우리를 출발점으로 되돌려 놓은 셈이다.

물리학자와 철학자들은 이런 맥락의 추론을 펼친 끝에, 우주 만물이 우주의식에 접근할 수 있다는 주장을 부분적으로나마 받아들이는 쪽으로 변해가고 있다. 현대인의 눈에는 이런 추세가 다소 이상하게 보일 수도 있지만, 애니미즘은 인류의 역사만큼이나 오래된 개념이다. 더욱 놀라운 것은 이토록 오래된 개념이 21세기 최첨단 과학 이론을 통해 부활했다는 점이다.

CHAPTER 4

의식 창조

1982년 5월의 어느 날, 미국 침례교 목사이자 미디어 거물인 팻 로버트슨^{Pat Robertson}이 "올해 가을에 심판의 날이 올 것"이라고 예언했다. 물론 그해 가을은 아무 일 없이 지나갔지만, 로버트슨은 조금도 동요하지 않고 후속 예언을 쏟아냈다. 2006년에는 "미국 해안에 초대형 폭풍이 불어닥칠 것"이라 했고, 2007년에는 "대규모 테러가 발생하여 많은 사람이 죽을 것"이라고 했으나 그의 예언은 단 하나도 실현되지 않았다. 그 후 로버트슨은 갑자기 정치판으로 관심을 돌려 2012년에 미트 롬니^{Mitt Ronmey}(공화당 대선 후보-옮긴이)의 대선캠프에 합류했다가 선거에서 패했고, 2020년에는 도널드 트럼프^{Donald Trump}에게 붙었다가 또다시 패했다. 그 외에도 소행성 충돌이나 핵전쟁 등 많은 사건을 예언했는데, 결과는 굳이 말할 필요가 없을 줄 안다.

예언은 얼마든지 틀릴 수 있다. 그래서 엉터리 예언을 남발하는 행위 자체는 범죄로 취급되지 않는다(단, 예언을 빌미로 금전을 갈취했다면 이야기가 달라진다). 만일 당신의 예언이 종종 빗나간다면 아마도 그 이유는 당신이 세운 세계 모형을 충분히 시뮬레이션하지 않았기 때문일 것이다. 그러나 '틀리는 것'과 '틀렸다고 확신하는 것' 사이에는 커다란 차이가 있다. 2020년 대선 캠페인에서 로버트슨은 늘상 그래왔듯이 종말이 다가왔음을 알리는 표지판과 범퍼스티커로 에워싸인 채 "이번 대선에서는 도널드 트럼프가 이길 가능성이 있다"고 외쳤을까?

아니다. 그는 대통령 선거 일주일 전에 가진 인터뷰에서 확신에 찬 어조로 이렇게 말했다. "트럼프가 승리한다는 데는 의심의 여지가 없다!"

이쯤 되면 로버트슨은 예언가라기보다 헛스윙 전문가에 가깝다. 당시 미국인들은 삼삼오오 모이기만 하면 로버트슨을 놀려댔고, 나도 그런 사람 중 하나였다. 그러나 현실이 진행되는 방식은 우리가 그토록 놀려댔던 로버트슨의 예언과 별반 다르지 않다. 스스로를 이해하려는 인류의 파란만장한 여정은 아마도 애니미즘 시대부터 시작되었을 것이다. 그 후로 수천 년의 세월이 흐르면서 애니미즘은 소수의 영혼과 신을 섬기는 쪽으로 진화했고, 과학혁명을 겪은 후로는 신이라는 개념 자체가 무의미해졌다. 만일 당신이 타임머신을 타고 과거의 여러 시대로 날아가서 평범한 사람을 붙잡고 '보편적으로 통용되는 사회적 가치관'에 대한 개인의 견해를 묻는다면 열에 아홉은 긍정적인 답이 돌아올 것이다. 예를 들어 12세기 사람에게 "천국이 정말로 있다고 생각하세요?"라고 물었다간 불순분자나 사탄으로 몰려서 재판을 받게 될지도 모른다. 그렇다면 지금은 어떤가? 물론 지금은 이런 질문을 했다고 해서 파출소로 끌려가지는 않는다. 그러나 오늘날 보편적으로 수용되는 가치관에 대한 사람들의 신념은 과거 못지않게 굳건하다.

이런 점에서 볼 때 애니미즘이 폐기되고 수천 년이 지난 지금, 최첨단 이론물리학을 통해 애니미즘이 부활의 조짐을 보인다는 것은 정말로 아이러니가 아닐 수 없다. 식물의 영혼과 아메바의 영혼, 그리고 육체와 별개로 존재하는 의식은 오랜 세월 동안 원시인류가 남긴 유물쯤으로 여겨지다가, 20세기에 일어난 양자 혁명을 통해 기적처럼 부활했다.

이것은 실로 엄청난 반전이다. 앞서 말한 대로 나는 고스와미의 이론을 믿지 않지만, 정통 양자역학이 애니미즘이나 범심론에 가까워지고 있다는 것만은 분명한 사실이다. 그렇다면 이 시점에서 질문 하나가 떠오른다. 어느 날, 의식 붕괴 이론이 사실로 밝혀진다면 우리의 삶(당신과 나, 그리고 현대 문명 전체)은 얼마나 많은 변화를 겪게 될까?

이제 곧 알게 되겠지만, '엄청나게 많은 것들'이 변한다. 역사를 돌아보면 "우리는 누구이며, 우주에서 우리의 위치는 어디인가?"라는 질문의 답이 바뀔 때마다 사회적 규범과 가치관, 심지어 법률까지 달라졌음을 알 수 있다. 모든 만물에 의식과 영혼이 있다고 믿던 시대에는 황소에게 쟁기를 끄는 중노동을 시키지 않았고, 다신교를 믿던 시대에는 종교와 정치를 규합하기가 매우 어려웠으며, 유일신으로 옮겨온 후에는 신이 싫어하는 일을 범죄로 취급했다.

양자역학에 대한 고스와미의 관점과 정통 물리학적 관점 사이의 차이는 애니미즘과 유일신교의 차이와 비슷하다. 그러므로 고스와미가 옳다고 판명된다면 '의식'의 패러다임 자체가 바뀌면서, 과거에 그랬듯 문명과 관습, 가치관, 법률 등 모든 것이 커다란 변화를 겪을 것이다.

그렇다면 이 모든 변화는 어떤 방향으로 진행될 것인가? 내일 아침

《뉴욕타임스》헤드라인에 "우주적 의식 이론, 사실로 판명되다: 땅콩도 의식이 있다!"라는 기사가 뜬다면, 법과 사회, 그리고 종교와 신념은 어떻게 달라질 것인가? 이 질문에 답하려면 우선 인간이라는 존재의 특성을 이해해야 하고, 인간을 이해하려면 생명의 기원을 알아야 한다. 그리고 생명의 기원을 알려면 결국 우주의 기원을 알아야 한다.

그러므로 고스와미의 이론이 인류 문명에 미치는 영향을 예측하려면 우주가 시작된 시점으로 되돌아가야 하는 것이다.

모든 것의 시작

우리의 오랜 친구, 좀비 고양이로 다시 돌아가 보자. 이 고양이의 생사는 동시에 두 방향으로 자전하는 전자 1개의 자전 방향에 의해 결정된다.

$$|\circlearrowright\rangle\,|\,D\rangle\,|\,\nearrow\rangle\,|\,😺\rangle \;+\; |\circlearrowleft\rangle\,|\,D\rangle\,|\,\nearrow\rangle\,|\,😺\rangle$$

시계 방향 자전, 감지기 딸깍,   반시계 방향 자전, 감지기 조용,
권총 격발, 고양이 사망   조용한 권총, 고양이 생존

양자역학의 수학에 의하면 좀비 고양이는 현실 세계에 존재한다. 그러나 고스와미의 해석에 따르면 좀비 고양이와 회색 전자(시계 방향과 반시계 방향으로 동시에 자전하는 전자)는 '현실적인' 물체가 아니라 '모든 가능한 결과를 모아놓은 메뉴'일 뿐이다. 즉, 좀비 고양이는 고양이가 생존할 확률과 죽을 확률을 나타낸다.

고스와미는 이 잠재적인 결과들이 우주의 특별한 층에 존재한다고 가

정하고, 이를 '잠재적 세계'라 불렀다. 이 세계에는 좀비 고양이뿐만 아니라 전자와 광자 등 온갖 입자들이 동시에 여러 방향으로 자전하면서 우주를 다양한 방식으로 분열시키고 있다. 회색 전자가 감지기를 분열시키고, 감지기가 권총을 분열시키고, 권총이 고양이를 분열시키는(고양이를 좀비 상태로 만드는) 것과 같은 이치다.

잠재적 세계에는 모든 가능한 타임라인(우주)이 동시에 존재하면서, 관측자에게 선택되어 현실 세계로 승격될 날을 기다리고 있다(선택되지 못한 타임라인은 곧바로 붕괴된다). 다시 말해서, '일어날 가능성이 조금이라도 있으면 어떤 일도 일어날 수 있는' 가능성의 수프인 셈이다. 여기 섞여있는 타임라인들은 '실체'가 아니라 잠재적 결과일 뿐이지만, 이 점만 제외하면 다중우주와 똑같다.

지금까지 언급된 내용을 요약해 보자. 고스와미의 이론에 의하면 좀비 고양이는 잠재적 세계에 존재하다가…

동시에 두 방향으로 자전하는 전자와
좀비 고양이는 잠재적 세계에 존재한다

잠재적 세계

관측의 세계

…관측이 실행되는 순간 붕괴되면서 단 하나의 상태만이 현실 세계에 나타난다.

마지막으로, 고스와미는 잠재적 세계와 관측의 세계가 범우주적 의식(모두가 공유하는 우주의식) 안에 포함되어 있다고 주장했다. 내 기억이 맞다면, 우리의 환상 여행은 여기까지 진행된 상태다.

이제 다음 여정을 떠날 시간이다. 이번에는 묵직한 질문으로 시작해 보자. 지금으로부터 140억 년 전, 빅뱅이 일어나던 순간에 우주는 어떤 모습이었을까?

빅뱅은 어떤 모습이었을까?

고스와미는 잠재적 세계가 140억 년 전부터 이미 존재했다고 주장한다. 그러나 우리 눈에 보이는 관측의 세계는 이 정도로 오래되지 않았다. 무언가가 관측의 세계에 나타나려면, 잠재적 세계에 존재하는 여러 가지 가능성을 붕괴시키는 관측자가 있어야 한다. 그런데 빅뱅 이후로 수십억 년 동안 우주에는 관측자가 존재하지 않았기 때문에, 관측의 세계는 장구한 세월 동안 텅 빈 상태였을 것이다.

그리하여 빅뱅 이후 수십억 년 동안 우주의 모든 사건은 잠재적 세계에서만 펼쳐지다가, 어느 날 우주의 역사를 통틀어 가장 극적인 사건이 일어나게 된다! 잠재적 결과가 달랑 2개(사망 또는 생존)뿐인 좀비 고양이와 달리, 빅뱅은 엄청나게 많은 입자가 연루된 초대형 사건이다. 그 많은 입자들이 동시에 여러 곳에 존재하면서 동시에 여러 방향으로 자전하고, 또 동시에 여러 방향으로 내달리면 잠재적 우주의 수는 거의 무한대에 가까워진다. 빅뱅의 순간에 무수히 많은 잠재적 우주들이 잠재적 세계에 공존한다고 상상해 보라!

상상할 수 없을 정도로 많은 수의 빅뱅 버전들이 잠재적 세계에 모여 있다. 이들 중 대부분은 입자가 거의 고르게 분포되어 있어서 생긴 모양이 비슷하다. 그러나 가끔은 우연한 사건이 연달아 일어나서 물질이 특정 영역에 집중될 수도 있고, 럭비공이나 땅콩처럼 길쭉하게 분포될 수도 있다. 이 모든 우주가 잠재적 세계에 동시에 존재한다.

빅뱅이 일어나는 여러 가지 방법

완벽한 대칭형　　심한 비대칭형　　살짝 비대칭형　　소형　　땅콩형

이제 개개의 잠재적 우주를 켓 안에 하나씩 그려 넣고 모두 더해보자. 좀비 고양이를 다룰 때는 켓을 모두 곱했지만, 이번에는 동시에 일어나는 사건이므로 곱하지 말고 더해야 한다.(켓은 물체의 양자상태를 나타내는 파동함수와 비슷한 개념이며, 파동함수는 물체가 특정 물리량을 가질 확률을 나타낸다. 그런데 여러 개의 사건이 순차적으로 일어나는 경우, 전체 확률은 각 사건이 일어날 확률을 곱한 값과 같고(좀비 고양이의 경우), 여러 사건이 동시에 일어나는 경우 전체 확률은 각 확률을 더한 값과 같다(빅뱅으로 탄생한 잠재적 우주들). 지금은 여러 개의 우주가 '동시에' 존재하는 경우이므로, 개개의 확률(켓)을 더해야 한다-옮긴이)

$$| \circledast \rangle \; + \; | \circledast \rangle \; + \; | \circledast \rangle \; + \; | \circledast \rangle \; + \; \cdots$$

…무수히 많은 나머지 가능성도 모두 더해야 하지만 지면이 모자라서 생략함

여기에 고스와미의 이론을 적용하면, 이 모든 켓은 아직 아무에게도 관측되지 않았으므로 잠재적 세계에 존재해야 한다.

$$| \circledast \rangle \; + \; | \circledast \rangle \; + \; | \circledast \rangle \; + \; | \circledast \rangle \; + \; \cdots$$

잠재적 세계

관측의 세계

이것이 바로 고스와미의 빅뱅이다. 좀 더 정확하게 말하면 '고스와미의 빅뱅들'이다. 무수히 많은 우주 창조 시나리오들이 우리와 다른 존재의 차원에서 동시에 진행되고 있다.

그 후로 약 100억 년 동안 대부분의 우주는 거의 비슷한 온도로 냉각되었고, 그중 대다수가 별과 행성을 갖게 되었다. 그리고 또 기나긴 시간이 지난 후, 잠재적 우주 중 극히 일부에서 우리에게 친숙한 태양이 형성되기 시작했고, 이런 우주들 중 일부에서 지구라는 행성이 태어나 지옥불처럼 펄펄 끓다가, 방사능과 소행성 충돌이 점차 뜸해지면서 차가운 바위 행성이 되었다.

이 조건을 만족하는 우주'들'을 확대해 보자.

지구가 형성된 우주는 확대하고…   나머지는 무시함

$$|\text{☀}\,\text{🜨}\rangle + |\text{☀}\,\text{🜨}\rangle + |\text{☀}\,\text{🜨}\rangle$$

지구를 보유한 우주의 대부분은 여전히 썰렁한 곳이었으나, 딱 하나의 우주에서 정말로 특별하고 중요한 사건이 일어났다. 자, 정신 집중하고 주목하기 바란다. 잠시라도 눈을 깜박였다간 놓치기 쉽다.

드디어, 드디어… 최초의 세포가 탄생했다!

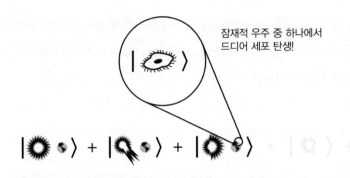

잠재적 우주 중 하나에서
드디어 세포 탄생!

고스와미의 이론에 의하면, 수많은 잠재적 우주에서 최초의 세포가 탄생한 것은 우주 역사상 가장 드라마틱하고 격렬한 사건이 일어날 것을 예고하는 전조였다.

초대형 붕괴

고스와미에게 관측자란 내부에서 우주의식과 연결을 시도하여 세상을 경험하는 안테나와 같은 존재다. 그는 '주변 환경을 인지할 수 있고, 자신과 그 외의 우주를 구별할 수 있으면 무엇이건 관측자가 될 수 있다'고 주장한다. 이런 능력은 우주의식을 바라보는 렌즈처럼 작용하여 관측자로 하여금 주변 환경에 대한 관점을 가질 수 있도록 만들어 주기 때문이다.

그러므로 고스와미의 이론에서 최초의 세포는 최초의 관측자이기도 했다. 최초의 세포가 잠재적 우주를 관측한 순간, 우주의식에게 '거주 가능한 육체'가 처음으로 부여된 것이다. 그 육체란 자신의 내면에서 우주를 경험하여 자신만의 관점을 가질 수 있는 '감각을 보유한 유기체'였다.

최초의 세포가 탄생한 순간 우주의식은 그에게 곧바로 전달되었고, 세포 안으로 주입된 의식은 주변을 둘러보았다. "어디 보자, 우리 동네에 뭐가 있나…." 그러고는 곧바로 비명이 터져 나왔을 것이다. "으악! 이게 다 뭐야?" 그렇다. 최초의 세포가 최초의 관측을 실행하여 우주 역사상 최초의 붕괴를 일으켰다. 이 역사적 사건으로 인해 잠재적 세계에 존재했던 우주들 중 하나가 관측의 세계(현실 세계)로 승격되었고, 무수히 많았던 나머지 우주들은 흔적도 없이 사라졌다.

이 드라마틱한 붕괴 사건의 여파는 너무도 강력하여 '우리의 우주는 단 하나의 역사만을 갖고 있다'는 환상을 낳았고, 그 환상은 오늘날까지 계속되고 있다. 제일 먼저 태어난 단 하나의 세포가 지금 우리 눈에 보이는 모든 것을 현실 세계에 구현한 것이다(그 세포가 저만치서 손을 흔들고 있다. "그게 나야, 나! 고맙지?"). 최초의 초대형 붕괴가 일어나면서 우리에게 친숙한 현실 세계가 구현된 것까지는 좋았는데, 그 대가로 무수히 많았던 잠재적 우주들이 우주의 역사에서 말끔하게 지워졌다(그들 중에는 지금보다 훨씬 살기 좋은 우주가 있었을지도 모른다. 그런데도 저만치서 잔뜩 생색을 내며 손을 흔드는 최초의 세포에게 고맙다고 해야 할까?).

어쨌거나 그로부터 약 40억 년이 지난 지금, 더없이 격렬했던 붕괴의 후손들이 지구라는 행성에 살고 있다. 물론 그 후로도 붕괴는 끊임없이 일어났고, 누군가가 '동시에 여러 가지 상태에 존재하는 물체(좀비 고양이)'를 바라볼 때마다 우주의식을 거쳐 그것을 관측의 세계로 가져왔다. 대부분의 붕괴는 우주의 작은 영역에서 일어나 그 근처에만 영향을 주는 지극히 사소한 사건이었으나, 이 모든 것은 오래전에 극적인 붕괴가 일어나 현실 세계의 형태가 결정되었음을 보여주는 미묘한 힌트였다.

고스와미의 이론에 의하면, 최초의 세포를 우주의식에 연결해 준 바로 그 메커니즘이 우리에게 붕괴 능력을 부여하고 있다. 우리의 육체는 우주의식이 현실을 들여다볼 때 사용하는 일종의 도구이며(굳이 비유하면 렌즈와 비슷하다), 우리가 느끼는 '자아의식'은 근본적으로 우주의식의 장場, field에서 비롯된 것이다.

하지만 정작 우리는 그렇게 생각하지 않는다. 기억이라는 것이 우주의식이 아닌 개인의 육체에 저장되어 있어서, 굳이 우주의식의 도움을 받지 않아도 내가 겪은 일을 생생하게 떠올릴 수 있기 때문이다. 그러나 고스와미는 이것이 환상이라고 주장한다. 우리는 우주의식과 긴밀하게 엮여있으며, 이 연결 관계는 절대로 끊어질 수 없다. 만일 이것이 사실이라면, 우리는 다른 사람들뿐만 아니라 세포, 땅콩, 심지어 댄 빌저리언Dan Bilzerian(미국의 전문 포커선수이자 배우 겸 스턴트맨으로 덥수룩한 수염이 트레이드마크임-옮긴이)의 수염과도 공통점을 갖고 있는 셈이다. 현대 과학은 인간의 의식을 자연현상의 일부로 간주하는 경향이 있는데, 고스와미의 이론이 옳다면 이런 관점은 대대적으로 수정되어야 한다.

물론 수정이 필요한 것은 의식뿐만이 아니다.

양자역학: 아브라함에서 조로아스터까지

인간 이외에 세포, 식물, 동물 등도 의식을 가진 존재라면, 우리는 처음으로 되돌아가서 애니미즘부터 다시 생각해 봐야 한다.

우주의식을 수용하기 위해 애니미즘에 대한 관점을 대대적으로 수정해야 한다면, 현대의 가장 흔한 신앙 체계인 일신교는 어떻게 달라져야 할까? 일신교는 고스와미의 양자역학과 조화롭게 양립할 수 있을까?

일신교는 종파마다 섬기는 신이 제각각이고 종류도 다양하기 때문에, 일관적인 답을 제시하기가 쉽지 않다. 심지어 하나의 일신교 안에서도 신은 하나로 정의되지 않는다. 기독교의 유일신은 하나님인데 종단마다 각기 다른 버전의 하나님을 섬기고, 이슬람교의 유일신 알라Allah도 다양한 버전이 있으며, 각 버전은 같은 종교라고 부르기 어려울 정도로 큰 차이가 있다. 예를 들어 칼뱅교Calvinism에서는 미래가 이미 결정되어 있고 자유의지는 존재하지 않는다고 믿지만, 다른 기독교 종파는 이런 교리를 강요하지 않는다. 또한 같은 유대교 안에서도 사후 세계를 믿는 종파가 있고, 이에 반대하는 종파도 있다.

특정 종교의 전통적 가치관을 자기 입맛대로 일반화하는 것은 매우 위험한 행동이다. 요즘처럼 커뮤니케이션이 발달한 세상에서 이런 짓을 했다간 집단 사이버테러의 표적이 되기 십상이다. 차라리 론 허버드L. Ron Hubbard(미국의 신흥 종교 사이언톨로지의 창시자-옮긴이)처럼 새로운 종교를 만들어서, 이것을 기반으로 논리를 펼치는 게 안전할 것 같다.

자, 지금부터 내가 창시한 종교를 '종교주의religionism(등록상표, TM)'라 하자. 당신이 이 책을 읽을 때쯤이면 나는 종교를 관리하는 정부 기관에 등록을 마치고, 기부금 수령 및 면세 혜택에 필요한 서류도 제출한 후일 것이다.

'종교주의'는 오늘날 서양에 가장 널리 퍼진 종교의 전통을 그대로 이어받은 신흥 종교로서, 중요 교리는 다음과 같다(이것은 범죄가 아니다. 종교의 교리는 특허등록이 되어있지 않다).

- 우주는 생명을 위해 창조되었다
- 인간에게는 영혼이 있다
- 사후 세계는 존재한다
- 자유의지도 존재한다

여기서 가장 눈길을 끄는 것은 첫 번째 항목이다. 우주가 생명체의 탄생을 염두에 두고 창조되었다고 믿는 사람들은 대체로 '지적설계론 intelligent design'을 지지하는 사람들이다. 이들은 '창조주가 생명체(특히 인간)를 각별히 사랑하사, 우주를 창조할 때부터 모든 변수를 생명체의 탄생과 진화에 알맞게 세팅해 놓았다'고 주장한다. 그러나 이와 반대로 '최초의 세포가 탄생한 것은 운 좋은 원자들이 적절한 시기에 적절한 장소에 있었기 때문'이라고 주장하는 사람도 있다(이런 관점을 '자연발생론 abiogenesis'이라 한다). 즉, 창조주가 각별히 보살피지 않아도 세포와 생명체는 어떻게든 탄생했을 거라는 이야기다.

고스와미는 이 두 가지 상반된 관점을 희한한 논리로 화해시켰다.

처음엔 '생명은 최초 붕괴 이전에 존재했던 수많은 잠재적 우주들 중하나에서 우연히, 무작위로 진화했다'며 자연발생론 편을 들어주는 척한다. 이런 상황에서는 어떤 우주에서 생명이 번성할지 예측할 수 없다.

그러나 고스와미는 곧이어 '최초로 형성된 세포는 물리적으로 가능한 잠재적 우주들 중 적어도 하나 이상에서 진화할 수 있도록 이미 보장되어 있었다'고 주장한다. 최초의 세포가 태어나기 전에는 무수히 많은 잠재적 우주가 존재했는데 이 세포가 최초의 관측을 실행하여 자신이 존재하는 우주를 현실 세계로 승격시켰으니, 진화는 그 뒤에 따라오는 당연한 수순이었다는 것이다. 따라서 고스와미의 이론에 의하면 우주는 어차피 생명체가 번성할 운명이었다. 이 시나리오는 '누군가가 의도적으로 생명체를 위해 우주를 만들었다'고 재해석해도 별 무리가 없어 보인다.

여기서 한 걸음 더 나아가, '최초의 세포를 통해 붕괴를 일으켜서 생명이 존재하도록 만든 우주의식'을 '신神'이라 부르면 왠지 이야기의 앞뒤가 척척 맞아 들어가는 것 같다. 아니나 다를까, 고스와미는 이런 논리로 신이 존재한다고 주장한다. 만일 당신이 이 장면에서 고개를 끄덕인다면, '하나님이 생명을 창조했다'는 주장에도 큰 반감을 느끼지 않을 것이다.

고스와미는 우주가 생명을 위해 창조되었다는 주장에 매우 우호적이다. 그런데 생명이 그토록 위대하고 값진 것이라면, 과연 창조주가 피조물을 100년도 안 되는 짧은 삶을 살고 영원히 사라지도록 만들었을까? 생각이 여기까지 미치면 '영혼'과 '사후 세계'가 자연스럽게 떠오를 것이다. 그러나 지금까지 애써 펼쳐온 논리를 여기에 적용하면 이야기가 모호해지기 시작한다.

고스와미의 이론에는 잠재적 세계와 관측의 세계를 모두 포함하는 방대한 우주의식이 등장한다. 원한다면 이것을 '영혼'이라 부를 수도 있다.

하지만 여기서 말하는 우주의식이란 한 개인에게 국한된 것이 아니라, 모든 생명체에게 스며들어 수명이 다하는 순간까지 자아의식을 부여하는 종합적인 개념이다. 그러므로 생명체가 죽은 뒤에도 각 개체의 성격과 생각, 기억 등이 계속된다고 믿을만한 근거는 없다.

혹시 우주의식에는 은행 개인금고처럼 각 개체의 삶을 저장하는 별도의 기억장치가 존재할 수도 있지 않을까? 대부분의 집단의식론이 그렇듯이 고스와미의 우주의식도 다분히 사변적인 개념이어서, 액세서리를 달면 달수록 모양새가 이상해진다. 영혼과 사후 세계에 관한 질문을 끈질기게 퍼붓는 사람들에게 고스와미가 줄 수 있는 답은 하나뿐이다.— "나도 모르게써요(I dunno)."*

내가 창시한 종교주의의 마지막 교리를 생각해 보자. 인간은 정말로 자유의지를 갖고 있을까? 이것은 보통 사람들이 생각하는 것보다 훨씬 중요한 질문이다.

자유의지가 존재한다고 가정하면 어쩔 수 없이 치러야 할 대가가 있다. 누구에게나 부담스러운 '책임'이 바로 그것이다. 현대사회의 법질서와 도덕규범의 상당 부분은 바로 이 책임에 기초하여 형성되었다. 그러므로 우리에게 자유의지가 없는 것으로 판명된다면, 긴 세월 동안 소중하게 지켜온 제도와 관습을 근본부터 뜯어고쳐야 한다.

---

* 고스와미는 영혼과 사후 세계의 존재를 믿는 쪽이지만, 그가 이런 입장을 취한 것은 물리적 이유 때문이 아니라 〈필라델피아는 언제나 맑음(It's Always Sunny in Philadelphia)〉에 나오는 '페페 실비아 음모론(Pepe-Silvia-conspiracy-memey)'에 심취했기 때문이다. 나는 순전히 물리학에 입각하여 고스와미의 이론을 설명해 왔고 앞으로도 그럴 것이기에, 그의 사적인 의견이나 사상은 다루지 않을 것이다. 고스와미가 이 책을 읽는다면 별로 유쾌하지 않을 것 같다.

자유의지

거의 모든 붕괴이론은 붕괴가 무작위로 일어난다고 주장한다. 예를 들어 좀비 고양이를 관측했을 때 그것이 살아있는 상태로 붕괴될지, 아니면 죽은 상태로 붕괴될지 미리 알아내기란 원리적으로 불가능하다.(그러나 상자 뚜껑을 열었을 때 고양이가 살아있을 확률과 죽어있을 확률은 혀를 내두를 정도로 정확하게 계산할 수 있다. 이것이 바로 양자역학의 위력이다-옮긴이)

그러나 고스와미의 이론은 여기서 예외다. 무엇보다도 그는 육체로 전달되는 우주의식이 '원하는 결과가 나오도록 관측 대상을 선택적으로 붕괴시키는 능력을 갖고 있다'고 가정한다! 이것은 표준 붕괴이론에서 한참 벗어난 가정인데, 자유의지에 대한 고스와미의 주장은 바로 이 가정에 기초한 것이다.

고스와미의 논리를 소개하기 전에, '선택'의 의미를 다시 한번 생각해보자. 우리가 무언가를 선택한다는 것은 두뇌 속의 원자들이 '그런 선택을 내리는 쪽으로' 배열되었다는 뜻이다. 그렇다면 원자들이 그런 배열로 이동하도록 만드는 원인은 무엇일까?

글쎄, 모르긴 몰라도 엄청나게 많을 것 같다. 두뇌에서는 수많은 미시적 사건이 진행되고, 그 와중에 수많은 입자들이 이리저리 흔들린다. 원자는 다른 원자와 부딪히고, 회색 원자는 분자와 충돌하고… 이 모든 사건은 궁극적으로 양자 규모에서 일어나는 사건이어서, 입자는 여러 장소에 동시에 존재하거나 여러 방향으로 동시에 움직일 수 있다. 그리하여 우리 뇌에는 수많은 타임라인(개인 우주)이 동시에 존재하게 된다. 물론 이들은 붕괴될 때까지 아주 짧은 시간 동안만 존재할 수 있다. 그런데 붕괴 여부가 우주의식의 자유의지에 의해 결정된다면, 우리가 내린 선택도 마찬가지일 것이다.

그렇다면 결국 우리에게 자유의지가 있다는 뜻일까?

그럴 수도 있다. 하지만 이 질문의 답은 우주의식을 개인적 의식의 확장판으로 간주할 것인지, 아니면 당신과 우연히 상호작용을 하게 된 외부의 힘으로 간주할 것인지에 따라 달라진다. 만일 우주의식이 당신에게 일방통행으로 영향력을 행사하고 있다면 당신의 선택이 외부의 힘에 의해 좌우된다는 뜻이므로, 결국 당신은 외부의 통제에 따라 움직이는 꼭두각시에 불과하다. 자유의지? 그런 것은 한갓 환상일 뿐이다.

그러나 '나'라는 의식이 우주의식을 포함할 정도로 크다고 가정하면 (즉, 우주의식이 당신의 일부라면) 모든 것이 달라진다. 이런 경우 당신은 모든 결정을 스스로 내릴 수 있는 능력을 갖게 되고, 동일한 상황이 반복될 때마다 매번 다른 결정을 내릴 수도 있다. 이것이 자유의지에 대한 고스와미의 해석인데, 뜬구름 잡는 듯한 분위기와 달리 꽤 실용적인 결과를 낳는다.

법적 책임

고스와미의 붕괴이론에서 자유의지는 문자 그대로 자유로운 개념이다. 당신의 의식은 당신이 내리는 모든 결정의 주체이며, 결정 과정은 가능한 타임라인 중 하나를 골라서 붕괴시키는 것으로 완료된다. '당신'은 육체의 일부이자 완전한 자유의지를 가진 우주의식(수많은 개별 의식의 혼합체!)의 일부이기도 하다.

철학자들은 이 자유의지를 '리버테리언libertarian'이라 부르는데, 오래전부터 서양 입법 체계에 판단 기준을 제공하는 매우 중요한 개념이었다. 누군가의 행위에 법적 또는 도덕적 책임을 부과하려면, 그는 그 행위를 자유의지로 선택했어야 한다. 만일 자유의지가 없는 당신이 타인으로부터 어떤 행위를 하도록 강요받았다면 당신에게 책임을 묻기가 어려워진다. 자유의지가 존재하지 않는다면, 모든 범죄자는 외부의 어떤 요인으로부터 범죄를 저지르도록 '강요받은' 무고한 사람일 뿐이다. 이런 세상에서 범죄는 누구나 저지를 수 있는 일상사가 된다. 예를 들어 변호사가 방화범을 변호할 때 이렇게 호소할 수도 있다. "내 의뢰인이 땅콩 공장에 불을 지른 것은 그의 몸을 구성하는 원자들이 '그 외의 다른 행동을 할 수 없도록' 배열되어 있었기 때문입니다. 그것은 결코 자신의 선택이 아니었습니다. 따라서 제 의뢰인은 방화범이 아니라, 우주의 법칙에 따라 불을 지를 수밖에 없었던 또 한 사람의 피해자입니다!"

강요된 행위에 대해서는 나중에 따지기로 하자. 아무튼 고스와미의 주장이 옳고 자유의지가 존재한다면, 전 세계 법률가들은 안도의 한숨을 내쉴 것이다. 자유의지는 법정의 판결에 정당성을 부여하는 핵심 개념이기 때문이다.

그러나 자유의지는 양날의 검이기도 하다. 고스와미가 제안한 '완벽한 자유의지'가 존재한다면 우리는 스스로의 행위에 무한 책임을 져야 하고, 기존의 법도 여기에 맞게 수정되어야 한다.

당신이 종교주의 교단의 목사인데, 개인적으로 땅콩을 몹시 싫어한다고 가정해 보자. 어느 날, 당신은 목요 예배에 참석한 사람들을 향해 외쳤다. "지금 당장 밖으로 나가서 눈에 보이는 땅콩 공장을 모조리 불태워 버립시다! 최후의 하나까지, 싹 다 태워버리는 겁니다!"

대부분의 신도들은 "우리 목사님이 과로에 시달리다가 드디어 정신줄을 놓아버렸네…" 하면서 집으로 돌아갔다. 그러나 딱 한 사람, A가 휘발유 통을 들고 뛰어나가서 기어이 땅콩 공장에 불을 질렀고, 신고를 받고 출동한 경찰에게 현행범으로 체포되었다. 물론 A는 법정에서 방화에 대하여 유죄판결을 받을 것이다. 그런데 당신은 어떤가? 당신도 벌을 받아야 할까? 이런 경우, 대부분의 서양 국가에서는 당신에게 선동죄를 적용한다. 타인이 불법행위를 하도록 유도하는 행위 자체도 불법으로 간주하기 때문이다. 그러나 모든 사람이 완벽한 자유의지를 갖고 있다면 이야기가 달라진다. 땅콩 방화범 A는 당신의 명령에 따르지 않고 조용히 집으로 돌아갈 수 있는 판단력을 갖고 있었다. 즉, 당신은 A가 땅콩 공장에 불을 지르도록 강요한 것이 아니라, '종교주의의 진정한 신도라면 땅콩 공장에 불을 질러야 마땅하다'는 개인적 신념을 피력한 것뿐이다. A는 땅콩 공장 방화 여부는 물론이고 당신의 주장에 대한 동의 여부를 스스로 판단하고 결정할 수 있는데, 그에게 당신의 의견을 피력한 것이 과연 범죄행위일까?

자유의지를 지지하는 사람들은 이런 맥락에서 관련 법규를 수정할 것을 꾸준히 요구해 왔다. 개중에는 "선동은 단연코 범죄가 아니다!"라고 주장하는 사람도 있다. 여기서 잠시 미국의 경제학자이자 정치학자인 머레이 로스바드Murray Rothbard의 말을 들어보자.

A가 B에게 "시장을 저격하라"고 부추겼다. B는 곰곰 생각한 끝에 그것이 정의를 위한 길이라는 결론에 도달했고, 곧바로 나가서 시장을 사살했다. 이 경우 총을 쏜 B는 당연히 벌을 받아 마땅하다. 그런데 A는 어떤가? A도 벌을 받아야 할까? A는 총을 쏘지 않았을 뿐만 아니라 총을 제공하지도, B를 현장에 데려다주지도 않았다. A가 살인을 제안했다고 해서 반드시 책임을 져야 할 필요는 없다. B에게는 자유의지가 없는가? 그가 어떤 단체에도 속하지 않은 살인 청부업자라면, 오직 본인의 선택(역시 돈이 최고야!)에 따라 시장을 사살했을 것이다. 이런 경우 책임을 져야 할 사람은 오직 B밖에 없다….

인간에게 자유의지가 있다면 어느 누구도 다른 사람의 결정을 무작정 따르지 않을 것이다. 누군가가 "저 건물에 불을 질러서 모조리 태워버려!"라고 부추긴다 해도, 이것을 절대적인 명령으로 알아듣고 실행에 옮길 사람은 없다. 그러므로 불을 지른 사람은 동기가 무엇이었건 전적으로 책임을 져야 한다. 선동자에게는 아무런 책임도 없다. 자유의지가 존재하는 세상에는 인간의 본성과 도덕규범에 '선동'이라는 범죄 항목이 아예 없을 것이므로, 범죄의 개념 자체가 달라져야 한다.

대부분 국가의 법체계는 행위의 원인을 판단할 때 '개인의 자유의지'와 '저항할 수 없는 외부의 영향'을 복합적으로 고려한다. 그래서 자유의지가 다른 요인(술, 약물, 정신병 등)에 의해 방해를 받았다고 판단되면 형량을 낮추거나 심지어 형을 보류하기도 한다. 이런 관점은 절대적 자유의지를 표방하는 고스와미의 이론과 상충된다. 하지만 법률가들이 고스와미의 급진적인 이론을 수용하여 범죄 항목에서 선동죄를 제외하는 것도 일반 대중의 법감정에 부합하지 않는다.(지금도 많은 사람들은 세뇌(가스라이팅)를 범죄로 간주하고 있다-옮긴이)

고스와미의 이론(이 책에서 언급한 부분만 해당되는)은 또 다른 면에서 우리의 삶에 영향을 미치고 자유의지를 재평가하게 만든다. 이해를 돕기 위해 한 가지 예를 들어보자. 바로 '채식주의자'에 관한 이야기다.

채식주의자를 향한 분노

이 책이 출간된 후 채식주의자들로부터 비난 메일이 폭주할 것 같아서 미리 밝혀두는데, 나 역시 철저한 채식주의자다. 나는 채식주의자들의 파티에 햄버거용 패티를 가져가지 않지만, 축제 때 사용하는 폭죽에 동물의 몸에서 추출한 스테아르산stearic acid이 들어있다는 이유로 불꽃놀이를 비난하는 극성분자는 아니다. 내가 이제 와서 채식주의자임을 밝히는 이유는 그동안 이런 이야기를 할 기회가 없었기 때문이다.

살아있는 모든 생명체가 우주의식을 공유하고 있다면 왠지 채식주의자가 되어야 할 것 같다. 소나 돼지를 먹는 것이 그들의 의식을 훼손하는 행위처럼 느껴지기 때문이다. 하지만 고스와미의 이론이 신경 쓰인다고 해서 굳이 채식주의자가 되어야 할까?

아니다. 당신이 이 장에서 언급된 우주의 역사를 철석같이 믿는다 해도, 우주 최초로 자아의식을 갖고 주변을 관측한 주인공은 소도 돼지도 아닌 '세포'였다. 즉, 의식은 동물까지 갈 것도 없이 세포 수준에 이미 존재하고 있으므로, 동물과 식물은 물론이고 곰팡이나 세균도 어느 정도 의식을 갖고 있다고 봐야 한다.

이런 점에서 볼 때 채식을 한다는 것은 특정한 유형의 의식을 가진 생명체만 집중 공략하겠다는 뜻인데, 내가 보기에는 딱히 명분이 서지 않는다. 어차피 채식주의자도 의식을 가진 생명체를 먹고 있으니 도덕적으로 우월감을 느낄 이유가 없고, 굳이 동물과 식물을 구별할 필요도 없지 않은가. 더 이상은 묻지 말아주기 바란다. 나는 음식 철학자가 아니다.

누군가가 벌떡 일어나서 외친다. "잠깐만! 일부 식물은 오로지 동물에게 먹히기 위해 열매를 생산하지 않는가? 그리고 열매를 먹은 동물은 배설물을 통해 씨앗을 퍼뜨린다. 열매 입장에서 볼 때 동물에게 먹히는 것은 번식 과정의 일부이며, 그 목적도 출산을 위한 동물의 성행위와 비슷하다. 그런데 자연은 번식을 최우선으로 삼고 그것을 즐기는 경향이 있으므로, 일부 과일은 남에게 먹히는 것을 긍정적인 경험으로 간주할 수도 있다!"(일반적으로 동물은 남에게 먹힐 때 고통을 느끼는데 식물은 그렇지 않을 수도 있으니, 동물보다 식물을 먹는 게 바람직하다는 뜻이다-옮긴이)

이 가설을 증명하겠다며 '식물심리학'이라는 분야를 새로 창설하기도 부담되고… 참으로 난감하다. 하지만 굳이 세부 사항을 따지지 않더라도 이 가설에는 근본적인 문제점이 있다. 식물이나 과일이 동물에게 먹히는 것을 즐긴다 해도, 그들을 구성하는 세포까지 그렇다는 보장이 없지 않은가? 어떤 행태의 생명체건 간에 남에게 먹힐 때 고통을 느끼지 않는 건 불가능할 것 같다.

지금까지 언급된 내용에 기초하여 고스와미 이론의 결론을 요약하면 다음과 같다.

- 생명체의 출현은 우주가 처음 탄생한 순간부터 이미 정해진 수순이었다.

- 인간에게는 영혼이 있으며, 사후 세계도 존재할 가능성이 있다.

- 우리에게는 자유의지가 있다.

- 우리의 법률체계는 자유의지를 인정하지만, 남을 선동하는 행위도 범죄가 되기 때문에 문제의 소지가 있다.

- 자유의지가 널리 수용되면 채식주의자가 줄어들 것이다.

고스와미의 이론은 양자역학에 대하여 지금까지 제시된 해석 중 가장 유별나고 특이하지만, 현대사회의 사회적, 법적 규범과 가장 조화롭게 섞일 수 있는 해석이기도 하다. 앞으로 보게 되겠지만, 다른 해석이 사실로 밝혀지면 훨씬 파괴적인 결과가 초래된다. 이들 중 하나가 다음 장의 주제인데, 분위기가 크게 달라질 예정이니 마음의 준비를 하기 바란다.

자, 이제 말 많고 탈 많은 '의식'을 양자역학의 방정식에서 완전히 제거해 보자.

CHAPTER 5

의식의 개입 없이 일어나는 붕괴

보어의 붕괴이론은 발등에 떨어진 불을 끄기 위한 미봉책이었다. 보어는 좀비 고양이를 볼 수 없는 이유를 어떻게든 설명해야 했고, 급하게 떠올린 해결책이어서 충분한 설명도 없었다. 그러나 앞서 말한 대로 범심론이나 집단의식을 믿는 사람들은 보어의 해석을 결코 달갑게 여기지 않았다.

그런데, 보어의 붕괴이론을 제일 싫어했던 사람이 누구인지 아는가? 바로 물리학자들이었다. 보어와 같은 직종에 종사하는 사람들이 그의 이론을 끔찍하게 싫어한 것이다!

대부분의 물리학자(교수)들은 두 가지 소원을 갖고 있다. 하나는 대학원생 제자에게 "언제 졸업시켜 주실 건가요?"라는 질문을 듣지 않는 것이고(때가 되면 하는 거지, 재촉 좀 그만해!) 또 하나는 세상이 돌아가는 섭리를 과학적으로 이해하는 것이다. 그런데 물리학에 의식이 도입되면 과학에서 멀어지고, 과학에서 멀어지면 소원을 이루기도 어려워진다.

매주 금요일 저녁, 한 주를 마무리하는 회식 자리에 어쩌다가 물리학자가 끼어있으면, 사람들은 붕괴가 왜 일어나느냐는 둥 관측과 의식은 무슨 관계냐는 둥 끝없는 질문을 퍼부었고, 그럴 때마다 물리학자는 뉴에이지 스승 같은 모호한 분위기를 풍기지 않으면서 명쾌한 대답을 내놓기가 점점 더 어려워졌다. 그래도 최소한의 품위를 유지하려고 나름 애를 써보지만, 현실적으로 그들에게 주어진 옵션은 다음 세 가지뿐이었다.

(1) 식탁에 둘러앉은 사람들을 향해 외친다. "양자역학으로 계산된 값은 실험 결과와 기가 막히게 잘 일치하지만, 사실 양자역학은 틀렸습니다. 완전 엉터리 이론이에요!"

(2) 양자역학이 어떤 식으로든 의식과 관련되어 있다는 불편한 가능성을 받아들인다(이런 경우에는 가급적 말을 아끼는 게 좋다).

(3) 양손으로 귀를 막고 외친다. "뭐라고요? 잘 안 들려요!" 사람들이 겁에 질린 표정으로 테이블에서 멀어질 때까지 이 대사를 반복한다.

대부분의 물리학자들은 영장류의 후손답게 위의 세 가지 중 가장 원숭이 같은 옵션을 선택했다.

중첩된 양자상태의 붕괴는 수십 년 동안 가장 중요하면서도 설명하기 어려운 난제로 남아있었다. 그런데도 양자역학은 단 한 번도 틀린 적이 없어서, 물리학자들은 '붕괴 문제로 딴지 걸기 없기'에 동의하고 '닥치고 계산이나 해!'를 계명으로 받아들였다.

이런 어정쩡한 상황이 기약 없이 계속되자, 몇 명의 이탈리아 물리학자들이 도저히 못 참겠다며 들고일어섰다. "지금은 1920년이 아니라

1980년대다. 우리는 게임보이Game Boy와 일회용 카메라까지 발명했는데, 의식의 개입 없이 붕괴를 설명하지 못한다는 게 말이 되는가?"

그들 중 한 사람이 파격적인 아이디어를 떠올렸다. "의식을 개입시키지 않고서는 붕괴를 설명할 수 없는 이유가 뭔지 아십니까?"

"뭔데요?"

"붕괴라는 것이 굳이 설명이 필요 없는 현상일 수도 있지 않습니까? 아무런 이유 없이 붕괴될 수도 있잖아요."

"흠… 계속해 보세요."

"아뇨, 이게 전부입니다. 더 말할 것도 없어요. 질량이나 에너지의 개념처럼 붕괴도 우주의 기본 규칙이라면 설명할 필요가 없다 이겁니다."

그렇다. 붕괴는 아무런 이유 없이 그냥 일어나는 현상인지도 모른다. 이것을 '그냥붕괴 이론just because theory'이라 하자. 여기에는 관찰자도 없고, 의식도 필요 없다. 입자가 여러 곳에 동시에 존재하는 마술을 긴 시간 동안 부리다가 제 풀에 지쳐서 스스로 붕괴되는 것뿐이다.

그렇다면 무엇이 입자를 지치게 만드는가? 그냥붕괴 이론의 지지자들은 애써 아는 척하지 않는다. 우주의 운영 방식이 원래 그렇기 때문이다.

그냥붕괴 이론은 붕괴에 의식을 끌어들였을 때 생기는 기이한 문제를 털어버리고, '붕괴는 어떤 논리로도 설명할 수 없다'는 기이한 가정을 채택했다. 문제를 피해가려는 얄팍한 꼼수가 아니다. 중력과 전자기력도 법칙만 알려졌을 뿐, 이런 힘이 왜 생기는지 아무도 모르지 않는가? 그런데도 이것을 문제 삼지 않는 이유는 중력과 전자기력을 자연의 기본 규칙으로 인정했기 때문이다. 그렇다면 붕괴도 그런 식으로 취급할 수 있지 않을까?

그럴듯하게 들리면서도 선뜻 받아들이기 어렵다고? 걱정할 것 없다. 그렇게 느끼는 사람은 당신만이 아니다. 그냥붕괴 이론은 요즘 물리학자들 사이에서 한창 뜨고 있는데, 그것이 인기가 좋은 이유는 검증이 가능하기 때문이다. 원자나 전자가 자발적으로 붕괴되는 현장을 잡아내기만 하면 된다!

그냥붕괴 이론의 창시자들은 아이디어를 처음 떠올렸을 때 이론의 진위 여부보다 훨씬 근본적이고 심각한 문제에 직면했다. 이것은 과학자가 파격적인 아이디어를 연구할 때마다 항상 부딪히는 문제이기도 하다.

"이런 연구 주제로 학술지원단체의 연구보조금을 충분히 받을 수 있을까?" 그렇다, 항상 그렇듯이, 그것은 바로 '돈' 문제였다.

운 좋게도 그들은 연구비를 유치하는 데 성공했고, 그 덕분에 나는 이 책의 '5장'을 쓸 수 있게 되었다. 그리고 냄새마저 향기로운 연구비 수표를 현금으로 교환했을 때, 그들은 정말로 의미심장한 이론을 떠올렸다. 그것은 기존 법체계의 기반을 뿌리째 흔들 수도 있는 엄청난 이론이었다.

그런데 지금 내 마음이 너무 앞서가는 것 같다! 그냥붕괴 이론이 마사 스튜어트^{Martha Stewart}(주부들의 일상인 '집안 살림'을 비즈니스 테마로 끌어 올려 억만장자 대열에 오른 미국의 여성 기업인-옮긴이)와 어떤 관계에 있는지, 그리고 사법제도 및 사회정의와 무슨 관계인지는 잠시 후에 설명하기로 하고, 일단은 이론이 작동하는 원리부터 알아보자.

그냥붕괴

하나의 입자가 동시에 두 장소에 놓여있는 상황을 상상해 보자. 이런 것은 양자역학에서 수학적으로 완벽하게 허용된다. 입자는 두 방향으로 동시에 자전할 수 있고, 두 장소(또는 셋 이상의 장소)에 동시에 존재할 수도 있다.

이제 우리의 입자가 '바닥^{on the ground}'과 '허공^{in the air}'에 동시에 존재한다고 가정하자. 이 상황을 켓으로 표현하면 다음과 같다.

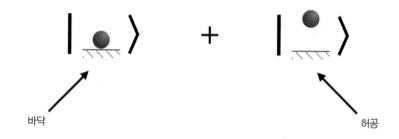

바닥 　　　　　　　　　　　　　　　　　　　　　 허공

시계 방향과 반시계 방향으로 동시에 자전하는 이전의 전자와 마찬가지로, 지금의 전자도 두 켓(바닥과 허공)의 합으로 표현할 수 있다.

이런 상황에서 '그냥붕괴 이론'은 다음과 같이 주장한다—"입자는 가끔 아무런 이유 없이(그냥) 자발적으로 붕괴되어 위치가 하나로 결정된다."

자발적 붕괴!

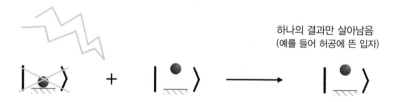

하나의 결과만 살아남음
(예를 들어 허공에 뜬 입자)

단, 붕괴가 언제 일어날지 예측할 수 없고, 어떤 결과가 선택될지도 알수 없다. 우리가 아는 것이라곤 입자가 언젠가 붕괴되어 여러 가능성 중하나로 결정된다는 것뿐이다. 이것이 전부다!

음… 거의 전부다.

그런데 여기에는 약간의 문제가 있다. 붕괴가 자발적으로 일어난다고 가정하면 의식이 개입되지 않아도 붕괴가 일어나는 이유를 설명할수 있지만('아무런 이유 없이 붕괴된다'는 것을 설명으로 받아들인다면), '작은 입자는 여러 곳에 동시에 존재하면서 큰 물체(사람, 땅콩, 고양이등)는 그럴 수 없는 이유'를 설명하지 못한다.

전자와 고양이는 왜 그토록 다른 걸까? 고양이는 항상 한 장소에 있는데(즉, 항상 붕괴된 상태에 있는데) 전자는 왜 그렇지 않은 걸까?

덩치가 클수록 쉽게 붕괴된다

자, 이제 철학자용 담배 파이프를 물고 철학자용 의자에 앉아 철학자처럼 턱을 긁으면서 좀비 고양이에 대해 좀 더 깊이 생각해 보자.

이젠 독자들도 익숙하듯이, 좀비 고양이란 '살아있으면서 동시에 죽은고양이'를 의미한다. 대부분의 경우에는 이 정도 설명으로 충분하다. 그러나 이 희한한 양자적 생명체와 그 구성 요소를 좀 더 깊이 파고들어 가면, '살아있으면서 죽었다'는 것이 얼마나 모호한 표현인지를 알게 된다.

살아있는 버전의 고양이는 이리저리 돌아다니고, 수시로 자기 몸을 핥고, 간간이 털 뭉치를 토하는 등 고양이다운 짓을 하는 버전이다. 고양이가 이런 행동을 하려면 몸을 구성하는 원자들이 아주 특별한 형태로 배열되어 있어야 한다. 예를 들어 고양이가 자기 발바닥을 핥으려면 혀를 구성하는 원자와 발바닥을 구성하는 원자들이 아주 가까운 거리에 있어야 한다. 여기서 원자의 위치를 바꾸면 고양이가 하는 일도 달라진다. 물론 원자들 사이의 간격을 멀리 떨어뜨린 후 뒤죽박죽 섞으면 고양이는 더 이상 고양이가 아니라 탄소, 산소, 수소 등으로 이루어진 처참한 물질 더미가 될 것이다. 구성 원자를 멋대로 재배열하는 것은 고양이의 입장에서 볼 때 좋은 결과를 기대하기 어렵다.

그러므로 좀비 고양이는 두 가지 일을 동시에 하는 하나의 거시적 물체가 아니라, 두 가지 배열 상태에 동시에 놓인 원자의 집합으로 간주되어야 한다. '살아있는 고양이'는 구성 입자가 신체의 모든 기관이 정상적으로 작동하도록 배열되어 있는 입자의 집합이고, '죽은 고양이'는 신체의 기능이 작동하지 않는 쪽으로 배열된 입자의 집합이다.(신체 기관은 작동하지 않더라도, 최소한 고양이의 외형은 비슷하게 유지되어야 한다. 사방에 뿔뿔이 흩어진 원자들을 고양이라고 부를 수는 없기 때문이다—옮긴이) 죽은 고양이의 원자는 살아있는 고양이의 원자와 각기 다른 위치에 놓일 수도 있다.

고양이를 하나의 거시적
물체로 간주하는 대신…

…작은 입자의 집합으로 간주할 수도 있다.

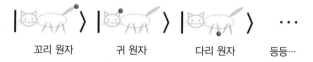

꼬리 원자   귀 원자   다리 원자   등등…

고양이의 행동과 생사 여부를 결정하는 것은 고양이의 몸을 구성하는 원자들의 위치다. 살아있는 고양이의 원자 배열을 너무 많이 바꾸면 죽을 수도 있다. 그리고 (이론적으로) 죽은 고양이의 원자 배열을 아주 조심스럽게 재배열하면 다시 살아날 수도 있다.

노파심에서 하는 말인데, 집에서 키우는 고양이의 원자 배열을 바꿔보겠다며 무리한 실험을 하지 않기를 바란다. 고양이보다 당신이 다칠 가능성이 훨씬 높다.

이로써 우리는 고양이가 단순한 거시적 물체가 아니라 수많은 입자의 집합체임을 확인했다. 자, 이제 비트코인 30개짜리 질문을 던질 차례다. 좀비 고양이를 구성하는 수많은 입자들 중 단 1개가 '살아있는 고양이의 상태'로 붕괴된다면 어떤 일이 벌어질 것인가? 이 단일 붕괴 사건은 나머지 입자들에게 어떤 영향을 미칠 것인가?

고양이의 꼬리에서 달랑 원자 1개가 붕괴된 경우!

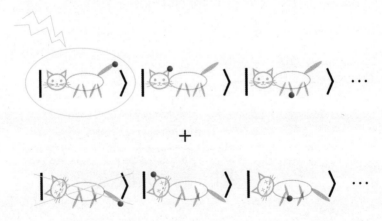

당신이 좀비 고양이의 꼬리를 힐끗 보았는데 공중을 향해 꼿꼿이 서 있었다고 가정해 보자. 당신은 이렇게 외칠 것이다. "옳거니, 고양이가 살아있어. 죽은 고양이는 절대로 꼬리를 세울 수 없잖아!" 맞다. 날카로운 지적이다. 몸의 일부만 봐도 고양이가 무엇을 하는지 알 수 있다. 굳이 펫스토어에 갈 필요도 없고, 고양이를 학대한다며 그린피스로부터 비난 메일을 받을 일도 없다. 당신이 본 것이 고양의의 꼬리가 아니라 꼬리에 붙어있는 털 한 가닥이었다면 어떨까? 또는 꼬리를 구성하는 원자 1개를 보았다면 어떤 판단을 내릴 수 있을까?

두 경우 모두 이전과 똑같다. 특정 부분(아주 작아도 상관없음)의 위치를 알면 좀비 고양이의 어떤 버전인지 알 수 있다.(여기서 약간의 의문을 제기하지 않을 수 없다. 살아있는 고양이와 죽은 고양이는 개개의 원자의 상태가 모두 다른가? 대부분이 다르겠지만, 일부는 같을 수도 있지 않은가? 예를 들어 깊이 잠든 고양이와 방금 죽은 고양이의 발톱 끝에 있는 상피세포 1개는 위치와 상태가 완전히 같을 수도 있다. 지금 저자는 죽은 고양이와 산 고양이의 원자들이 모두 다른 상태에 있기 때문에 원자 1개만 봐도 생사 여부를 알 수 있다고 주장하고 있는데 내가 보기엔 다소 무리한 가정인 것 같다. 뒤로 가면 뭔가 보충 설명이 있을지도 모르니 일단 저자의 논리를 따라가 보자-옮긴이)

단 하나의 입자만으로 고양이의 몸 전체에 대한 정보를 알 수 있다. 즉, 입자 1개만 알면 나머지 모든 입자의 상태를 알 수 있다는 뜻이다. 그러므로 입자 1개가 붕괴되어 '살아있는 고양이'의 위치에 놓인다면, 고양이는 살아있다!

이것은 일종의 '양자 도미노 효과'라 할 수 있다. 입자 1개만 그냥 붕괴

되면 고양이의 몸 전체가 붕괴되기 때문이다.(물론 몸이 와르르~ 무너져 내린다는 뜻은 아니다!-옮긴이)

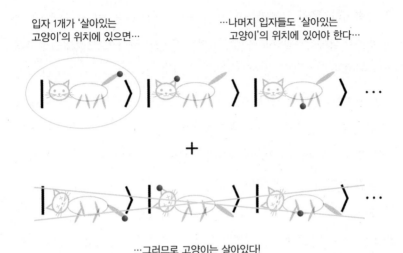

입자 1개가 '살아있는 고양이'의 위치에 있으면…

…나머지 입자들도 '살아있는 고양이'의 위치에 있어야 한다…

…그러므로 고양이는 살아있다!

좀비 고양이는 엄청나게 많은 수의 원자로 이루어져 있으므로, 붕괴가 정말로 '그냥' 일어난다면 개개의 원자들은 언제든지 자발적으로 붕괴될 수 있다. 그리고 앞서 말한 대로 원자 하나가 붕괴되면 고양이의 몸 전체가 함께 붕괴된다.

그냥붕괴 이론은 이런 식으로 좀비 고양이 문제를 해결했다. 고양이의 몸을 구성하는 모든 입자는 일종의 '붕괴복권'과 비슷하다. 그냥붕괴가 자발적으로 일어나는 경우가 매우 드물다 해도 고양이나 두뇌, 땅콩 같은 거시적 물체는 구성 입자의 수가 충분히 많기 때문에(즉, 복권의 수가 충분히 많기 때문에) 임의의 시간에 적어도 하나는 붕괴될 테고, 그 여파로 나머지 입자들도 함께 붕괴된다.

그러므로 큰 물체는 대부분의 시간을 붕괴된 상태로 존재한다. 모든 입자들이 붕괴되지 않은 상태로 존재해야 현란한 양자 마술을 부릴 수 있는데, 이런 상태를 길게 유지하기에는 입자의 수가 너무 많기 때문이다!

그러나 작은 물체는 붕괴복권의 수가 적어서(구성 입자의 수가 적어서) 임의의 순간에 붕괴될 확률도 낮다. 전자와 같은 작은 입자들이 2개 이상의 방향으로 동시에 자전하는 양자적 트릭을 쉽게 구사할 수 있는 것은 바로 이런 이유 때문이다. 큰 물체는 붕괴될 확률이 높지만, 입자 하나, 또는 몇 개로 이루어진 작은 물체는 붕괴될 확률이 매우 낮아서, 중첩된 양자상태를 오래 유지할 수 있는 것이다.

그렇다, 이 확률은 낮아야만 한다. 그래야 지난 수십 년 동안 라면으로 끼니를 때워가며 그냥붕괴 이론의 타당성을 증명하기 위해 날밤을 새워온 대학원생들이 그들의 부모에게 핑계를 댈 수 있기 때문이다.

어머니: 얘야, 그냥붕괴 이론인지 뭔지 그거 당장 그만두고, 네 사촌 스티브처럼 월스트리트에 취직하면 안 되겠니? 언제까지 학교에서 뭉개고 있을 거야?

대학원생: 모르는 말씀 마세요. 그냥붕괴 되는 입자 하나를 포착하는 게 얼마나 어려운 일인지 아세요? 확률이 엄청 낮아서 시간이 오래 걸린단 말예요!

지금까지 그들에게는 운이 따르지 않았다. 그러나 그냥붕괴 이론은 의식을 도입하지 않고 좀비 고양이 문제를 해결할 수 있는 잠재력을 갖고 있기에 아직도 명맥을 유지하는 중이다.

물론 그냥붕괴 이론이 사실이라는 보장은 없다.

어려운 질문

그냥붕괴 이론은 큰 것과 작은 것의 경계에 대한 보어의 모호한 설명을 눈에 띄게 개선해 준 강력한 이론이다. 이 이론을 수용하면 '큰 물체는 항상 정해진 위치에 놓여있는데 작은 물체는 여러 곳에 동시에 존재하는 이유'를 설명할 수 있고, 디팩 초프라의 '비국소적 의식(신호가 빛보다 빠르게 전달되는 현상)' 때문에 고민할 필요도 없다. 그러나 그냥붕괴 이론도 나름대로 문제점이 있다.

가장 큰 문제는 자발적 붕괴의 발생 빈도가 불분명하다는 점이다. 자발적 붕괴는 큰 물체가 끊임없이 붕괴될 정도로 자주 일어나지만, 대출금 이자에 짓눌리는 대학원생들을 구제해 줄 만큼 자주 일어나지는 않는다. 학계에는 다양한 추측이 난무하고 있는데, 그냥붕괴 이론의 열혈 지지자들은 단일 입자가 10억 년에 한 번 정도 붕괴될 것으로 예측하고 있다. 우주의 나이는 약 140억 년이므로, 빅뱅 후 입자 1개를 골라서 줄곧 관측해 왔다면, 붕괴되는 현장을 지금까지 대략 열네 번 정도 관측했을 것이다.

그렇다면 우주는 왜 하필 10억 년에 한 번씩 붕괴되었을까? 그냥붕괴 이론이 제시하는 답은 간단하면서도 허망하다. "그냥 그렇게 된 거야. 거기에 무슨 설명이 더 필요해?"

그래도 이 허망한 이론을 포기할 수 없는 이유는 '큰 것'과 '작은 것'의 차이를 명확하게 정의해 주기 때문이다. 큰 물체란 '충분히 많은 수의 입자들(원자, 전자, 광자 등)로 이루어져 있어서, 이들이 동시에 여러 가지 일을 하고 있다는 것을 우리가 눈치채지 못할 정도로 빠르게 붕괴되는 물체'이다.

그냥붕괴 이론의 또 다른 장점은 현실 세계에서 검증 가능한 이론이라는 점이다. 단일 입자가 평균 10억 년에 한 번꼴로 붕괴된다면, 실험실에서 현미경으로 발견하기에는 너무 긴 시간이다. 그러나 물체를 구성하는 입자의 수가 아무리 많아도, 그중 하나만 붕괴되면 전체가 붕괴된다(양자 도미노 효과). 예를 들어 어떤 물체가 10억 개의 원자로 이루어져 있다면 평균 1년에 한 번 붕괴가 일어날 것이고, 입자 1개만 붕괴되면 전체가 함께 붕괴된다(하나의 입자가 평균 10억 년에 한 번꼴로 붕괴된다는 가정하에 그렇다). 여기서 구성 원자의 수를 12배로 늘리면 한 달에 한 번꼴로 붕괴 현장을 관측할 수 있다. 그러므로 원자의 수를 계속 늘려나가면 '회색' 원자가 아무런 이유 없이 자발적으로 붕괴되는 장면을 '현실적인 시간 안에' 실험실에서 관측할 수 있다. 그냥붕괴의 발생 빈도가 뜸할수록 기다려야 할 시간이 길어지는데, 이런 경우라면 관측 대상의 덩치(구성 입자의 수)를 키우면 된다.

지금 물리학자들은 실제로 실험실에서 이런 작업을 하고 있다! 실험을 거듭하면서 붕괴의 범위를 좁혀가는 중이다. 언젠가는 붕괴 현장을 적발하는 날이 올 거라는 희망을 품고, 물체의 크기를 조금씩 키워나가고 있다(붕괴가 평균 10억 년에 한 번씩 일어난다는 것도 이 실험을 통해 내려진 예측이다).

아무런 소득 없이 연구보조금이 바닥나고 대학원생들의 인내심이 한계에 도달하면 그냥붕괴 이론은 어쩔 수 없이 폐기될 것이다. 그러나 그전에 붕괴 사건이 단 한 번이라도 발견되면 물리학자들은 드디어 붕괴의 악몽에서 해방될 것이다. 어느 쪽이든 판가름이 나기 전까지는 불확실성과 더불어 살아가는 수밖에 없다.

일반적인 상황이라면 나는 이렇게 말할 것이다. "불확실하다고? 그게 뭐 어때서? 서브웨이Subway(미국의 패스트푸드 체인점-옮긴이)에서 파는 로스트치킨에 어떤 재료가 들어가는지 전혀 모르면서도 잘들 사 먹고 있잖아? 그런 마음가짐으로 버티면 되는 거야."

그러나 지금 우리가 직면한 불확실성은 약간의 메스꺼움을 느낀 후 메뉴를 바꾸는 것으로 해결될 문제가 아니다. 붕괴가 불확실하다는 것은 현실이 불확실하다는 뜻이고, 이는 곧 '나'라는 존재의 불확실성으로 이어지기 때문이다.

'그냥붕괴'가 일어나는 두뇌

물리학자들이 그냥붕괴 이론을 선호하는 이유 중 하나는 마음이나 의식, 또는 관측자 등 모호한 개념을 도입하지 않고 좀비 고양이 문제를 해결할 수 있기 때문이다. 일반적으로 물리학자는 누군가가 자신의 편견에 태클 거는 것을 싫어하고, 굵은 테 안경을 선호하며, 양자역학에 의식이 개입되는 것을 끔찍하게 싫어한다.

그냥붕괴 이론은 인간을 '우주에서 가장 존귀한 존재'에서 '적절하게 배치된 원자의 집합체'로 사정없이 강등시켰다. 언뜻 생각하면 감당할 수 없었던 대상을 포획하여 도마 위에 올려준 고마운 이론 같기도 하다.

이 이론에 의하면 최초의 세포는 적절한 원자들이 적절한 방식으로 충돌하여 만들어졌고, 이 세포가 자가복제 기능을 획득하면서 인간을 비롯한 여러 생명체로 진화했다. 이 시나리오에는 신도, 영혼도 없고 알에서 태어났다는 조류 인간도 등장하지 않는다. 그저 텅 빈 공간에 원자들이 간단한 물리법칙에 따라 표류하다가 간간이 '그냥붕괴'를 일으켰을 뿐이다.

그냥붕괴 이론은 3~4장에서 다뤘던 의식 기반 이론과 판이하게 다르다. 고스와미는 우주가 "의식에 의해, 그리고 의식을 위해 만들어졌다"고 주장했는데, 사실 이것은 과학혁명 시대에 제기된 뉴턴이나 라플라스의 우주관과 일맥상통하는 부분이 있다.

그러나 뉴턴의 우주와 그냥붕괴 된 우주 사이에는 결정적인 차이가 있다. 뉴턴의 경우, 원자의 운동은 근본적으로 예측 가능하다. 과거 한순간에 우주에 존재하는 모든 입자의 위치와 속도를 알면, 이 모든 입자들이 미래에 갖게 될 위치와 속도를 정확하게 예측할 수 있다. 그래서 뉴턴의 물리학을 '결정론적 물리학'이라 부른다.

뉴턴 물리학에 의하면 우리는 모든 미래를 100퍼센트 정확하게 예측할 수 있다. 계산에 필요한 모든 정보(모든 입자의 위치와 속도)를 알고 있다면 당신은 2009년에 비트코인을 구입해서 재벌이 되었을 것이고, 코로나-19가 창궐하기 전에 충분한 양의 마스크를 비축했을 것이며, 〈왕좌의 게임Game of Thrones〉은 시즌 5쯤에서 결말을 알았을 것이다.

그러나 당신이 행하는 모든 행동이 수십억 년 전에 존재했던 입자로부터 초래된 결과라면, 당신에게는 자신의 행동을 결정할 선택권이 없다. 당신은 그저 이미 정해진 각본을 따를 뿐이며, 자유의지는 한낱 환상에 불과하다!

그러므로 그냥붕괴된 우주가 뉴턴의 우주와 달리 결정론적이지 않다는 것은 결코 가볍게 넘길 문제가 아니다. 우리 주변에서 몇 분의 1나노초(1나노초=10억 분의 1초)마다 결과를 예측할 수 없는 자발적 붕괴가 발생하고 있다면, 이 세상은 근본적인 단계에서 불확실성으로 가득 차 있는 셈이다. 그리고 이 불확실성은 우리에게 직접적인 영향을 미친다.

지금 당신의 몸 안에 하나의 전자가 두 곳에 동시에 존재한다고 가정해 보자. 하나는 암 유전자와 충돌 직전이어서 그대로 두면 암을 유발할 예정이고, 다른 하나는 다른 안전한 곳에 있다고 하자. 이 전자가 자발적으로 붕괴되면 결과에 따라 당신의 인생이 바뀔 수도 있는데, 붕괴가 완전 무작위로 일어나기 때문에 어떤 쪽으로 붕괴될지 미리 알아낼 방법이 없다. 이 세상 어떤 실험이나 이론을 동원해도 절대 불가능하다. 즉, 자발적 붕괴가 일어나는 우주는 근본적으로 불확실할 수밖에 없다.

그냥붕괴 이론이 사실이라면, 당신의 몸을 구성하는 모든 입자도 자발적으로 붕괴될 것이다. 입자의 수는 대략 100,000,000,000,000,000,000,000,000,000개쯤 될까? 세어보지 않아서 잘 모르겠다(이 숫자를 굳이 소리 내어 읽고 싶다면 '100옥틸리언octillion'이라고 외치면 된다. 참고로, 1옥틸리언은 10^{27}이다).

이들 중 약 2퍼센트는 당신의 두뇌 안에서 사고思考, 결정, 신경과민, 양자역학 책 읽기 등을 수행하면서 '당신다운 모습'을 만들어 내고 있다. 그런데 두뇌의 모든 입자가 완전 무작위로 붕괴된다면 당신의 뇌는 (모든 생각과 감정을 포함하여) 예측할 수 없는 장기가 되고, 그런 두뇌를 가진 당신은 예측할 수 없는 사람이 된다!

이것이 바로 그냥붕괴 이론의 결과다. 이런 세상에서는 당신이 바로 다음 순간에 취할 행동을 100퍼센트 정확하게 예측할 수 없다.

그렇다면 현재 감옥에 수감되어 있는 범죄자를 모두 풀어줘야 할지도 모른다.

자유의지와 법

4장에서 우리는 자유의지와 법적 책임의 관계를 논한 바 있다. 그리고 고스와미는 특유의 기이한 논리로 자유의지가 존재한다는 것을 증명했다.

그런데 이 세상 그 누구도 자신의 행동을 스스로 결정할 수 없다면 어떻게 될까? 그냥붕괴 이론이 사실로 밝혀져서 자유의지가 물리법칙에 위배되는 것으로 판명된다면 무엇이 어떻게 달라질까?

가장 심각한 문제는 현재의 법률체계에서 범죄자를 처벌하는 근거 중 하나가 정당성을 잃는다는 것이다. 자유의지는 현대 법률의 초석이기에, 이것이 과학적 논리로 부정되면 정말로 심각한 결과가 초래된다.

그러나 자유의지와 그냥붕괴 이론을 같은 도마 위에 올리려면, 좁은 방을 점거한 코끼리부터 치워야 한다. 즉, '자유의지'를 정확하게 정의해서 불필요한 논란을 잠재워야 하는 것이다.

과학자, 철학자, 인류학자, 심리학자 등 주로 실내에 갇혀 사는 사람들은 자유의지를 정확하게 정의하기 위해 지난 수백 년 동안 숱한 논쟁을 벌여왔다. 아직은 누구나 인정할 만한 결론에 도달하지 못했지만 그래도 약간의 성과가 있어서, 지금은 다음 두 가지 중 하나로 좁혀진 상태다.

(1) 자유의지란 '또 다른 일을 할 수 있는 능력'이다. 당신이 다른 선택을 할 수 있거나, 과거에 내렸던 결정과 다른 결정을 지금 내릴 수 있다면, 당신은 자유의지를 갖고 있다(이것을 '번외 선택 가능could have done otherwise' 버전이라 하자).

(2) 자유의지란 모든 선택의 궁극적 원인이다. 당신이 취한 행동의 가장 근본적인 원인이 외부가 아닌 당신 안에 존재한다면, 당신은 자유의지를 갖고 있다(이것을 '선택의 근원source of your choices' 버전이라 하자).

끔찍한 패션 감각의 소유자들이 모여서 서투른 논쟁을 벌이는 광경을 보고 싶다면, 철학학회가 열리는 곳으로 가서 참석자들을 향해 큰 소리로 외치면 된다. "저기, 화장실이 어딘가요? 그리고 이왕 가르쳐 주시는 김에 자유의지를 다시 한번 정의해 주시겠습니까?"

나는 계란 세례를 받길 원치 않기에, 앞으로 위에 열거한 두 가지 버전의 자유의지를 엄격하게 구별해서 논할 것이다. 이제 곧 알게 되겠지만, 두 가지 정의를 구별하는 것은 매우 중요한 문제다. 양자역학의 해석(예를 들어 '그냥붕괴 이론')이 한 종류의 자유의지를 허용하면서 다른 종류의 자유의지를 허용하지 않을 수도 있기 때문이다.

이런 상황이 실제로 벌어지면 자유의지에 대해 할 말이 궁색해지겠지만, 그래도 개중에는 덜 모호한 이론도 있다.

예를 들어, 미래가 100퍼센트 결정되어 있는 뉴턴의 결정론적 우주를 생각해 보자. 이런 우주에서 당신이 내리는 선택은 모두 빅뱅 때부터 이미 결정되어 있었으며, 당신은 그 외의 다른 선택을 할 수 없는 운명이었다. 나의 철학 용어로 '번외 선택 불가능'이라 불리는 이 버전에서 자유의지는 존재하지 않는다.

뿐만 아니라, '선택의 근원' 버전의 자유의지도 존재할 수 없다. 뉴턴의 우주에서 오늘 당신이 내린 결정은 아득한 옛날 수십억 광년 떨어진 곳에서 일어났던 빅뱅에서 출발하여, 일련의 연쇄적 사건을 거쳐 필연적으로 나타난 결과다. 그것은 당신의 육체 바깥에서 일어났을 뿐만 아니라, 그 순간에 당신은 아예 존재하지도 않았다. 당신이 그런 선택을 내리게 된 진짜 원인은 빅뱅에 있거나, 빅뱅 후 뉴턴의 법칙에 따라 태양계와나, 당신, 그리고 '네 시간 동안 카메라 앞에서 미소 지으며 수많은 팔로워들을 쥐락펴락하는 유튜버'를 존재하게 만든 그 무엇에서 찾아야 한다(문득 벤저민 베넷Benjamin Bennett('앉아서 웃기Sitting and Smiling'라는 네 시간짜리 동영상 시리즈로 인기를 끌고 있는 유튜버-옮긴이)에게 경의를 표하고 싶어진다).

그러므로 뉴턴의 우주에서 결론은 간단하다. "자유의지는 존재하지 않는다."*

"자유의지가 없다고? 그거 반가운 소식이네! 이제 동물원에 몰래 들어가서 내 평생소원을 풀 수 있겠군. 라마를 타고 신나게 달려보는 거야! 내 자유의지가 아닌데 누가 뭐라 하겠어?" 혹시 이런 생각을 하고 있다

---

* 엄밀히 말하면 반드시 그렇지도 않다. 일각에는 자유의지와 결정론이 양립할 수 있다고 주장하는 사람도 있다(이런 사람을 '양립주의자(compatibilist)'라 한다). 그러나 그들은 책을 쓰지 않았기 때문에, 각주에 짧게 소개되는 것으로 만족해야 할 것이다.

면 잠시 참아주기 바란다. 왜냐하면 (1) 양자역학에 의하면 우리가 속한 우주는 뉴턴의 결정론적 우주가 아니고, (2) 자유의지가 없다고 해도 당신이 취한 행동의 결과를 피할 수 없으며, (3) 일반적으로 라마는 30킬로그램이 넘는 짐을 질 수 없기 때문이다.

뉴턴의 우주에 대해서는 이 정도로 해두자. 그냥붕괴 이론은 자유의지와 라마 타고 달리기에 대해 어떤 조언을 해줄 수 있을까?

양자 세계의 자유의지

'선택'이란 결국 '당신이 무언가를 하도록 만드는 두뇌 활동'이며, 여기에는 빛의 속도로 전기신호를 교환하는 수천억 개의 세포가 관련되어 있다(단, 라마를 타보겠다고 동물원에 무단 침입을 시도하는 사람이라면 세포의 수가 현저하게 적을 수도 있다).

세포 안에서 오가는 신호들은 아주 작은 양자적 입자(물 분자, 나트륨 이온, 탄소 원자 등)로 이루어져 있으며, 이들은 당연히 양자역학의 법칙에 따라 여러 곳에 동시에 존재할 수 있다. 그냥붕괴 이론이 옳다면, 이들은 가끔씩 자발적으로 붕괴되어 한 곳에 정착한다.

앞서 말한 대로 붕괴 후 입자의 위치는 완전히 무작위로 결정되기 때문에 사전 예측이 불가능하지만, 그 결과는 당신에게 심각한 영향을 미칠 수도 있다.

두뇌의 중요한 세포 근처에서 나트륨 이온 1개가 여러 곳에 동시에 존재하는 상황을 가정해 보자. 나트륨 이온이 적절한 위치로 붕괴되면 뇌세포를 자극하여 신경 신호를 유발하고, 그 결과 당신은 멋진 아이디어를 떠올리거나, 충동을 느끼거나, 몸을 움츠린다. 붕괴된 나트륨 이온 하나는 당신에게 라마를 타고 달리고 싶다는 충동을 유발할 수도 있다. 즉, 당신의 남은 인생이 나트륨 이온의 붕괴 결과에 좌우되는 셈이다(경찰서 연행, 재판 회부, 유죄판결, 기타등등).

그냥붕괴된 입자들이 이런 식으로 당신의 사고와 행동에 영향을 미친다면, 이는 곧 당신의 행동도 근본적으로 예측 불가능하다는 뜻이다. 그냥붕괴 이론이 옳다면, 당신이 자동차를 장애인 주차구역 세 칸에 걸쳐 주차하거나, 오리 몰이duck herding(훈련받은 개(한 마리, 또는 여러 마리)가 오리 떼를 정해진 구역으로 모는 경기-옮긴이) 대회장에 난입하여 경기를 망친 것은 당신의 선택이 아니라 운 없게도 붕괴가 그런 쪽으로 일어났기 때문이다.

이는 주어진 상황에서 당신이 어떤 결정을 내리건, 다른 결정을 내릴 수도 있음을 의미한다. 몇 건의 '그냥붕괴'가 적절한 방향으로 일어났다면 당신은 더 좋은 결정을 내렸을 것이다. 즉, 당신은 '번외 선택이 가능한' 버전의 자유의지를 갖고 있다.

이 정도면 시작은 좋은 편이다! 잘하면 그냥붕괴 이론이 자유의지를 허용할 것 같다.

그러나 안타깝게도 두 종류의 자유의지 중 '선택의 근원' 버전은 그냥붕괴 이론에 매끄럽게 부합되지 않는다.

당신의 두뇌에서 그냥붕괴가 완전 무작위로 일어나 당신의 생각에 영향을 주고 있다면, 당신은 그로부터 초래된 결과의 진정한 원인이 아니다. 애초에 '그냥붕괴'라는 이름을 붙인 것도, 붕괴의 원인이 아예 존재하지 않기 때문이었다. 굳이 원인을 따진다면 물리법칙 자체일 것이다.

그냥붕괴 이론은 자유의지의 '번외 선택 가능' 버전을 허용하는 반면, '선택의 근원' 버전은 허용하지 않는 것처럼 보인다. 자유의지가 반쪽만 허용된다니, 참으로 모호한 이론이다.

당신은 이렇게 생각할지도 모른다. "그거 다행이네. 이제야 마음 놓고 자랑스러운 문명 세계로 돌아가서 내 일을 하면 되겠군. 거긴 방금 내가 읽은 내용 때문에 무너질 염려가 없는 세계일 테니까 말이야."

그러나 이것은 틀린 생각이다. 틀려도 보통 틀린 게 아니다.

왜냐하면 거의 모든 서양 국가의 법체계가 자유의지에 기초하여 성립되었기 때문이다. 이런 상황에서 그냥붕괴 이론이 사실로 판명된다면, 엄청난 혼란이 초래될 것이다.

이 글은 법적 자문이 아님!

한밤중에 남의 집에 무단 침입해서 자는 사람 얼굴에 검은 유성펜으로 수염을 그리다가 들켰다면 어떻게 될까? 아마도 대부분의 법정에서는 유죄판결이 내려질 것이다.

당신이 이런 장난을 계획하고 있다면, 이 글을 읽고 포기할 필요는 없다. 이런 짓을 하고도 감옥행을 피할 수 있는 두 가지 방법을 여기 소개한다. 물론 당신 마음에 들지 않을 수도 있다.

첫 번째 방법은 '강압'을 도입하는 것이다. 누군가가 당신에게 "이웃집에 몰래 들어가서 자는 사람들 얼굴에 수염을 그려 넣지 않으면 가만두지 않겠다!"고 협박했다면, 정말로 그런 짓을 했더라도 무죄 방면되거나 형량을 줄일 수 있다. 범죄를 저지르도록 강요받았다는 것이 사실로 인정되면 죄의 무게가 줄어든다. 이것은 '선택의 근원'(자유의지의 두 번째 버전)이 법체계에 반영되었음을 보여주는 확실한 증거다. 당신이 누군가의 강요에 못 이겨 이웃집 사람 얼굴에 수염을 그린 경우, 당신을 비난하는 것은 정당하지 않은 것처럼 보인다.

이것이 나의 첫 번째 법적 조언이다—이웃집 사람의 얼굴에 정 낙서를 하고 싶다면, 당신에게 그런 짓을 하도록 강요해 줄 사람을 찾아보라.

그런 사람을 찾기 어려우면 크레이그리스트^{Craigslist}(구인, 구직, 주택공급, 이력서, 토론 공간 등을 제공하는 안내광고 웹사이트-옮긴이)를 활용할 것을 권한다.

그래도 여의치 않은 사람들을 위해, 여기 두 번째 방법을 준비했다. 대부분 국가의 형사법정에서는 강압 외에 '자신의 행동에 책임을 지기 어려운 사람'이 저지른 범죄도 처벌하지 않는다. 정신이 완전히(또는 반쯤) 나간 상태에서 이웃집 사람 얼굴에 수염을 그렸다면 책임을 면제받을 수 있다. 이것이 바로 그 악명 높은 '정신착란성 방위^{insanity defence}'(심신미약을 이유로 감형을 요구하는 변호 전술-옮긴이)다.

정신착란성 방위도 강압 못지않게 설득력이 있다. '사람들은 뇌에 이상이 생기면 자신의 행동을 통제할 수 없다'는 데 대부분 동의하기 때문이다. 정신줄을 놓으면 비합리적 행동을 자제하기 어려우니, '그 외의 다른 행동을 할 수 없었다'는 핑계가 통하는 것이다.

정리하자면, "그건 내가 내린 결정이 아니었어요!"(강압)와 "다른 선택의 여지가 없었어요!"(심신미약)는 범죄의 책임을 면제받는 타당한 이유가 될 수 있다. 확실히 자유의지는 유/무죄 여부를 판단하는 기준의 핵심인 것 같다.

그렇다고 내 말을 곧이곧대로 믿고 실행에 옮기지는 말아주기 바란다. 1950년대에 미국 대법원은 사법체계에서 자유의지의 중요성을 강조하면서, 포르노가 들어간 영화를 불법으로 못 박았다. "정상적인 인간은 선과 악을 취사선택할 수 있으며, 그에 따르는 책임과 의무를 진다. 이것은 성숙한 법체계의 기반이자 보편적인 믿음이다."

지금도 전 세계의 변호사들은 피고의 범죄행위를 변호할 때 '타인에 의해 손상된 자유의지'를 변명거리로 내세우고 있다. 구체적인 내용은 사안에 따라 천차만별이지만 결국은 '다른 선택의 여지가 없었다'와 '행위의 근본적 원인은 내가 아니었다'라는 두 가지로 귀결된다.

두 가지 변명을 한꺼번에 늘어놓는 경우도 있다! 신이 자신에게 그런 행동을 하도록 부추겼다고 주장하면, 심신미약(환각)과 강압(신의 위협)을 모두 활용하는 셈이다. 이런 사례가 어찌나 많았는지, 미국 법원은 신의 계시 운운하는 피고에 대처하기 위해 '신성판결deific decree'이라는 특별 조항까지 만들어 놓았다.

그렇다면 또 하나의 의문이 뇌리를 스친다. 우리의 법체계는 왜 물리법칙과 양립할 수 없는 가치관에 기초하고 있을까? 이들을 조화롭게 섞으려면 무엇을 어떻게 고쳐야 할까?

엄밀한 과학은 나쁜 법을 만든다

우리의 법체계는 범죄자를 감옥에 보내고, 전자발찌를 채운다. 또는 예수 탄생 그림을 훼손한 10대 청소년들에게 "멍청한 짓을 해서 죄송합니다"라는 푯말을 들고 오하이오주의 작은 마을을 행진하라는 명령을 내리기도 한다(실제로 있었던 일이다). 그런데 범죄 여부를 판단하고 처벌하는 권한은 어디서, 누구에게서 부여받은 것일까?

똑똑한 전문가들은 지난 2,000년 동안 머리를 쥐어짠 끝에 세 가지 답을 내놓았다(이들은 비용을 시간 단위로 청구하기 때문에 일하는 속도가 매우 느리다).

첫 번째 답은 아주 간단하다. 모든 사람들이 옳다고 확신하는 '규범'을 제시하면 된다. 그것은 신에게서 받은 계명일 수도 있고, 카녜이Kanye West(미국의 흑인 래퍼-옮긴이)가 트위터에 올려서 엄청난 수의 '좋아요'를 받은 글일 수도 있다. 구약성서에 등장하는 십계명과 "남에게 대접받고 싶은 대로 남을 대하라"는 황금률golden rule, 그리고 "메릴랜드주에서 운전 중 폭언을 하면 불법"이라는 어이없는 법령 등이 여기에 속한다.

만일 당신이 이 규칙을 따르지 않기로 마음먹었다면, 나쁜 사람이 되기로 마음먹은 거나 다름없다. 그리고 나쁜 짓을 한 사람은 벌을 받아야 한다. 지극히 당연한 이야기다.

옛날에 하얀 가발을 쓰고 법원에 출근하던 사람들은 이런 사고방식을 '의무론deontology'이라 불렀다. 그리고 여기에 기초하여 잘잘못을 판결했을 때 이의를 제기하는 사람도 거의 없었다.

그러나 의무론에는 몇 가지 심각한 문제가 있는데, 그중 하나는 자유의지가 없으면 정당성을 상실한다는 것이다. 인간에게 자유의지가 없다면, 규칙이 선하건 악하건 그것을 따르거나 따르지 않겠다고 스스로 결정할 수 없다. 그런데도 의무론의 잣대를 들이댄다면 자신이 직접 내리지 않은 선택에 대해 처벌을 받아야 한다!

의무론에 문제가 있다면, 무엇을 대안으로 삼아야 할까?

(아리스토텔레스가 손을 들고 외친다. "저요, 저요!")

플라톤: 그래, 무슨 말을 하고 싶은 건가?

아리스토텔레스: 더 좋은 방법이 있어요. 사법제도의 목적을 '나쁜 짓 한 사람 처벌하기'에서 '멍청한 사람 처벌하기'로 바꾸면 어떨까요? 제 논리는 이렇습니다. 나쁜 짓 자체는 처벌 대상이 아니지만, 나쁜 짓을 했다는 것은 자신이 멍청하다는 사실을 만천하에 드러냈다는 뜻이니까 처벌 대상이 되는 거지요.

플라톤: 흠… 계속해 봐.

아리스토텔레스: 멍청이들은 말이죠… (파이프로 아편 연기를 한 모금 마신 후) 용기와 진실성, 친절함과 같은 미덕이 부족하기 때문에 범죄를 저지릅니다. 그래서 멍청한 거죠. 그러니까 멍청이들이 자신의 멍청함을 드러낼 때마다 정신이 번쩍 들도록 때려주는 겁니다. 아주 간단하죠? 참, 말이 나온 김에 꿀벌이 신성한 이유를 말씀드리자면… (이후 아리스토텔레스가 실제로 믿었던 '신성한 벌'에 대하여 장광설이 이어짐)

아리스토텔레스는 이런 논리로 처벌을 정당화했다. 당신이 불법을 저질렀다는 것은 당신의 도덕심이 그만큼 불량하다는 뜻이므로, 법정은 당신을 처벌할 의무와 권리를 갖는다.

그러나 여기에도 자유의지와 관련된 문제가 도사리고 있다. 자유의지라는 것이 아예 존재하지 않는다면, 어느 누구도 자신의 도덕적 성향을 선택할 수 없지 않은가? 의무론은 '자신이 선택하지 않은 결정'에 대해 책임을 묻는다는 점에서 문제의 소지가 있었지만, 아리스토텔레스의 대안을 채택한다면 성격이 안 좋다는 이유만으로 처벌받아야 한다. 의무론보다 한술 더 뜨는 황당한 법이다!

아리스토텔레스의 철학도 도움이 되지 않는다면, 또 다른 대안이 있을까? 나는 법률가가 아니지만, 맥주 한잔 마시면 좋은 아이디어가 떠오를 것 같기도 하다.

좋은 행위와 나쁜 행위

법철학을 놓고 왈가왈부하는 사람들 중에 '결과주의consequentialism'를 지지하는 집단이 있다. 이들은 어떤 행위의 좋고 나쁨(권장할 것인지, 금지할 것인지)을 판단할 때 가장 바람직한 기준이 '행위의 결과'라고 주장하는 사람들이다.

결과주의자의 논리는 다음과 같다. 어떤 행위가 좋은 결과를 낳으면(삶의 질을 높여주거나, 사회를 더욱 건강하고 행복하게 만들어 주거나, 동네 마트에서 카트에 물건을 가득 싣고 소량 계산대로 비집고 들어오는 비양심 고객의 수를 줄여준다면), 그 행위는 무조건 좋은 행위이다. 그리고 이와 반대의 결과를 낳는 행위는 나쁜 행위이므로 가능한 한 자제해야 한다.

이런 관점에서 볼 때, 범죄자를 감옥에 가둬서 세상이 더 좋아진다면, 자유의지가 존재하건 말건 범죄자는 무조건 감옥으로 보내야 한다. 형벌의 핵심 포인트가 '처벌이나 보복, 또는 도덕적으로 불량한 성격을 교화하는 것'이 아니라, 오직 '더 좋은 세상 만들기'이기 때문이다.

오늘날 대부분 국가의 법체계는 다음과 같은 논리로 형벌을 정당화하고 있다. 사기꾼을 처벌하지 않으면 사기꾼이 많아져서 세상이 더욱 혼란스러워진다. 이것은 분명히 나쁜 일이다. 나쁜 짓을 못하도록 규제하면 세상은 더 좋아질 것이며, 나쁜 짓을 하는 사람에게 불쾌감(육체 및 정신적 고통, 무력감, 소외감, 외로움 등)을 안겨주는 것은 이 목표를 달성하는 방법 중 하나다.

결과주의는 자유의지가 존재하건 말건 안정적으로 잘 작동한다. 미국에서 제일 유명한 셰프이자 중범죄자였던 마사 스튜어트가 금융 활동과 관련해 FBI의 취조를 받으면서 거짓말을 하기로 결심했을 때, 스튜어트에게는 자유의지가 있었을 수도 없었을 수도 있다. 그러나 마사 스튜어트가 감옥에 갇혔기 때문에 다른 사람들은 그 행동을 답습하지 않았고, 스튜어트 자신도 재범의 가능성을 낮출 수 있었다. 이 점에는 의문의 여지가 없다.

결과주의는 다른 철학 사조보다 더욱 유연하게 법과 형벌을 정당화해준다. 규범을 정해놓고 무조건 따르는 의무론이나 아리스토텔레스의 '멍청한 사람 처벌하기'와 달리, 결과주의에 기초한 법률체계에서는 법전 자체가 필요 없다. '똑똑하다고 인정받은 사람들'이 필요할 때마다 한자리에 모여 즉석에서 법을 만들면 된다.

때로는 세상을 더 좋은 곳으로 만드는 방법을 문서로 작성하여 어떤 행동이 좋고 어떤 행동이 나쁜지, 그리고 나쁜 짓을 하면 어떤 처벌을 받게 되는지 사람들에게 알려줄 필요가 있다. 이것이 바로 결과주의자들이 생각하는 법전의 역할이다.

지금까지 열거한 세 가지 관점은 끊임없이 변하는 세상에서 질서를 유지하는 확실한 방법처럼 보인다. 그러나 현재 서구 세계의 법체계는 의무론과 아리스토텔레스의 규칙, 그리고 결과주의의 일부 아이디어를 대충 짜깁기한 '프랑켄슈타인 스타일'(일관성이 없음-옮긴이)로서, 새로운 종류의 붕괴이론이 나올 때마다 인간의 본성과 존재의 의미를 다시 생각해 봐야 한다.

세상에 새로운 것은 없다

과거의 법률가들은 기초물리학에서 새로운 사실이 발견될 때마다 거기에 맞게 법을 수정해 온 것일까? 그들은 어떻게 물리학 이론에 크게 위배되지 않는 법체계를 구축할 수 있었을까? 당신은 이렇게 생각할지도 모른다. "그야 인성이 검증된 훌륭한 어른들이 법을 만들었기 때문이지. 그런 법체계가 갓 발견된 물리학 이론 때문에 와르르~ 무너진다는 건 말이 안 되잖아."

양자역학 초창기에 '주류'를 점유한 물리학자들은 "붕괴에 대해 더 이상 묻지 말라"거나 "닥치고 계산이나 하라"면서 골치 아픈 문제를 덮어버렸다. 정작 본인들도 심기가 몹시 불편했지만, 옳은 답만 내놓는 문제투성이 이론을 차마 포기할 수 없었던 것이다. 발등에 떨어진 문제가 언젠가 해결되기를 바라면서 먼 산을 바라보는 것은 지극히 인간적인 행동이다.

법률가들은 바늘로 찔러도 비명조차 안 지르게 생겼지만, 결국 그들도 지극히 인간적인 사람들이다. 그들이 하고 싶은 말은 1세대 양자물리학자와 비슷했을 것이다. "자유의지인지 뭔지 그런 건 더 이상 캐묻지 마라. 그냥 우리가 정한 법을 지키기만 하면 된다. 어려운 문제는 전문가들이 해결해 줄 것이다."

그러나 우주와 관련된 지식이 늘어날수록 자유의지와 의식, 그리고 현실 세계에 대해 세웠던 가정은 점점 더 위태로워지고 있다.

의식을 도입한 붕괴이론과 그냥붕괴 이론도 기존의 믿음을 위협하는 요소 중 하나다. 그런데 이들이 제시하는 우주의 그림은 과거에 양자역학이 제시했던 이상하고 드라마틱한 그림과 완전 딴판이다.

이제 양자적 붕괴를 설명하는 이론 중 가장 파격적이고 반직관적이면서 가장 치열한 논쟁을 야기했던 이론을 만날 때가 되었다. 이 이론은 사실과 허구를 판별하는 우리의 직관뿐만 아니라 우리 자신의 정체성까지 의심하게 만들었다.

무슨 이론인지 감이 오는가? 그렇다. 지금부터 '평행우주parallel universe' 속으로 들어가 보자!

CHAPTER 6

양자적 다중우주

'과신過信'과 '인간'의 관계는 '베이컨'과 '더 많은 베이컨'의 관계와 같다. 둘은 항상 붙어 다니기를 좋아한다(채식주의자용 베이컨도 마찬가지다).

심리학자들의 연구 결과에 의하면, 사람들은 '자신이 모르는 대상일수록' 자신이 완벽하게 이해했다고 과대평가하는 경향이 있다. 이런 사람들이 어찌나 많은지, '더닝-크루거 효과Dunning-Kruger effect(능력 없는 사람이 잘못된 결정을 내려서 부정적인 결과가 나왔을 때, 그것이 자신의 잘못임을 깨닫지 못하는 현상-옮긴이)'라는 전문용어까지 생겼을 정도다. 또 다른 연구에서는 미국인의 65퍼센트가 자신이 평균보다 똑똑하다고 믿는 것으로 나타났다.

이 결과를 수용하기 전에, 한 번 더 생각해 보자. 사실 더닝-크루거 효과는 통계적 환상일 수도 있다. 절반이 넘는 사람들이 평균보다 똑똑한 것은 현실 세계에서 얼마든지 있을 수 있는 일이다. 똑똑한 사람 9명과 멍청한 사람 1명을 한 팀으로 묶으면, 팀원의 90퍼센트는 평균보다 똑똑하다. 그러므로 65퍼센트가 평균보다 똑똑하다는 통계는 사실일 수도 있다.(물론 똑똑한 사람과 멍청한 사람을 판별하는 '절대적 기준'이 있어야 한다. 참고로, IQ는 지능을 상대평가한 값이다-옮긴이)

내가 하고 싶은 말은, 새로운 이론이나 아이디어를 평가할 때는 각별히 주의를 기울여야 한다는 것이다. 왜냐하면 사람들은 '진실은 어떤 모습이어야 하는가?'라는 질문에 직면했을 때 개인의 미학적 편견에 커다란 영향을 받기 때문이다. 또한 우리는 '알려진 것이 거의 없는' 대상에 대해 밑도 끝도 없이 자신감을 갖는 경향이 있다.

물리학자도 예외가 아니다. 아니, 사실은 이들이 제일 문제다(혹시 우리도?). 물리학은 자연현상을 예측하는 분야에서 자타가 공인하는 챔피언이고, 이런 위력은 사람들의 머릿속에 쉽게 전달된다. 질량 30그램짜리 공이 1.5미터 높이에서 자유낙하 할 때 바닥에 닿기까지 몇 초나 걸릴까? 이런 문제를 풀면서 우월 콤플렉스를 느끼는 사람도 꽤 많을 것이다.

그러나 물리학에 대한 과신은 사회적 압력에서 비롯되기도 한다. 나와 가까운 동료들이 특정 이론을 지지하면서 다른 이론을 쓰레기 취급한다면 나도 그들 중 하나가 될 수밖에 없기 때문이다.

의견을 같이하는 특정 그룹이 학계 전체(예를 들면 양자역학)를 지배하는 경우도 있다. 이렇게 되면 특정 그룹에는 '~학파'라는 거창한 이름과 함께 막강한 권위가 주어지고, 그 외의 이론은 주류학자들의 눈 밖에 나거나, 연구보조금을 받기 어려운 곁다리 이론으로 밀려나기 일쑤다.

물론 나는 이런 분위기가 바뀌기를 원하지만, 석 달에 한 번씩 원인 불명의 추가 요금이 부과되지 않는 전화요금제를 원하기도 한다. 내 말인즉, 삶은 완벽하지 않기 때문에 때로는 양자적 다중우주에 관한 글이 물리학계 안에서 정치적 색채를 띠어야 할 때도 있다는 것이다. 참, 전화요금을 납부하기 전에 명세서를 꼼꼼히 읽는 것도 잊지 않기 바란다.

그런데 지나친 자신감과 평행우주는 도대체 무슨 관계일까? 이제 곧 알게 되겠지만, 이 둘은 매우 긴밀한 관계에 있다. 그 이유를 알려면 1956년으로 거슬러 올라가야 한다. 바로 그 해에 휴 에버릿 3세라는 젊은이가 프린스턴 대학교에서 〈우주 파동함수에 관한 이론Theory of the Universal Wavefunction〉이라는 논문으로 박사학위를 받았다.

이 정도면 싸구려 티 나는 제목은 아니다. 그러나 만일 에버릿이 요즘 이 논문을 썼다면 온라인상에 다음과 같은 서술형 제목으로 올렸을 것 같다. '물리학자는 붕괴를 도입하지 않고서도 좀비 고양이 문제를 해결할 수 있다. 그 이유를 알면 놀라 자빠질 것이다!'

에버릿의 논문은 다음과 같은 질문에서 시작된다. "붕괴가 아예 일어나지 않는다면 어떻게 될까?" 이 간단한 질문은 인간의 자아 인식과 관련하여 역사상 가장 충격적인 변화를 몰고 왔다.

하지만 처음부터 순조로웠던 것은 아니다. 에버릿의 이론과 학계의 반응을 이해하려면, 1950년대 중반에 통용되었던 양자역학의 세계관과 그 시대 물리학자들의 사고방식부터 알아볼 필요가 있다.

합의된 의견이라면 어떤 것도 좋다

'과학적 합의'란 무엇일까?

나는 '한 과학자가 이론을 발표하고, 다른 과학자들이 열과 성의를 다하여 그 이론을 반박하는 와중에 얻어지는 것'이라고 생각했다. 반대론자들은 새로운 이론의 허점을 찾기 위해 몇 년 동안 고군분투하다가, 모든 시도가 실패하면 퀭한 눈을 한 채 지하 연구실에서 기어 나와 마침내 현실을 받아들인다. "생각해 보니 꽤 괜찮은 이론이더군요. 그런데 저기 하늘에서 빛나는 원형 물체는 태양입니까? 그거 이상하네요. 내 계산에 의하면 태양은 사각형이어야 하는데…."

안타깝게도 현실은 이런 식으로 돌아가지 않는다. 아무런 사심 없이 연구실에 틀어박혀 자신만의 연구에 몰두하는 것은 과학자로서의 앞날을 생각할 때 별로 현명한 짓이 아니다. 그래서 나는 지나치게 외향적인 과학자를 특별히 비난하지 않는다. 그러나 지나친 믿음(과신)과 사회적 세력도 단절의 원인이 될 수 있다. 그리고 이것을 개인의 경력과 결부시키면 과학적 합의의 진정한 원동력인 '학문적 정치'의 비결이 눈에 보이기 시작한다(적어도 단기적으로는 그렇다).

내 말을 오해하지 않길 바란다. 지금 나는 '과학적 합의'가 이루어지는 과정을 설명하고 있는데, 이보다 나은 설명은 없는 것 같다. 과거에는 과학적 합의에 도달하기 위해 반대파를 산 채로 불태우거나 돌로 때려 죽였다. 효율성으로 따지면 이만한 특효약이 없지만, 진실을 알아내는 최선의 방법도 아니다. 내가 하고 싶은 말은, 과학적 합의가 이루어졌다고 해서 그것이 반드시 진실이라는 보장은 없다는 것이다. 과학적 합의란 대체로 '끔찍한 후보 이론들' 중 하나일 뿐이다. 과학의 역사를 돌아보면 이런 사례가 종종 눈에 뜨인다.

과학적 합의는 기존의 이론에서 문제가 발견될 때마다 허무하게 무너져 내렸다. 갈릴레오와 막스 플랑크, 다윈, 그리고 아인슈타인에게 물어

보라. 그들이 바로 산증인… 아니, 세상을 떠난 증인이다.

어쨌거나 1956년에는 보어의 붕괴이론이 과학적 합의로 통용되고 있었다. 그것은 좀비 고양이 문제를 해결하는 최초이자 가장 그럴듯한 설명이었고, 당대 최고의 정치물리학자였던 보어의 유명세에 힘입어 양자역학의 정설로 자리 잡았다.

사실 대부분의 물리학자들은 굳이 이론을 이해하려 애쓰지도 않았다. 보어의 명성이 곧 보증수표였기 때문이다. "보어가 붕괴이론을 발표했다고? 워낙 똑똑한 사람이니까, 이론에 문제점이 있어도 조만간 해결해줄 거야. 그러니까 우리는 닥치고 계산만 하면 돼." 보어의 제자들은 말할 것도 없고, 그 외의 평범한 물리학자들도 보어의 설명을 별다른 의심 없이 받아들였다. 다른 설명도 얼마든지 가능했지만, 당시 물리학계는 그런 것이 존재한다는 사실조차 떠올리지 못할 정도로 경직되어 있었다.

그 후로 많은 물리학자들이 보어의 '합의된 붕괴이론'에 인생을 걸었고, 이들은 세상이 뒤집어지지 않기를 간절히 바라면서 거대한 벌집을 지어나갔다. 그러던 어느 날, 아랫배가 살짝 나온 휴 에버릿이 뾰족한 막대기를 들고 벌집을 향해 다가왔다. 왠지 불길한 느낌이 든다.

에버릿산 등정기

1950년대의 어느 날 아침, 침대에서 일어난 휴 에버릿 3세는 브라일크림Brylcream을 머리에 바르고, 치실질은 생략하고(50년대였음!), 우유에 시리얼을 말아 먹으며 생각에 잠겼다. "지금 통용되는 붕괴이론은 죄다 엉터리야. 우주의식이나 그냥붕괴 같은 삼류소설을 쓰지 않고서도 좀비 고양이 문제를 해결하는 방법이 분명히 있을 텐데….”

그냥붕괴 이론은 그로부터 수십 년 뒤에 등장했지만, 갈 길이 바쁘니 그냥 넘어가자.

에버릿의 독백은 계속된다. “이대로는 도저히 안 되겠어. 담배 한 대 피우면서 해결책을 생각해 봐야겠군.”

붕괴가 아예 일어나지 않는다고 가정하면 좀비 고양이 문제는 어떻게 달라질 것인가? 에버릿은 고전적인 좀비 고양이 실험 세트를 떠올렸다. 두 방향으로 동시에 자전하는 전자가 있고, 그 옆에 자전감지기가 있고, 이것은 권총에 연결되어 있고, 총구 바로 앞에는 고양이가 앉아있다.

두 방향으로 동시에 자전하는 전자

아직 자전 방향을 감지하지 않은 자전감지기

기존의 양자역학 해석에 의하면, 감지기는 전자의 스핀을 감지하는 즉시 두 가지 버전으로 분리된다….

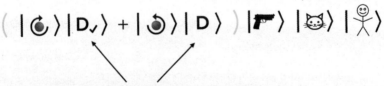

두 버전으로 분리된 감지기: 하나는 시계 방향 자전을 감지하여 '딸깍!' 소리를 내고, 다른 하나는 조용함.

감지기의 신호를 받은 권총도 두 가지 버전으로 분리된다. 하나는 발사된 총이고, 다른 하나는 발사되지 않은 총이다….

$$(\ |\,\circleddash\,\rangle\,|\,D_{\checkmark}\,\rangle\,|\,\text{🔫}\,\rangle + |\,\circleddash\,\rangle\,|\,D\,\rangle\,|\,\text{🔫}\,\rangle \ )\ |\,\text{🐱}\,\rangle\,|\,\text{🧍}\,\rangle$$

여기까지는 이전과 다를 것이 없다. 물론 고양이도 마찬가지다. 권총이 두 가지로 분리되면 고양이도 죽은 고양이와 산 고양이로 분리되어 각기 다른 타임라인에 놓이게 된다.

$$(\ \underline{\,|\,\circleddash\,\rangle\,|\,D_{\checkmark}\,\rangle\,|\,\text{🔫}\,\rangle\,|\,\text{🐱}\,\rangle\,} + \underline{\,|\,\circleddash\,\rangle\,|\,D\,\rangle\,|\,\text{🔫}\,\rangle\,|\,\text{🐱}\,\rangle\,} \ )\ |\,\text{🧍}\,\rangle$$

시계 방향 자전, 감지기 '딸깍', 권총 발사. 고양이 사망　　　반시계 방향 자전, 감지기 조용, 권총도 조용, 고양이 생존

여기까지 잘 따라오다가, 바로 이 지점부터 에버릿은 보어의 붕괴이론과 다른 길을 가기 시작했다. 붕괴가 일어나지 않는다고 가정한 것이다.

에버릿은 전자와 감지기와 권총, 그리고 고양이에게 적용되는 물리법칙이 관측자(사람)에게도 똑같이 적용되어야 한다고 생각했다.

그러므로 실험 중에 감지기, 권총, 고양이가 2개의 버전으로 분리되었다면, 관측자도 두 버전으로 분리되어야 한다. 즉, 관측자는 죽은 고양이를 보고 슬퍼하는 관측자와 살아있는 고양이를 보고 기뻐하는 관측자로 분리된다.

죽은 고양이를 보고 슬퍼하는 관측자

살아있는 고양이를 보고 기뻐하는 관측자

각 버전의 관측자에게 무엇을 보았는지 물으면 "고양이는 한 마리였고 살아있어요!"라거나, "고양이는 한 마리인데 죽었어요…"라고 답할 것이다. 후자의 답변이 침울한 이유는 결과가 불확실해서가 아니라 고양이와 생이별을 했기 때문이다. 그러나 이들은 자신이 본 것이 한 쌍의 타임라인 중 절반에 불과하다는 사실을 전혀 모르고 있다.

'두 명의 관측자'(정확하게는 동일한 관측자의 두 가지 버전)는 별개의 타임라인에 완전히 고립되어 있다. 그 후로 시간이 흐를수록 두 타임라인의 차이는 점점 더 커질 것이다. 예를 들어 죽은 고양이를 본 관측자는 너무 상심한 나머지 알코올중독자가 되어 방황하다가 결국 물리학을 그만두고 채식주의자 동호회에 가입할 수도 있다. 이런 식으로 '살아있는 고양이'와 '죽은 고양이'의 타임라인은 우주 전체가 다르게 보이는 지경까지 달라질 수 있고, 그 결과로 2개의 진정한 '평행우주'가 탄생한다. 〈패밀리 가이Family Guy〉(미국 폭스TV의 성인용 애니메이션–옮긴이)의 가장 암울했던 에피소드 '다중우주로 가는 길'도 평행우주를 소재로 제작되었다.

에버릿이 제시한 '붕괴 없는 이론'의 장점은 붕괴가 단지 환상에 불과하다는 것뿐만 아니라, 이 논리가 설득력이 있는 이유를 스스로 보여주고 있다는 것이다.

두 가지 버전으로 분리된 관측자의 입장에서 생각해 보자. 상자의 뚜껑을 열기 전, 관측자(상자 바깥의 우주에 존재하는 모든 관측자)는 고양이가 살아있으면서 동시에 죽었다는 양자역학의 수학적 해석을 받아들일 수 있다. 그러나 뚜껑을 열고 상자 내부를 들여다본 순간부터, 관측자는 고양이와 상호작용을 하면서 두 갈래 다중우주 중 한 곳에 갇히게 된다. 그는 자신에게 할당된 하나의 결과만 볼 수 있을 뿐 둘 다 볼 수는 없다.

에버릿이 옳다면 관측 전이나 관측 후나 고양이는 달라진 것이 없다. 단지 관측자의 '관점'이 달라졌을 뿐이다.

이것이 바로 보어의 붕괴이론과 에버릿의 다중우주의 차이다.('평행우주parallel universe'와 '다중우주multiverse'는 의미상 약간의 차이가 있지만, 저자는 구별 없이 쓰고 있다-옮긴이) 보어는 양자적 객체(관측 대상)가 관측 전과 관측 후에 다르게 행동한다고 주장하는 반면, 에버릿은 관측의 영향을 받는 것은 양자적 객체가 아니라 관측자 자신이라고 주장한다. 나무를 보면서 숲을 보지 못하는 것이 아니라, 관측자는 갈라진 다중우주 중 자신이 속한 우주를 제외한 다른 우주를 볼 수 없다!

에버릿의 주장을 수용하면 우리 중 어느 누구도 두 방향으로 동시에 자전하는 공이나 여러 곳에 동시에 존재하는 고양이를 보지 못한 이유를 설명할 수 있다. 동시에 여러 가지 일을 하는 물체를 관측할 때마다 관측자는 물체의 가능한 버전 개수만큼 여러 버전으로 분리되기 때문이다.

에버릿은 아침에 담배 한 대 피우는 사이에 불가능한 일을 해냈다. 붕괴를 도입하지 않고 좀비 고양이 문제를 해결한 것이다. 금연 결심을 어긴 대가치고는 꽤 괜찮은 결과였다.

에버릿의 이론이 사실이라면 좀비 고양이 문제는 물리학 무대에서 말끔하게 사라진다. 좀비 고양이를 탄생시켰던 '분할 법칙' 자체가 좀비 고양이를 볼 수 없는 이유까지 설명해 주기 때문이다! 도시 전체가 납 성분 가득한 페인트로 도배되었던 시절, 머리에 기름을 잔뜩 바른 20대 청년이 현대물리학의 가장 지독한 역설을 해결한 것이다.

그러나 에버릿은 큰 대가를 치렀다. 자연에 대한 미학적 취향에 깊이 빠져있던 물리학자들은 다중우주 가설이 현실을 도깨비 소굴로 바꿔놓았다며 격렬하게 비난했고, 이제 갓 학위를 받은 에버릿은 질풍노도 같은 비난을 온몸으로 고스란히 받아내야 했다.

다중우주 자체도 파격적이었지만, 당시 물리학자들을 더욱 당혹스럽게 만든 것은 다중우주가 너무 크다는 점이었다.

그렇다. 다중우주는 지나치게 크다. 우주 하나만도 감당할 수 없을 정도로 방대한데 그런 우주가 무수히 존재한다니, 이런 대책 없는 확장을 달가워할 물리학자는 없다.

생각보다 큰 우주

명확하게 정의된 하나의 위치를 점유하고 있는 입자를 상상해 보자.

> "신경 쓰지 마세요. 저는 그냥 한 장소에 놓인 입자일 뿐이랍니다. 구경할 게 별로 없어요."

위에 적은 대사를 너무 믿으면 안 된다. 이 입자는 지금처럼 고정된 상태를 오래 유지할 수 없다. 양자역학의 수학에 따르면, 입자는 사방으로 빠르게 퍼져나가다가 결국 여러 곳에 동시에 존재하게 된다. 대학교 학부생 기숙사의 개념 없는 룸메이트처럼, 시간이 흐를수록 더 많은 공간을 차지한다(다행히도 입자는 지독한 냄새를 풍기진 않는다).

자신의 점유 공간을 넓혀가는 입자는 '여러 곳에 동시에 존재하는 입자의 합'으로 생각할 수 있다. 예를 들어 우리의 입자가 왼쪽과 오른쪽으로 퍼졌다면, 이 상태는 '왼쪽으로 이동한 입자'와 '원위치를 고수하는 입자', 그리고 '오른쪽으로 이동한 입자'의 켓을 모두 더한 형태로 표현된다. 즉, 아래 그림으로 표현된 입자는 왼쪽과 원위치, 그리고 오른쪽에 동시에 존재하는 입자다.(3개의 켓을 더하면 결국 하나의 켓이 된다. 정수 3개를 더했을 때 하나의 정수가 되는 것과 같은 이치다-옮긴이)

살짝 왼쪽으로 이동   원위치 고수   살짝 오른쪽으로 이동

입자가 퍼져나가는 과정은 특별한 이름으로 불리는데, 이것이 바로 그 유명한 '하이젠베르크의 불확정성원리 Heisenberg's uncertainty principle'이다. 이 원리에 의하면 처음에 입자(또는 입자들)의 위치를 아무리 정밀하게 세팅해 놓아도, 시간이 지나면 여러 곳에 동시에 존재하게 된다.

게다가 초기 위치의 정밀도가 높을수록 더욱 빠르게 퍼져나간다. 입자는 마치 주머니쥐ºpossum(서반구에 서식하는 주머니쥐목 유대류-옮긴이)처럼 입지가 좁아질수록 난폭해진다.

그러므로 에버릿이 옳다면, 입자가 퍼진 후 발견될 가능성이 있는 위치들은 모두 누군가가 입자를 관측했을 때 가지를 쳐나가게 될 모든 다중우주의 '잠재적 씨앗'인 셈이다. 이들 중 어떤 우주에서는 입자의 연쇄 충돌이 의외의 결과를 낳아서 데이비드 베니오프와 대니얼 와이스가 제작한 TV 시리즈 〈왕좌의 게임〉이 시청률 난조로 조기 종영된 우주도 있고, 도널드 트럼프가 스마트폰을 발명한 우주도 있다. 아원자입자들이 넓게 퍼질수록 우주는 눈 깜짝할 사이에 수많은 '잠재적 타임라인(다중우주)'으로 갈라진다.

에버릿은 현실에 대한 개념을 송두리째 바꿔놓았다. 그의 가설에 의하면 우리 눈에 보이는 세상은 엄청나게 큰 빙산의 일각에 불과하다. 놀랍기도 하지만, 왠지 나 자신이 더욱 초라해 보이기도 한다.

그러나 뭐니 뭐니 해도 다중우주 가설의 가장 두드러진 특징은 보어나 고스와미의 이론보다 훨씬 단순하다는 것이다. 사실 양자역학에서 '붕괴'는 불필요한 가정이었다. 붕괴가 없어도 이론은 잘 작동한다. 단, 붕괴를 제거하면 끊임없이, 대책 없이, 미친 듯이 늘어나는 다중우주를 현실로 받아들여야 한다.

당신은 이렇게 생각할지도 모른다. "와~ 그거 아주 기발한 이론이네! 당시 물리학자들은 동의를 하건 안 하건 참신한 이론이라고 칭찬했을 것 같은데?"

안타깝게도 다음 섹션은 학계의 정치적 분위기에 관한 내용이어서,

"에버릿의 업적에 감사를 표하자"는 말을 하기가 조금 망설여진다….

과학자들의 정치적 수완

이 책을 여기까지 읽은 당신은 지금쯤 나의 말투와 논조에 어느 정도 익숙해졌을 것이다. 이젠 약간의 친밀감마저 느껴지지 않는가? 만일 그렇다면 TV 시트콤 〈사인펠드Seinfeld〉에 대해 마음 놓고 떠들어도 될 것 같다.

당신이 이 드라마를 봤건 안 봤건 간에, 여기 등장하는 처세술을 한 번쯤은 써먹어 본 적이 있을 것이다.

- 이야기의 지루한 부분을 건너뛰고 싶을 때는 "어쩌고저쩌고"라고 외친다.
- 원하지 않는 물건을 선물로 받아서 다른 사람에게 줘버리고 싶을 때는 주저 없이 '재선물regift'한다.
- 혹시 당신은 파티 모임에서 칩 한 조각을 손으로 집어 들고 (공용) 소스를 찍어 한 입 베어 먹은 후 남은 반 조각을 똑같은 소스에 다시 찍어 먹는 사이코패스인가? 만일 그렇다면 당신은 '두 번 찍어 먹는 사람double dipper'이며, 곧바로 지옥행이다.

휴 에버릿 3세의 논문 지도교수는 사인펠드 못지않은 유명인이었다. 그가 누구인지 모른다 해도, 그가 창시한 용어 몇 개는 틀림없이 들어봤을 것이다. 그의 이름은 존 아치볼드 휠러John Archibald Wheeler로, '블랙홀black hole'과 '웜홀worm hole'을 비롯하여 이보다 더욱 심오한 '양자거품quantum foam'이라는 용어를 물리학에 도입한 사람이다.

1950년대 물리학계에서 휠러의 영향력은 절대적이었다. 그는 프린스턴 대학교 교수였고 원자폭탄과 수소폭탄 등 역사적 발명품이 탄생하는 데 지대한 공을 세웠으며, 리처드 파인만^{Richard Feynman}과 킵 손^{Kip Thorne} 등 훗날 노벨상을 받게 될 제자를 길러낸 최고의 스승이기도 했다. 그러나 우리의 스토리텔링에서 중요한 부분은 휠러가 과거 한때 닐스 보어 밑에서 핵물리학을 공부했다는 사실이다. 그 후로도 보어를 깊이 신뢰해 온 그는 에버릿이 다중우주를 주제로 논문을 제출했을 때, 논문의 사본을 보어에게 보내서 의견을 묻기로 했다. 과연 현명한 결정이었을까?

아니다, 현명하기는커녕 거의 최악의 선택이었다. 에버릿의 가설은 보어가 구축한 모든 이론(그리고 그가 쌓아온 모든 경력)을 향해 날린 '거대한 가운뎃손가락'이었다! 당연히 보어는 저주에 가까운 폭언을 (덴마크어로 조용히) 퍼부은 후, 자신의 의견을 한 단어로 표현했다. "Nø!"

그 후로 몇 년 동안 휠러는 숨은 그림 찾듯 두 이론의 공통점을 찾으면서 어떻게든 조화롭게 엮어보려고 애를 썼지만, 새파란 청년의 발칙한 논문에 대로한 보어는 쉽게 마음을 돌리지 않았다. 휠러는 보어에게 "에버릿의 가설은 당신의 붕괴이론과 그다지 상반되지 않는다"면서(실제로 그렇다) 붕괴 없는 이론을 받아들일 것을 종용했으나 보어는 끝까지 요지부동이었다.

약발이 안 먹히자 휠러는 에버릿에게 논문의 일부를 좀 더 다소곳하게 수정해서 다시 제출할 것을 권했고 에버릿은 마지못해 지도교수의 지시를 따랐지만, 이것도 별로 도움이 되지 않았다.

아끼는 제자가 좌절하는 모습을 차마 볼 수 없었던 휠러는 학술회의장에서 보어와 에버릿을 직접 대면시키기로 마음먹었다. 과연 잘 풀렸을까?

천만의 말씀이다. 두 사람의 만남은 그 자체로 재앙이었다. 보어와 그의 추종자들은 생전 본 적도 없는 에버릿을 향해 "말로 표현할 수 없을 정도로 멍청하다!"며 직격탄을 날렸다. 내 경험에 의하면 학술회의장에서 이 정도 비난은 거의 일상사에 속하지만, 맷집을 키울 기회가 없었던 에버릿은 마음속으로 커다란 상처를 입었다.

보어가 격분한 데에는 그럴만한 이유가 있었다. 그는 이 우주가 다음과 같이 두 부분으로 분할되어 있다고 생각했다.

- 물체가 동시에 여러 곳에 존재할 수 있는 '작은' 세계와,
- 이런 현상이 관측되지 않는 '큰' 세계.

보어는 두 세계를 동등하게 취급하지 않았다. 보어에게 '전자가 두 방향으로 동시에 자전하고 광자가 두 장소에 동시에 존재하는 작은 세계'는 개념으로만 존재하는 추상적 세계이고, 우리가 느끼는 세계는 '살아 있는 고양이와 죽은 고양이가 엄격하게 별개로 존재하는 큰 세계'였다. 보어는 작은 세계가 누군가에게 관측되었을 때 붕괴를 일으켜 우리가 느끼는 현실이 된다고 굳게 믿고 있었다.

예를 들어 두 방향으로 동시에 자전하는 전자를 생각해 보자.

보어의 관점에 따르면 이것은 '두 방향으로 동시에 자전하는 실제 전자'가 아니라, '관측을 통해 붕괴되었을 때 비로소 현실이 되는' 모호한 철학적 개념에 가깝다. 그러나 현실과 개념을 절반씩 버무려서 만든 프

$| \circlearrowright \rangle + | \circlearrowleft \rangle$

랑켄슈타인 스타일 우주에 염증을 느낀 에버릿은 '켓'을 현실의 일부로 받아들여야 한다고 생각했다. 켓이 두 방향으로 동시에 자전하는 전자를 나타낸다면, 그 외에 또 어떤 해석을 내릴 수 있겠는가? 그냥 주어진 대로, 문자 그대로 이해하는 것이 가장 자연스럽지 않은가?

그 후로 보어와 에버릿은 몇 년 동안 직접 또는 간접적으로 논쟁을 벌였는데, 주요 쟁점을 정리하면 다음과 같다.

에버릿: 우주가 '현실적인 부분'과 '개념적인 부분'으로 나뉘어 있다는 주장은 아무리 좋게 봐주려 해도 완전 엉터리예요. 대체 이게 말이 됩니까?

보어: 자넨 양자역학을 하나도 이해하지 못했군, 그렇지? 내가 쓴 교과서를 읽어보라고. 양자역학은 우주가 현실 세계와 개념 세계로 양분되어 있음을 확실하게 보여주고 있다네.

에버릿: 아니죠. 그건 양자역학에 대해 당신이 갖고 있는 개인적 견해일 뿐이잖아요. 저는 붕괴를 도입하지 않고 좀비 고양이 문제를 해결하는 방법을 제안했습니다. 개인적 견해는 당신만 가질 수 있는 게 아니니까요.

보어: 흠… 그건 완전히 틀린 생각이야. 양자역학에 의하면 우주는 현실적인 부분과 개념적인 부분으로 나뉘어 있다니까. 몇 번을 말해야 알아듣겠나?

에버릿: 또 그러시네. 당신은 자기 생각만 옳다고 밀어붙이고 있잖아요. 양자역

학을 해석하는 방법은 그것 말고도 많다고요.

보어: 이봐, 젊은이. 내가 누군지 모르는 건가? 나는 양자역학 그 자체라고! 그런 식으로 자꾸 말대꾸할 거면, 뚜껑 열리기 전에 딴 데 가서 놀아!

에버릿: 알았어요, 알았어. 그렇게 떠밀지 않아도 갈 거예요!

안타깝게도 보어와 그의 추종자들(이들을 묶어서 '코펜하겐 학파'라 한다)은 에버릿의 이론이 그들에게 유용하다는 사실을 조금도 알아채지 못했다. 물론 보어의 주장이 완전히 틀렸다고는 할 수 없지만, 우주의 진실을 탐구하는 과학자로서 그리 바람직한 태도도 아니었다.

보어의 추종자들은 그의 붕괴이론을 거의 종교처럼 떠받들었기에, 에버릿의 이론을 이단으로 단정하고 물리학의 중앙 무대에 오르지 못하도록 철저하게 차단했다. 오늘날 보어의 이론이 양자역학에 대한 '정통적 해석'으로 통용되는 것은, 이견이 제기될 때마다 이와 비슷한 과정을 거쳤기 때문이다. 다행히 보어의 이론에 반기를 들었다가 화형에 처해진 사람은 없지만, 이것도 워낙 손재주가 무딘 이론물리학자들이 불을 피우는 방법을 몰랐기 때문일 수도 있다.

이 난리통에 입장이 제일 난처해진 사람은 휠러였다. 제자와 멘토 중 한쪽을 선택해야 하는(그리고 분노조절장애가 의심스러운 보어의 추종자들을 진정시켜야 하는) 상황에 직면한 휠러는 주류학파의 주장에 잠시나마 의심을 품었다는 사실을 강하게 부인하면서, 보어의 동료 중 한 사람에게 편지를 보냈다. 그런데 글의 분위기가 마치 누군가에게 잡힌 인질이 협박에 못 이겨 억지로 쓴 편지를 연상시킨다.

저는 현재 통용되는 양자역학의 타당성과 정확성에 의구심을 품은 적이 단 한 번도 없습니다…. 저는 관측 문제에 대한 지금의 접근 방식을 항상 적극적으로 지지해 왔으며, 앞으로도 그럴 것입니다. 에버릿이 이 점에 대해 몇 가지 의문을 제기한 것 같은데, 제 입장은 전혀 그렇지 않습니다.

당대 최고의 물리학자가 썼다는 이 편지를 읽을 때마다, 새로 등장한 과학적 아이디어를 어떤 자세로 대해야 할지 다시 한번 생각하게 된다.

한 분야에 능통한 전문 학자가 특정 이론의 타당성과 정확성에 아무런 의문도 제기하지 않은 채 '피할 수 없는inescapable' 이론임을 강조하면 왠지 마음이 편치 않다. 나만 그런가?

'피할 수 없다'는 것은 신의 노여움이나 세금 또는 학자금 대출이자에나 어울리는 말이다. 과학에 '피할 수 없는 이론'이란 존재하지 않는다. 어감부터 비과학적이다.

그러나 영장류가 집단을 이루고, 그 무리 중에 종신교수가 있으면 이런 말이 아무렇지 않게 통용된다.

1950년대 이론물리학계가 바로 이런 분위기였다. 붕괴 여부를 놓고 한바탕 난리를 겪다가 에버릿은 결국 물리학계를 영원히 떠났고, 양자역학은 변명의 여지 없는 이단자이자 가장 위대한 혁신가 중 한 사람을 잃었다. 하지만 그의 아들 마크 에버릿Mark Everett은 얼터너티브 록밴드 '일스Eels'의 리드싱어로 지금까지 활동하면서, 다중우주의 모든 가지마다 희망의 빛이 비춘다는 것을 몸소 증명하고 있다.

비록 에버릿은 박사학위를 받고 학계를 떠났지만, 그의 다중우주 가설은 양자역학의 한 지류로 남았다. 보어의 이론처럼 유명하지 않고 우호적인 자세로 선뜻 받아들이는 사람도 별로 없었지만, 어쨌거나 명맥은 유지되었다. 그리고 그로부터 수십 년 후, 에버릿의 이론은 스스로 집안 청소를 할 줄 알고 붕괴와 관련된 지겨운 논쟁에 종지부를 찍고 싶은 신세대 물리학자들에 의해 재조명되기 시작했다. 우리의 오랜 친구 막스 플랑크가 말했듯이 "과학은 하나의 이론이 폐기될 때마다 한 걸음씩 앞으로 나아간다".

요즘은 에버릿의 다중우주 가설에 우호적인 물리학자가 점점 많아지는 추세다. 그래서 나는 좀 더 큰 질문을 제기하고자 한다.

다중우주 가설이 사실이라면 무엇이 어떻게 달라질 것인가?

5장에서 우리는 관측자에 기초한 붕괴이론에서 그냥붕괴 이론으로 넘어갔을 때 인간이라는 존재에 대한 믿음에 얼마나 극적인 변화가 초래되는지 확인한 바 있다. 사안에 따라 영혼과 자유의지가 부정되기도 하고, 사회를 하나로 묶어주는 법의 기반이 무의미해지기도 한다.

그러므로 양자역학에서 붕괴('무수히 많은 잠재적 우주'와 '우리' 사이를 가로막는 유일한 장애물)를 제거하려면, 도덕적 기준과 외계생명체, 그리고 인간의 정체성까지 거꾸로 뒤집는 판도라의 상자를 열어야 한다.

준비되었는가? 자, 이제 심호흡 한번 깊게 하고, 상자 내부를 들여다보자.

CHAPTER 7

간추린 시간의 역사

혹시 레오폴드 로이카Leopold Lojka라는 이름을 들어본 적 있는가? 아마 없을 것이다. 걱정할 것 없다. 당신이 모른다는 것 자체가 지금부터 펼칠 논리의 핵심이다.

레오폴드(이하 '레오'라 하자)는 운전기사였다. 1914년의 어느 날, 그는 사라예보 시내에서 자동차를 몰고 가다가 길을 잘못 들었다는 사실을 깨닫고 식품점 앞에서 급하게 차를 세웠다. 그런데 바로 그때, 식품점에서 한 청년이 뛰어나오더니 레오의 차에 탄 승객을 향해 총을 발사했고, 치명상을 입은 승객은 현장에서 즉사했다. 대낮에 길거리에서 총격 사건이 일어난 것도 큰일이지만, 더 큰 문제는 사망자의 신분이 오스트리아-헝가리 제국의 황태자인 프란츠 페르디난트Franz Ferdinand 대공이라는 사실이었다. 그로부터 이틀 후, 오스트리아-헝가리 제국과 독일은 세르비아인이 암살에 관여했다는 정보를 입수하고 수사에 적극 협조할 것을 세르비아에 요구했으나 세르비아 정부는 (세르비아어로) 단칼에 거절했다.

열받은 오스트리아-헝가리 제국은 몇 주 후 세르비아에 파견된 대사를 본국으로 소환했고, 발칸반도를 호시탐탐 노리던 러시아는 세르비아를 돕는다는 명목으로 대규모 군대를 파병했다. 그리하여 그해 9월, 유럽은 20세기 두 번째로 참혹한 전쟁인 1차 세계대전에 휘말리게 된다. 이 전쟁은 영국과 러시아를 포함한 연합군의 승리로 끝났다(도중에 미국이 참전하여 톡톡히 재미를 보았다). 그러나 전쟁의 후유증이 곪고 곪다가 결국 20년 후에 20세기 최악의 전쟁인 2차 세계대전으로 이어졌고, 연합군과 소련이 승리한 뒤에는 동서 냉전이 시작되었으며, 이로부터 오사마 빈 라덴Osama bin Laden과 9/11 테러, 그리고 귀찮기 그지없는 공항 보안검색 시스템이 탄생했다.

혹시 공항에서 "저런 고물 비행기 타는데 물병을 왜 비우라는 거야?"라고 투덜댄 적이 있다면, 이제 이유를 알았을 것이다. 이 모든 것은 1914년에 사라예보에서 길을 잘못 들었던 레오의 탓이다.

전적으로 레오 탓은 아니라 해도, 그가 원인의 일부를 제공한 것만은 분명한 사실이다. 레오가 사라예보에서 잘못된 길로 접어든 것은 그의 뇌가 잘못된 결정을 내렸기 때문이고, 이런 결정을 내리게 된 궁극적 원인은 뇌를 구성하는 입자의 양자적 특성에서 찾을 수 있기 때문이다.

레오의 자동차가 잘못된 길로 접어들어서 1, 2차 세계대전이 일어나려면, 그의 뇌 안에서 엄청나게 많은 수의 양자적 사건들이 '그가 잘못된 선택을 내리는 쪽으로' 질서 정연하게 일어나야 한다. '우주가 이제 막 태어나 무수히 많은 입자들이 제멋대로 돌아다니는 상황'에서 '방향감각이 둔한 헝가리 운전기사가 세계대전의 원인을 제공하는 사건'으로 이

어지는 길은 엄청나게 좁다.(확률이 지극히 낮다는 뜻이다-옮긴이)

레오의 몸에 있는 입자들 중 적어도 10,000,000,000,000,000,000,000,000,000,000개(10옥틸리언 개, 레오의 몸을 구성하는 입자의 1/10)가 특정한 방식으로 질서 정연하게 결합하고, 움직이고, 상호작용을 해야 '길을 잘못 들고 당황하는' 장면을 연출할 수 있다. 이뿐만이 아니다. 우주에 존재하는 모든 입자들은 빅뱅에서 '길을 잘못 든 레오'에 이르는 그 희박한 경로를 정교하게 따라왔어야 한다. 태양을 비롯하여 우리 눈에 보이는 모든 별과 행성, 그리고 모든 은하의 구성 입자들이 '1914년 6월 28일 바로 그 시간, 그 장소에서 그와 같은 사건이 일어나도록' 우주적, 지질학적, 그리고 정치적인 면에서 최적의 경로를 한 치의 오차도 없이 따라와야 하는 것이다. 확률로 따지면 기적도 이런 기적이 없다.

그러나 '지금 이 글을 읽고 있는 당신이 존재할 확률'은 레오가 길을 잘못 들 확률보다 훨씬 낮다. 레오가 실수한 그 시간 이후로 지금까지, 또 다른 일련의 기적이 추가로 일어나야 하기 때문이다. 이들 중 극히 일부만 나열해 보자. 지금 당신이 이 책을 읽고 있으려면 내가 과거에 대학원을 중퇴하고, 스타트업을 시작하고, 블로그를 만들어 한동안 양자역학과 관련된 글을 게시하고. 그 글을 읽은 출판대리인이 나에게 연락하고(마이크, 안녕?), 터무니없는 글을 책으로 출간할 정도로 배짱 두둑한 출판사를 찾아야 한다(닉, 고마워요!). 또한 당신은 이 책을 서점에서 구입하거나 불법으로 복제해야 하고(토렌트torrent(파일 공유 서비스-옮긴이) 사용자 여러분, 안녕?), 서문을 펼친 후 줄기차게 이어지는 황당한 비유와 썰렁한 농담을 모두 참아가며 여기까지 왔어야 한다. 물론 당신의 조

부모와 부모가 냉전시대에서 살아남는 것은 기본이다.

이 모든 사건은 흐르는 시간과 함께 일어난다. 우리는 시간에 편승하여 '점점 좁아지는 양자 구멍quantum hole'의 깊은 속으로 들어가고 있다. 그곳은 현재와 과거를 만든 '우연'으로 가득 찬 세상이다.

우리에게 중요한 것은 바로 이 '역사'다. 과거에 우리가 어디 있었는지를 알면, 자신의 정체성을 파악하고 앞으로 할 일을 결정하는 데 커다란 도움이 된다. 그리고 여기서 세운 관점에 따라 친구를 선택하고, 삶의 의미를 찾고, 키토 다이어트keto diet(케톤체 생성을 주목적으로 하는 식이요법–옮긴이)가 짜증을 유발하는지, 아니면 원래 짜증을 잘 내는 사람들이 키토 다이어트에 끌리는지를 판단한다.

이것이 바로 사람들이 에버릿의 다중우주를 불편하게 여기는 이유 중 하나다. 이 가설이 사실이라면 우리의 역사가 바뀔 뿐만 아니라, 역사의 의미를 처음부터 다시 정의해야 한다. 갈릴레오가 인간을 우주의 중심에서 변두리로 쫓아냈다면, 에버릿은 '우리의 우주'를 우주 역사의 중심에서 변두리의 변두리로 쫓아냈다.

게다가 이 굴욕적인 좌천은 심각하면서도 희한한 결과를 낳는다.

아주아주 간략한 다중우주의 역사(진짜 짧음, 책임 보장)

6장에서 우리는 입자가 하나의 특정한 장소에 오랫동안 머물 수 없음을 확인했다. 시간이 지나면 입자는 사방으로 퍼져나가면서 동시에 여러 곳에 존재하게 된다. 바로 하이젠베르크의 불확정성원리 때문이다. 이 부분을 설명할 때 기숙사 룸메이트를 예로 들었는데, 독자들의 이해에 조금이라도 도움이 되었기를 바란다(아마존에 올라온 리뷰를 읽어봐야겠다).

"아이고, 뻐근해… 스트레칭 좀 해야겠어."

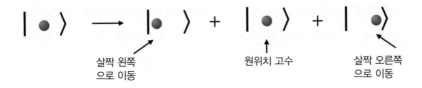

살짝 왼쪽으로 이동   원위치 고수   살짝 오른쪽으로 이동

앞서 말한 대로 입자의 퍼짐 효과는 에버릿의 이론에서 새로운 평행 우주를 낳는 씨앗 역할을 한다.

이제 하나의 전자가 불확정성원리에 의해 두 위치로 퍼진다고 가정해 보자. 하나는 다른 입자와 충돌하기에 적절한 위치여서 향후 수많은 충돌을 겪다가 결국 3차 세계대전으로 이어지고, 다른 하나는 충돌이 거의 일어나지 않아서 역사에 아무런 영향도 미치지 않는다고 하자.

이 시나리오에 의하면, 불확정성원리로 인해 입자가 퍼진 두 가지 패턴이 '3차 세계대전'과 '조용한 세상'이라는 완전히 다른 2개의 우주를 낳는다.

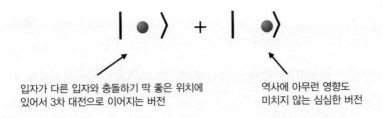

입자가 다른 입자와 충돌하기 딱 좋은 위치에 있어서 3차 대전으로 이어지는 버전   역사에 아무런 영향도 미치지 않는 심심한 버전

그러나 입자가 퍼지고 우주가 여러 개로 갈라지는 것은 시간이 처음 흐르기 시작했을 때부터 줄곧 일어났던 사건이다.

그렇다면 우주가 갓 태어난 무렵에는 어떤 사건이 일어났을까? 이 점에 대해서는 우주론학자마다 의견이 제각각이다. 마치 양자역학의 붕괴 이론처럼, 도저히 양립할 수 없는 이론들이 사방에 난무하고 있다. 개중에는 과거에 존재했던 다른 우주가 붕괴되면서 우리의 우주가 탄생했다고 주장하는 사람도 있고, 기이한 양자효과로 인해 무無에서 갑자기 우주가 탄생했다고 주장하는 사람도 있다. 스칸디나비아 사람들은 우주가 얼음 거인 이미르Ymir(북유럽 신화에 등장하는 거인들의 조상. 우주 최초의 존재-옮긴이)의 겨드랑이에서 만들어졌다고 믿지만, 이 과정에 어떤 물리 법칙이 작용했는지 불분명하기 때문에 도통 신뢰가 가지 않는다.

나는 우주론학자가 아니므로 자세한 설명은 건너뛰고, 현재 가장 널리 수용되는 우주론을 간략하게 소개하는 것으로 대신할까 한다.

우리의 우주는 지금 우리가 알고 있는 물리법칙이 적용되지 않는 아주 짧은 시간 사이에 탄생했다. 원자 1개의 크기는 방금 운동을 마친 아놀드 슈워제네거의 왼쪽 이두박근의 10억 분의 1쯤 되고, 양성자는 원자의 10만 분의 1이다. 그런데 놀랍게도 우주가 처음 탄생한 순간에는 그 크기가 양성자의 10억 분의 1밖에 되지 않았다.

그러다 갑자기 황당한 사건이 일어났다. 우주가 엄청난 속도로 팽창하기 시작한 것이다! 추정치에 의하면, 그 작았던 우주가 0.000000000000 0000000000000000001초(10^{-32}초) 사이에 빗방울 크기만큼 커졌다고 한다. 물론 빗방울도 크다고는 할 수 없지만, 위에 언급한 시간 동안 이 정도로 커지려면 팽창 속도가 빛보다 빨라야 한다.

만일 이 시기에 키가 1나노미터(10^{-9}미터)인 당신과 내가 1나노미터만큼 거리를 두고 서있었다면, 두 사람은 10^{-32}초 만에 요즘 은하 사이의 거리만큼 멀어졌을 것이다. 우주가 짧은 시간 동안 이토록 어마무시하게 팽창했기 때문에, 팽창 전 우주에서 위치에 따른 밀도의 미세한 차이는 훗날 형성될 우주의 구조에 지대한 영향을 미쳤다. 만일 창조주가 탁월한 유머 감각을 갖고 있었다면, 우주가 팽창하기 전에 밀도 분포를 잘 세팅해서 수십억 년 후 수많은 은하들이 형성될 때 자신의 이름이 우주 공간에 새겨지도록 만들었을 것이다.(이미 새겨져 있는데, 우리가 그 글자를 판독하지 못하는 것일 수도 있다-옮긴이)

이 짧은 시간 동안 우주의 기본 힘인 중력과 전자기력, 핵력(강한 핵력과 약한 핵력)이 작용하기 시작했고, 양자역학의 법칙을 따르는 최초의 입자가 탄생했다.

이 입자는 양자역학의 법칙에 따라 넓게 퍼지면서 여러 곳에 동시에 존재했다. 에버릿의 이론에 의하면 이들은 하이젠베르크의 불확정성원리에 의해 넓게 퍼지다가 동시에 여러 곳에 존재하게 된다. 이렇게 퍼진 입자들은 다중우주의 씨앗이 되었고, 여러 다중우주로 갈라져 나간 입자들은 또다시 퍼지면서 새로운 다중우주를 낳았다. 그리하여 우주는 얼마 가지 않아 상상을 초월하는 거대한 다중우주로 자라났고, 개개의 우주에서는 입자들이 저마다 다른 배열로 정렬된 채 동시에 흐르는 '평행한 시간'을 따라 미래로 나아갔다.

퍼지는 입자와 가지 치는 우주로 진행되는 범우주적 서커스는 입자의 거동의 미세한 차이가 장차 형성될 은하의 구조와 분포에 막대한 영향을 미치게 될 '우주 탄생 초기'에 시작되었기 때문에, 결국 우주는 방대한 수(거의 무한대)의 '가지 우주branch universe'로 이루어진 다중우주가 되었다.

다중우주에 속한 개개의 가지 우주는 우리 우주와 비슷한 재료(별, 행성, 은하 등)로 이루어져 있지만, 세부 사항은 얼마든지 다를 수 있다. 대부분의 우주에서 은하수Milky Way(태양계가 속한 은하)는 완전히 다른 형태일 것이며, 태양과 지구, 그리고 제프리 엡스타인Jeffrey Epstein(미국 금융계의 거물이었으나 성범죄로 유죄판결을 받아 수감되었다가 자살로 추정되는 시신으로 발견되었음-옮긴이)의 살해범도 도저히 알아볼 수 없는 형태로 존재할 것이다.

그러나 개중에는 기적이 실현된 우주도 있다. 생명의 징후라곤 눈곱만큼도 없는 원자들이 아주 적절한 방식으로 충돌하여 '자신을 복제하는 분자'가 되는 것이 이론적으로 가능하다면, 그런 일이 실제로 일어난 우주도 존재할 수 있다. 다중우주의 수는 확률이 0에 가까운 기적도 허용될 만큼 충분히 많기 때문이다.

그렇다, 우리가 존재하게 된 것은 바로 이 기적 덕분이었다.

물리학에서 생물학으로

생명이 없는 원자 집단에서 어떻게 인류 문명과 저탄수화물 다이어트, 그리고 자동녹음 전화기가 탄생할 수 있을까?

아마도 이 모든 것은 매우 특별한 구조체, 즉 자기복제가 가능한 분자가 탄생하면서 시작되었을 것이다. 이런 분자의 형태와 내부 구조는 주변에 있는 물질을 재배열하여 자신의 복사본을 만드는 쪽으로 특화되어 있다.

분자가 이런 고난도 작업을 수행하는 게 이상하다고? 그렇다면 할 말은 하나밖에 없다. 분자는 원래 이상한 놈들이다! 물론 대부분의 분자는 자기복제를 하지 않지만, 아주 드물게 그런 분자가 있다. 독자들도 어디선가 한 번쯤 들어본 적이 있을 것이다.

2000년대 중반에 전 세계가 광우병 때문에 한바탕 난리를 치른 적이 있다. 광우병은 단백질 분자의 변종인 프리온prion 때문에 발생하는 것으로 알려져 있다. 프리온은 멀쩡한 단백질 분자를 이상한 방향으로 '접어서' 자신의 복사본을 만들고, 이 복사본이 똑같은 과정을 반복하여 프리온 군단을 만들어 나간다. 프리온 입장에서는 자기복제라는 특명을 충실하게 수행하는 것뿐이지만, 그 결과가 숙주에게 치명적인 질병으로 나타난다는 게 문제다.

스스로를 복제하는 분자는 프리온 외에도 많이 있지만, 복사본을 처음부터 차근차근 만들어 가는 DNA 분자와 달리 프리온은 이미 존재하는 분자를 절묘하게 가공해서 복사본을 만든다. 분자의 복잡한 구조로 미루어 볼 때, 전자보다 후자가 훨씬 어렵다. 그런데 프리온은 이 난해한 작업을 어떻게 수행하는 것일까? 이 의문은 아직도 풀리지 않은 채 남아있다.

그래도 화학자들은 수많은 실험을 실행한 끝에 자기복제 분자가 자연적으로 만들어질 수 있음을 증명했다. 그들의 계산에 의하면 지구에 생명체가 처음 출현했을 때, 지구에 존재하는 화합물 중 20퍼센트가 자기복제에 필요한 재료였다고 한다.

처음 등장한 자기복제 분자는 자신과 완전히 똑같은 복제품을 만들었으나, 가끔은 복제 공정에 오류가 발생하여 원본과 조금 다른 복제품이 만들어지기도 했다. 이렇게 탄생한 복제품은 대부분 자기복제 기능을 상실한다. 복제라는 것이 워낙 정교하고 세밀한 과정이어서, 조금만 틀려도 불량품이 되기 때문이다.

그러나 확률이 지극히 낮긴 하지만, 오류가 났음에도 불구하고 복제 기능이 원본보다 뛰어난 '희귀종'이 탄생할 수도 있다. 이 새로운 분자는 원본을 누르고 새로운 대세로 등극하여 희귀종을 대량생산하고, 그 후손 중에 원본을 능가하는 '2차 희귀종'이 기적적으로 탄생하여 대세가 또다시 바뀌고… 이런 과정이 수없이 반복되던 어느 날, 비누 거품 속에서 영광스러운 존재가 모습을 드러냈다. 최초의 세포가 드디어 탄생한 것이다!

이것은 진화의 시작이자, 향후 수십억 년 동안 계속될 '복제 능력 개선 프로젝트'의 출발점이었다. 그 후 복제자는 단순한 분자에서 원시세포를 거쳐 아메바와 땅콩과 인간으로 진화했는데, 툭하면 세상을 뒤집어 놓는 바이러스나 정신 산만한 남자친구도 여기 속한다. 이들이 질병을 퍼뜨리건, 사람 속을 뒤집어 놓건 간에, 그 본질은 어디까지나 복제자일 뿐이다.

만물의 영장인 인간을 복사기 취급하는 것이 내심 언짢기도 하겠지만, 적어도 지질학자와 지구과학자, 진화생물학자 등, 당신을 이해시키기 위해 같은 말을 두 번 이상 반복하는 사람들은 그렇게 믿고 있다. 그런데 이 모든 시나리오가 과연 사실일까?

아무도 알 수 없다. 1950년대에 스탠리 밀러^{Stanley L. Miller}와 1934년도 노벨화학상 수상자인 해럴드 유리^{Harold Urey}는 생명체가 지구에서 처음 진화하던 무렵의 환경을 재현하기 위해 다양한 화합물을 이리저리 섞다가, 핵염기nucleobase를 비롯한 몇 종류 분자를 합성하는 데 성공했다. 핵염기가 중요한 이유는 '최초의 복제 분자'로 추정되는 RNA의 핵심 요소이기 때문이다. 그 후 다른 실험에서도 비슷한 결과가 나오면서 '최초의 유기물은 무기물에서 자연적으로 합성되었다'는 자연발생설이 설득력을 얻게 되었다.

그러나 생명의 기본 요소가 자발적으로 형성되었음을 보이는 것과, 이들이 자기복제가 가능하도록 복잡하고 정교한 형태로 조립되려는 경향이 있음을 보이는 것은 완전히 다른 문제다. 그리고 우리는 최초의 복제자가 무엇이었는지, 초기 지구의 혹독한 환경에서 어떤 분자가 살아남았는지 알 수 없기에, 기본 재료에서 자발적 합성이 이루어질 확률도 알 수 없다. 즉, 지구를 비롯한 여러 행성에서 생명체가 탄생할 확률이 얼마나 되는지 알 길이 없다는 뜻이다.

그 확률이 결코 높지 않다는 점에는 이견의 여지가 없다. 생명체가 쉽게 형성된다면, 태양계뿐만 아니라 우주 전체가 생명체로 우글거릴 것이다. 그러나 우리가 아는 한 이것은 사실이 아니다. 생명체가 탄생할 확률은 과연 얼마나 될까?

에버릿의 가설이 옳다면, 이 확률은 당신이 생각하는 것보다 훨씬, 훨씬 낮을지도 모른다.

생물학에서 물리학으로

화학, 생물학, 물리학 등 온갖 과학 지식을 총동원해서 생각해 볼 때,

생명 없는 입자들이 모여서 최초의 세포가 탄생하기란 불가능에 가깝다. 이런 기적이 일어나려면 일련의 양자적 우연의 일치가 연달아 일어나야 하는데, 우주에 별과 행성이 아무리 많다 해도 현실적으로 불가능하다. 간단히 말해서, 이런 일은 단 한 번도 일어나지 않아야 정상이다.

그러나 우리의 우주에는 분명히 생명체가 존재한다. 그렇다면 '생명체가 탄생할 확률은 거의 0에 가깝다'는 시나리오를 포기해야 할까?

이 장면에서 에버릿은 "No!"라고 외친다. 다중우주의 수가 말도 안 되게, 엄청나게, 무지막지하게 많기 때문에, 아무리 확률이 낮은 사건이라도(생명 없는 원자들이 모여서 세포가 만들어지는 사건도 포함됨) 다중우주 어딘가에서 반드시 일어난다. 그리고 다중우주 가운데서 생명이 탄생한 우주는 생명체가 인식할 수 있는 유일한 우주이기도 하다.

그러므로 우리가 지금 이곳에 존재하는 것은 그다지 놀라운 일이 아니다. 우주적 음모나 엄청난 행운이 아니라는 이야기다. 생명이 태어난 우주에서 진화하여 여기까지 왔는데, 우리가 그 외에 어떤 우주를 경험할 수 있겠는가? 또 생명체가 탄생하지 않은 우주는 그것을 인식할 생명체가 없으니, 하늘을 올려다보면서(지구와 비슷한 불모의 행성을 바라보면서) "그래, 내가 원했던 게 바로 저거야. 생명이 없는 우리 우주는 정말 심심해!" 하며 한탄할 생명체도 없다.

생명이 없는 우주에서는 무언가를 경험할 주체가 없으므로 아무것도 경험할 수 없다. 이런 곳에서는 집채만 한 바위가 떨어져도 그것을 보고 느낄 생명체가 없으니, 아무런 소리도 나지 않는다.

생명체가 성공적으로 진화한 우리 우주(엄청나게 희귀한 우주!)에서,

자신의 존재를 인식할 수 있는 생명체(특히 인간)는 '우주에 생명체가 존재하는 것은 확률이 낮긴 하지만 있을 수도 있는 일'이라고 여기기 쉽다. 그러나 에버릿의 다중우주 가설에 의하면 천만의 말씀이다. 거의 무한대에 가까운 다중우주에서 우리 우주를 제외한 다른 우주에 생명체가 존재하지 않는다면, '생명체가 탄생할 확률은 그다지 작지 않다'는 표현은 전혀 어울리지 않는다.

미래의 어느 날, 누군가가 끈질긴 화학 실험을 통해 생명이 없는 화합물이나 핵염기에서 자기복제 생명체가 탄생할 가능성이 0에 가깝다는 것을 증명할지도 모른다. 이런 일이 실제로 일어난다면 에버릿의 가설은 '지구 생명체가 그 작은 확률을 극복한 비결'을 설명하는 몇 안 되는 이론 중 하나가 될 수 있다. 왜냐하면 에버릿의 가설이 옳다면 (1) 생명체는 다중우주의 수많은 가지 중 어딘가에서 발생해야 하고, (2) 우리는 그런 가지 우주 중 하나에 존재해야 하기 때문이다.

이 논리를 거꾸로 뒤집으면 이런 논리도 가능하다—생명의 출현이 불가능함을 보여주는 모든 증거는 (어떤 의미에서) 에버릿의 양자적 다중우주를 뒷받침하는 증거가 될 수 있다!

그렇다고 오직 에버릿의 가설만이 '생명체의 탄생 확률이 거의 0인데도 우리가 존재하게 된 이유'를 설명해 준다는 뜻은 아니다. 그 이유는 다른 이론으로도 설명할 수 있다. 예를 들어 우주가 무한히 크거나 행성의 수가 현재 추정치보다 훨씬 많다면, 생명체가 탄생할 기회도 그만큼 많아진다. 또는 이 모든 것이 일론 머스크Elon Musk의 노트북컴퓨터에서 실행되는 시뮬레이션일지도 모른다…. 테슬라Tesla(일론 머스크가 설립한

전기자동차 회사–옮긴이)의 주가가 연일 치솟는 것을 보면 왠지 그럴 것
같기도 하다.

에버릿의 가설을 받아들이면, 우주에 존재하는 행성과 별의 개수 등
막연한 가정을 도입하지 않고서도 우리 눈에 우주가 지금과 같은 모습
으로 보이는 이유를 설명할 수 있다. 그렇다면 다중우주는 그 자체로 우
주와 진화의 수수께끼를 푸는 중요한 퍼즐 조각인 셈이다.

그리고 또 하나의 퍼즐 조각은 누구나 궁금해하는 '외계생명체'이다.

페르미 역설

에버릿의 다중우주는 무생물에서 생물이 탄생할 확률이 지극히 낮음
에도 불구하고 지구에 인류가 출현할 수 있었던 이유를 설명해 준다. 지
금부터 우주를 '생명이 출현할 확률이 엄청나게 낮은 우주'와 '무생물만
존재하는 우주'(물리학 회의장의 엘리베이터에서 오가는 이야기도 무생
물 우주 못지않게 썰렁함)의 집합으로 간주해 보자.

우리가 '생명이 출현한 우주'에서 살고 있다는 데는 이견의 여지가 없
다. 그렇지 않다면 우리가 존재할 수 없었을 테니까. 하지만 그렇다고 해
서 우리 우주에 생명이 두 번 이상 태어난다는 보장은 없다.

가장 좋은 망원경으로 밤하늘을 아무리 뒤져봐도 외계생명체는 흔적
조차 보이지 않는다. 왜 그럴까? 여기에는 몇 가지 가능성이 있다.

첫째, 외계인이 어딘가에 있긴 한데 자신의 존재를 의도적으로 숨기고
있을지도 모른다. 사실 이것은 매우 현명한 생존 전략이다. "우리 여기
있어요!" 하고 나섰다가 적대적인 외계종족의 눈에 띄면 좋은 결과를 기

대하기 어렵다. 게다가 그 종족의 문명이 자신보다 수백만 년, 또는 수십억 년 앞서있다면 상황은 절망적이다. 나는 아이폰1,583,211이 어느 정도의 성능을 발휘할지 알 수 없지만, 내가 사용하는 아이폰11만 해도 슬로모션 셀카slow-motion selfie 기능이 탑재되어 있다. 따라서 웬만한 외계종족은 순간이동 장치나 상대방을 기화시켜 날려버리는 우주 레이저 대포를 기본 사양으로 갖고 다닐 가능성이 높다.

둘째, 머나먼 과거에 외계인이 있었는데, 자기들끼리 전쟁을 벌이다가 멸망했을 수도 있다. 우리도 동서 냉전시대에 그런 위기를 몇 차례 넘기지 않았던가. 지금 당장은 아니더라도 다음 세기에 인공 병원균이나 인공지능, 나노봇, 또는 살벌한 버전으로 변질된 '데이팅 네이키드'(미국 VH1 채널에서 방영된 리얼리티 데이트 게임 쇼-옮긴이) 때문에 심각한 위기에 직면할 수도 있다.

셋째, 똑똑한 외계인이 있긴 있는데, 우주를 식민지화하거나 기술을 개발하는 데 관심이 없을 수도 있다.

여기에 에버릿의 다중우주를 도입하면 또 하나의 가능성이 대두된다. 생명체가 진화할 가능성은 엄청나게 낮기 때문에, 어떤 운 좋은 우주에서 생명체가 기적처럼 탄생했다 해도, 그 후에 생명체가 다시 탄생할 확률은 상상을 초월할 정도로 낮아진다. 생각해 보라. 말도 안 되는 기적이 두 번 연속 일어날 확률이 과연 얼마나 되겠는가? 우리가 클링곤족Klingons(〈스타트렉Star Trek〉에 등장하는 호전적인 외계인 종족-옮긴이)이나 우키족Wookies(〈스타워즈Star Wars〉에 등장하는 털북숭이 외계인 종족으로 힘은 세지만 호전적이지 않음-옮긴이)과 마주치지 않고 지내는 시간이 길어질수록, 에버릿의 가설이 사실일 확률은 더욱 높아진다.

이것은 평행우주 가설의 잠재력(설명 능력)을 보여주는 또 하나의 사례다. 이 가설을 수용하면 우주의 모든 역사를 새로운 관점에서 재해석할 수 있다. 사실 재해석의 도마 위에는 우주의 역사뿐만 아니라 우리와 직간접적으로 관련된 모든 것들이 올라가야 한다. 물론 종교도 예외가 아니다.

(이 섹션의 제목은 '페르미 역설'인데, 그 유래는 다음과 같다. 이탈리아의 물리학자 엔리코 페르미Enrico Fermi가 동료들과 외계인의 존재 여부를 놓고 설전을 벌이던 중 외계인이 존재하지 않을 확률보다 존재할 확률이 훨씬 높다는 쪽으로 의견이 모이자 이렇게 되물었다. "그렇다면 그 많은 외계인들은 다 어디 있는 거야?"—옮긴이)

다중우주에 대한 믿음

에버릿의 다중우주를 생각하면, 오랫동안 간직해 왔던 우주관이 극도로 혼란스러워진다. 진실 여부를 판가름하는 기준 자체가 달라지기 때문이다.

태양계의 중심은 지구가 아니라 태양인가? 그렇기도 하고, 아니기도 하다. 다중우주의 일부 가지에서는 태양이 중심일 수도 있지만, 다른 우주에서는 그렇지 않을 수도 있다. 1300년대 중반에 유럽 인구의 절반을 죽인 흑사병이 쥐벼룩에 기생하는 미생물 때문에 발생했는가? 일부 우주에서는 그렇고 나머지 우주에서는 아니다.

물론, 하나의 우주에서 뻗어나간 가지의 수는 우주마다 다르다. 태양과 지구의 모든 입자들이 서로 공모하여 중력을 거스르는 쪽으로 일으키는 양자적 사건의 수는 헤아릴 수 없을 정도로 많다. 그리고 중세 유럽의 암흑기에 흑사병이 돌지 않았는데도 인구의 절반에 해당하는 입자들이 자발적으로 재배열되어 수백만 명에게 흑사병 증세를 일으키려면 위와 비슷한 공모 사건이 일어나야 한다. 즉, 다중우주에서 이런 이상한 우주는 극히 드물게 존재하며, 우리가 그런 우주에 살고 있을 확률도 거의 0에 가깝다.

그러나 다중우주 가설의 핵심은 이 이상한 가지 우주들이 어딘가에 분명히 존재한다는 것이다.(낮은 확률을 극복할 정도로 우주의 수가 많기 때문이다-옮긴이) 예를 들어 당신이 친구들과 논쟁을 벌이는 장면을 상상해 보자.

친구1: 〈스타트렉〉을 보면 말이지, "그것참 아이러니네, 그렇지 않나?(ironic, isn't it?)"라는 대사가 시도 때도 없이 나오잖아. 대체 무슨 의도로 그러는 걸까?

당신: 의도는 무슨… 그건 그냥 작가의 말버릇일 뿐이야.

친구2: 예수라는 아기가 정말 서기 0년 크리스마스에 태어났을까?

당신: 웃기지 말라 그래. 역사에 서기 0년은 아예 존재하지도 않아.

이 대화에서 당신은 특별한 사건의 '발생 여부'에 이의를 제기한 것이 아니라, '우리 우주에서의 발생 여부'에 이의를 제기한 것이다. 제아무리 말도 안 되는 사건이라 해도, 그런 사건이 일어난 우주는 다중우주의 어딘가에 반드시 존재한다.

문득 에버릿의 다중우주와 세계적으로 널리 퍼진 종교를 동일 선상에 놓고 비교하면서 오만가지 논리를 펼쳤던 과거가 생각난다.

매일 부스스한 머리를 하고 라면으로 점심을 때우던 대학원생 시절, 나는 대중과학의 물결을 타고 기존의 종교에 반기를 든 신무신론新無神論, New Atheism에 심취한 적이 있었다. 신무신론의 취지는 기독교, 이슬람교, 유대교 등 아브라함 계통의 종교와 과학 사이의 불일치를 지적하고, 엄밀한 논리로 무엇이 진실인지 판별하는 것이다(물론 과학이 백전백승이다). 이 운동을 주도한 사람은 신경과학자이자 철학자인 샘 해리스Sam Harris와, 모두가 좋아하는 지식인이자 언제나 최적의 단어를 기가 막히게 골라서 구사하는 크리스토퍼 히친스Christopher Hitchens였다.

그러나 신무신론자들 중에는 사람을 짜증 나게 만드는 광팬도 있었는데, 내가 바로 그런 사람이었다. 이유야 어쨌든 나는 종교에 대해 토론하는 것을 좋아했기에 기회가 있을 때마다 신자信者들을 찾아다녔다. 그 덕분에 나의 궤변을 잘 참고 들어주는 종교인 몇 명과 친분을 다질 수 있었고, 얼마 후 토론토에서 꽤 규모가 큰 복음주의 교회를 알게 되었다.

이곳에서 나는 대부분의 종교인(특히 기독교인)이 두 가지 이유 때문에 에버릿의 가설을 극도로 혐오한다는 사실을 깨달았다. 첫째, 만일 당신이 우연한 계기로 특정 종교의 이야기를 믿게 되었다면, 그때부터 다른 이야기를 배척하기 시작한다. 즉, 자신이 믿는 이야기만이 유일한 진실이고, 다른 이야기는 거짓이 되어야 하는 것이다. 에버릿의 다중우주는 당신이 믿는 이야기가 사실임을 보장한다. '경전에 나오는 모든 이야기들이 실제로 일어났던 우주'가 다중우주 어딘가에 존재하기 때문이다.

그러나 경전과 다른 이야기도 다중우주에서 동일한 자격으로 존재한다. 규모가 크건 작건, 모든 종교적 믿음은 다중우주 어딘가에서 불변의 진리로 통하고 있다. 그중에는 예수가 맨발로 물 위를 걸었던 우주도 있고, 무함마드(마호메트)가 날개 달린 말을 타고 천국(또는 우주)으로 날아간 우주도 있으며, 사이언톨로지가 진리인 우주도 있다. 추정컨대, 7,500만 년 전에 제누^{Xenu}라는 은하계 슈퍼로드^{superlord}가 지구로 날아와 구멍 뚫린 산(화산)마다 수소폭탄을 투하하고 도망간 우주도 있을 것이다. 게다가 방금 열거한 세 가지 사건이 모두 일어난 우주도 다중우주 어딘가에 분명히 존재한다!

대부분의 종교는 자신이 섬기는 신이 자비롭다고 믿는 경향이 있다. 그러나 다중우주는 물리적으로 가능한 모든 우주를 포함해야 하기 때문에, 그런 특별한 요구 사항을 들어줄 여유가 없다. 아무리 악독한 우주라 해도, 물리법칙에 위배되지 않는 한 어딘가에 분명히 존재한다. 개중에는 피조물이 아무런 죄도 짓지 않았는데 끝없는 고통에 시달리는 우주도 있고, 모든 사람이 거꾸로 매달린 채 마틴 스코세이지 감독의 영화 〈비열한 거리^{Mean Streets}〉를 영원히 감상해야 하는 우주도 있다.

이런 우주에서 '이 세상을 신이 창조했다'고 설파하려면, 신이 자비롭다는 생각은 일찌감치 접어야 한다. 그리고 신이 무엇을 중요하게 여기건, 또는 신의 계획이 얼마나 복잡하건 간에, 다중우주에는 그 가치와 계획에 완전히 상반되는 우주가 반드시 존재한다.

그럼에도 불구하고 일부 신자는 에버릿의 다중우주와 자비로운 신을 조화롭게 연결하려 애쓰기도 한다. 언젠가 나는 다중우주를 지지하는 기독교 철학자와 이 문제를 놓고 토론을 벌인 적이 있다(물론 이런 사람은 극히 드물다). 그는 다중우주의 가지가 무한히 많다는 점을 인정한 후 "신의 주요 업무 중 하나는 그 많은 가지 우주 중에서 대책 없이 사악하고 고통스러운 가지를 잘라내고, 인간을 비롯한 피조물에게 필요한 것만 남기는 것"이라고 했다.

"아예 소설을 써라, 소설을…" 하며 코웃음을 치는 독자도 있겠지만, 나는 이것이 한때 과학을 넘어섰다고 간주되었던 세계관을 양자 이론의 영역으로 끌어들여서 새롭게 평가한 모범적 사례라고 생각한다.

그러나 종교적 세계관과 다중우주의 가장 흥미로운 교차점에는 잔인함이나 고통이 전혀 없으며, 오히려 영생永生이 밀접하게 관련되어 있다.

양자자살

좀비 고양이 실험을 '좀 더 피부에 와닿는 버전'으로 살짝 수정해 보자.

고양이가 앉아있던 자리에 당신이 직접 들어가는 것이다. 걱정할 것 없다. 당신 이름으로 거액의 생명보험을 이미 들어놓았다.

전자가 시계 방향으로 자전하면 감지기에서 '딸깍' 소리가 나고, 이로부터 모종의 역학적 과정을 거쳐 권총이 발사되면… 그렇다, 당신은 죽는다. 반면에 전자가 반시계 방향으로 회전하면 감지기가 신호를 보내지 않으므로 당신은 목숨을 부지할 수 있다.

그러나 앞에서도 그랬던 것처럼, 우리의 전자는 시계 방향과 반시계 방향으로 동시에 자전하고 있다.

두 방향으로 동시에
자전하는 전자

아직 반응하지
않은 감지기

권총이
겨눈 곳은…

…바로
당신

자, 이제 침 한번 꿀꺽 삼키고 감지기의 스위치를 켜보자. 과연 어떤 일이 일어날 것인가?

이전처럼 감지기는 두 가지 버전으로 분리된다. 하나는 시계 방향으로 회전하는 전자를 감지하여 '딸깍!' 소리를 내는 버전이고, 다른 하나는 반시계 방향으로 자전하는 전자를 감지하여 침묵을 지키는 버전이다.

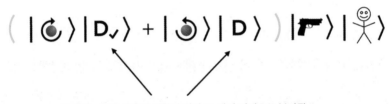

감지기는 전자의 자전 방향에 따라 두 가지 버전으로 분리됨

그 후 감지기의 신호가 권총에 도달하면 권총도 두 버전으로 분리된다. 하나는 격발된 총이고, 다른 하나는 격발되지 않은 총이다.

권총도 두 가지 버전으로 분리됨

이제 총알은 당신을 향해 최고 속도로 날아간다(또는 날아가지 않는다). 그렇다면 당신은 어떤 일을 겪게 될까?

음… '당신은 고양이와 다를 것이 없다'는 에버릿의 관점을 수용하면 답은 간단하다. 당신은 이전의 고양이처럼 '총에 맞아 죽은 버전'과 '총이 발사되지 않아 살아있는 버전'으로 분리된다.

$$\left(\ \underline{\ |\,\circledcirc\,\rangle\ |\,D\checkmark\,\rangle\ |\,\unicode{x1F52B}\,\rangle\ |\,\unicode{x1F480}\,\rangle}\ +\ \underline{\ |\,\circledcirc\,\rangle\ |\,D\,\rangle\ |\,\unicode{x1F52B}\,\rangle\ |\,\unicode{x1F9CD}\,\rangle}\ \right)$$

시계 방향 자전, 감지기 딸깍!,   반시계 방향 자전, 감지기 조용,
권총 격발, 사망한 당신   권총도 조용, 살아있는 당신

이 실험(두 방향으로 동시에 자전하는 전자+감지기+권총+당신)은 물리학자들 사이에서 '양자자살 실험 quantum suicide experiment'으로 알려져 있다.

그리고 일부 물리학자들은 이것이 당신의 불멸성을 증명한다고 주장한다.

양자불멸

당신이 켓 속의 깡마른 인물이라면 어떤 느낌이 들 것 같은가? 총이 발사되지 않으면 환희에 찬 표정으로 만세를 부를 것이다. 이런 경우에는 속옷만 갈아입으면 된다. 그렇다면 총에 맞은 버전은 어떻게 되는가?

일부 물리학자는 이 세상 어느 누구도 양자자살 실험에서 '자신이 죽는 경우'를 경험할 수 없다고 주장한다. 죽은 사람은 아무런 경험도 할 수 없기 때문이다. 생각해 보니 정말 그런 것 같다. 당신이 죽은 뒤에는

마음도, 의식도 사라지므로 자신이 죽었다는 사실조차 인식하지 못한다.(몇 분 동안 고통을 겪다가 서서히 죽는다면 어떻게 될까? 저자의 논리에 의하면 이 경우도 마찬가지다. 고통을 겪는다는 것은 살아있다는 뜻이며, 그 고통(삶)은 죽는 순간 종결된다. …과연 그럴까? 더 자세한 이야기는 잠시 후에 다뤄질 예정이다-옮긴이)

이 논리에 의하면, 당신이 느낄 수 있는 우주란 자살 실험에서 살아남은 우주뿐이다.

이 버전의 당신은 무언가를 경험할 의식이 없으므로, 실험 결과를 인식할 수 없다…

…그러므로 당신이 인식하는 경우는 운 좋게 생존한 경우뿐이다

그렇다면 당신은 양자자살 실험이 종료되었을 때 '자신이 살아있는 결과'만 볼 수밖에 없다. 즉, 어떤 경우에도 (본인의 관점에서 볼 때) 생존이 보장되어 있는 셈이다. 이것은 우리가 다중우주에서 극도로 희귀한 우주(생명체가 존재하는 우주-옮긴이)에 당첨된 비결을 설명할 때 사용했던 논리와 비슷하다. 무한대에 가까운 다중우주에서 생명이 존재하는 우주가 제아무리 희귀하다 해도 어차피 그곳에 사는 당신은 그런 우주를 경험할 수밖에 없기에, 당신이 속한 우주에 생명체가 존재하게 된 것은 필연적인 결과다. 이와 비슷하게 양자자살 실험에서 살아남은 당신은 그럴 수밖에 없는 운명이었다.(죽은 당신은 '사망으로 끝난 실험'을 경험할 수 없기 때문이다-옮긴이)

당신이 러시안룰렛을 방불케 하는 양자자살 실험에서 극적으로 살아나 가슴을 쓸어내리고 있는데, 누군가가 다가와서 실험 장치를 다시 세팅하고 있다. 똑같은 실험을 다시 할 모양이다. 하지만 좌절할 필요 없다. 양자불멸 이론quantum immortality theory에 의하면 당신은 두 번째 실험에서도 여전히 살아있는 자신을 발견할 것이다.

똑같은 실험을 100번 반복해도 결과는 마찬가지이다. 당신에게 자아의식이 있는 한, 절대로 죽지 않는다. 이런 일이 실제로 일어날 확률은 $1/2^{100}$=1,300,000,000,000,000,000,000,000,000,000(1.3노닐리언 nonillion)으로, 로또복권에 세 번 연속 당첨된 후 화장실 변기에 부딪혀 부상당할 확률과 비슷하다.*

그러나 양자불멸은 '당신이 실험에서 살아남은 우주'가 실제로 존재한다는 가정하에서만 유효하다. 다시 말해서, 에버릿의 다중우주 가설이 사실이어야 한다. 그렇지 않다면 전자의 스핀이 시계 방향으로 판명되는 즉시(첫 번째, 또는 두 번째 실험일 것으로 예상됨) 당신은 죽을 것이다.

이는 곧 양자자살 실험을 통해 평행우주(다중우주)의 존재 여부를 확인할 수 있다는 뜻이기도 하다.

원리는 다음과 같다. 우주가 단 하나밖에 없다면 양자자살 실험을 할 때마다 50퍼센트의 확률로 죽을 각오를 해야 한다. 이런 경우 실험을 10번 하면 거의 죽는다고 보면 된다.

그러나 실험 후 매번 살아있는 자신을 발견한다면, 횟수가 반복될수

---

* CDC(미국 질병통제예방센터)의 통계에 의하면, 화장실에서 부상을 당할 확률은 약 1/10,000이다. 나도 이 자료를 찾으면서 변기가 땅콩만큼 위험하다는 사실을 처음 알게 되었다.

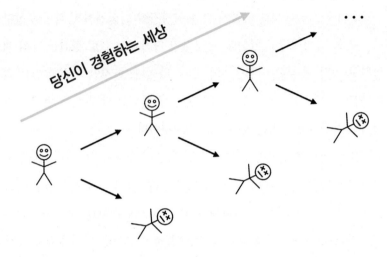

당신이 경험하는 세상

록 양자불멸이 사실일 가능성이 높아진다. 그리고 양자자살 실험을 100번 했는데 여전히 살아있다면, 다중우주가 존재한다는 것을 증명한 거나 다름없다.(단일 우주에서 이런 기적이 일어날 확률보다, 다중우주 가설이 맞을 확률이 더 높다는 뜻이다-옮긴이)

그러나, 음… 이 실험을 직접 해보는 것은 별로 추천하고 싶지 않다.

엄마, 나 영원히 산대!

당신이 양자불멸성에 꽂혀서 열심히 로비를 한 끝에, 양자자살 실험을 위한 연구기금을 확보했다고 가정해 보자. 그런데 피실험자를 구하는 데 실패하여 어쩔 수 없이 직접 상자 안으로 들어갔고, 무려 100번을 실행한 후 멀쩡하게 살아서 나왔다고 하자. 오케이, 당신은 평행우주가 존재한다는 것을 증명했다. 이제 노벨상 받으러 갈 일만 남은 건가?

잠깐, 아직은 아니다.

다른 사람들(양자자살 실험용 상자에 들어가지 않고 실험을 지켜본 참관인들)은 당신이 다중우주를 증명한 것이 아니라, 그저 입이 딱 벌어질 정도로 운이 좋았다고 생각할 것이다.

반복되는 실험에서 아무리 많이 살아남아도, 그들에게 당신은 여전히 운 좋은 사람일 뿐이다. 당신이 실험을 100번 더 하겠다고 나선다면 그들은 이렇게 중얼거릴 것이다. "저 친구, 이젠 정말 죽겠군…."

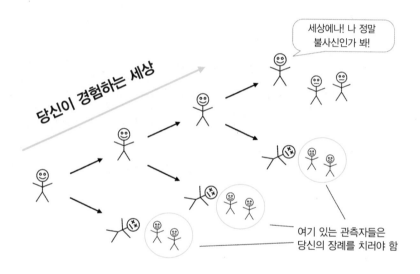

양자불멸 이론에 의하면 당신은 양자자살 실험에서 자신이 살아남은 우주를 경험할 수밖에 없다. 당신이 죽으면 그 현실을 경험할 주체가 없기 때문이다. 그러나 당신을 제외한 모든 사람은 당신이 살아있는 우주와 죽은 우주에 모두 존재한다. 양자자살 실험을 100번 반복한다면 그 결과로 나타난 가지 우주 100개 중에서 당신이 살아있는 우주는 단 1개뿐이고, 나머지 99개 우주에서는 당신의 장례식이 치러질 것이다.

그러므로 당신이 양자자살 실험에서 100번 연속 살아남는다 해도, 관람자들은 눈썹을 치켜올리며 이렇게 말할 것이다. "그래, 우리가 졌다, 졌어. 넌 정말 지독하게 운 좋은 녀석이야. 그런데 네가 정말 불멸의 존재라면, 이 실험을 100번 더 할 수 있겠네?"

만일 당신이 이 제안을 받아들인다면, 그들이 경험하게 될 미래 우주의 대부분은 5회를 채 넘기지 못하고 사망한 당신을 향해 "거봐, 내 그럴 줄 알았다니까…"라며 회심의 미소를 짓는 우주일 것이다(물리학자 중에는 무개념 독불장군이 의외로 많다).

여기서 중요한 것은 양자불멸성이 사실이라 해도, 당신이 그것을 실험으로 보여줄 수 있는 대상은 당신 자신뿐이라는 것이다. 다른 사람에게 당신은 '억세게 운 좋은 사기꾼'이거나, '객기 부리다가 비명횡사한 멍청이'로 보일 것이다.

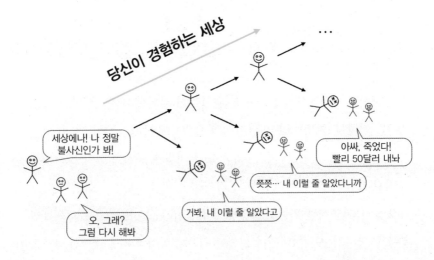

극한으로 밀어붙이기

양자불멸성을 극한으로 더욱 밀어붙여 보자. 심장마비, 암, 총상 등 다양한 사인死因은 세포에서 일어난 수많은 사건들(궁극적으로는 양자적 사건들)의 산물이다.

예를 들어 당신의 위胃에서 이제 막 암세포가 활동을 개시하려고 하는데, 전자 하나가 왼쪽이나 오른쪽으로 살짝 움직여 준 덕분에 암 유전자의 기능이 차단되어 암이 발병하지 않을 수도 있다. 이런 관점에서 볼 때, 우리는 죽음의 가능성에 직면할 때마다 정교한 양자자살 실험을 실행하고 있는 셈이다. 그리고 우리는 이런 일을 겪을 때마다 오직 '생존'이라는 결과만을 경험할 수밖에 없다.

그래서 양자불멸성의 열혈 지지자들은 우리가 지구상에서 가장 나이 많은 사람이 될 운명을 타고났다고 주장한다. 가족과 친구는 말할 것도 없고, 심지어 지구보다도 오래 살 운명이라는 것이다. 왜냐고? 우리의 의식이 경험할 수 있는 우주가 다중우주 중 '내가 살아있는 가지 우주'에 국한되어 있기 때문이다.

죽지 않는 건 좋은데, 여기에는 심각한 부작용이 있다. 다중우주가 사실이라 해도, 인간의 노화를 막아주지는 못하기 때문이다. 전 세계 노인의 삶의 질을 크게 떨어뜨리는 관절염을 생각해 보라.

양자불멸의 문제점

오케이, 이쯤이면 양자불멸 진영은 약간 소란스러워졌을 것 같다. 반면에 반대론자들은 침대에서 일어나 슈뢰딩거 방정식이 새겨진 잠옷을 걸쳐 입고, 샌들을 신고, 바깥에서 웅성대는 양자불멸 지지파를 잠시 한심한 눈으로 바라보다가 창문 셔터를 내릴 것이다.

평행우주와 양자불멸은 왜 그토록 믿기 어려운 것일까?

한 가지 이유는 양자불멸성의 진위 여부가 '관측자의 즉각적인 죽음'에 전적으로 달려있기 때문이다.

양자자살 실험에서 총알이 당신(고양이 대신 상자에 들어간 실험자)을 향해 날아오는 장면을 상상해 보자. 당신은 총알이 발사된 후 적어도 수십 분의 1초 동안 의식을 가진 채 살아있다. 특별히 제작된 고속 탄환이라 해도, 총구를 떠난 총알이 당신의 몸에 도달하기까지는 어쨌거나 시간이 걸릴 것이다.

회의론자들은 말한다. "바로 이 순간에 당신은 '자신이 죽은 타임라인'으로 떨어질 수밖에 없다. 왜냐하면 당신은 죽음을 경험할 의식을 갖고 있기 때문이다. 그리고 당신의 의식이 일단 그곳에 갇히면 절대로 빠져나올 수 없다. 따라서 죽음이라는 게 어떤 것이건, 당신은 그것과 필연적으로 직면하게 된다."

문제는 이뿐만이 아니다. 죽음이 아무리 빠르게 진행된다 해도 양자적 시간 척도에서 보면 매우 느린 과정에 속한다. 죽음의 원인이 병원균이건, 또는 두뇌를 관통하는 총알이건(으… 끔찍하다!), 이 과정에서 생명체의 특징인 신체 기능과 감각, 인지능력 등은 죽음에 가까워질수록 서서히(또는 빠르게) 퇴화된다. 그렇다면 아무것도 경험할 수 없는 '의식 상실 상태'는 언제부터 시작되는가? 보고, 듣고, 냄새 맡는 능력을 상실했을 때부터일까? 아니면 고통이나 기쁨을 느낄 수 없을 정도로 뇌가 손상되었을 때일까? 이것도 아니라면, 아무것도 느끼지 못할 때 비로소 죽음의 문턱을 넘어서는 것일까?

양자불멸성의 진위 여부는 '의식consciousness'이나 '자각awareness'을 정의하는 방식에 따라 민감하게 달라지는데 아직 이렇다 할 정의조차 내리지 못했으니, 우리가 다중우주의 어떤 부분을 경험할 수 있고 어떤 부분과 단절되어 있는지도 알 길이 없다.

그러나 양자불멸의 광팬들은(죄송합니다!) 곧바로 받아친다. "좋아요. 어정쩡한 중간 단계 없이 당신을 즉각적으로, 확실하게 죽이는 방법을 고안하면 되는 거죠? 이제 자비 같은 건 없습니다. 다음 실험에서는 권총 대신 레이저빔을 쓸 거예요. 이걸 맞는 즉시 당신의 몸이 기화된다면 우리는 당신의 의식이 완전히 사라졌다는 걸 확신할 수 있겠지요."

그러나 레이저빔이 당신에게 도달하여 목숨을 끊을 때까지는 손톱만큼이라도 시간이 걸린다. 어떤 방법을 동원해도 '의식이 사라지는 순간'을 정의하기는 어려울 것 같다.

사람의 몸을 '즉각적으로' 기화시키는 레이저빔이 발명된다 해도 양자불멸에 대한 반론은 얼마든지 계속될 수 있다. 양자불멸론은 '죽음=우리가 절대로 경험할 수 없는 상태'라는 가정에서 출발한다. 과연 그럴까? 죽은 사람은 이승의 어떤 것도 느끼지 못하겠지만 '아무것도 경험할 수 없는 상태'라고 보장할 수는 없다. 그래서 일부 회의론자들은 죽은 버전의 당신이 '여전히 자신만의 세계를 경험할 수 있는 합법적인 버전'이라고 주장한다. 하다못해 '무無, nothingness'라도 경험할 수 있지 않은가?

이 모든 것을 종합해서 볼 때 양자불멸은 꽤나 불안정한 이론이다. 게

다가 사실 여부를 확인하려면 현재의 과학 수준을 한참 넘어서는 실험 장치를 만들어서(영원히 못 만들 수도 있음) 스스로 사격 조준선 앞에 우뚝 서야 한다. 아무래도 빠른 시일 안에 결론이 나기는 어려울 것 같다.

그러나 양자불멸의 사실 여부와 상관없이, 에버릿의 가설에 등장하는 '불멸'과 '죽음' 같은 단어의 의미를 다시 한번 생각해 볼 필요가 있다. 대부분의 사람들은 영생永生(영원히 사는 것)과 불사不死(죽지 않는 것)라는 단어를 같은 의미로 사용하지만, 에버릿의 다중우주에서는 '영원히 사는 당신'과 '죽지 않는 당신'이 각기 다른 버전으로 존재한다. 당신은 영원히 살면서 동시에 죽을 수도 있다. 이것을 과연 '불멸'이라 할 수 있을까?

이 질문의 답은 당신이 다중우주의 다른 가지에 살고 있는(또는 이미 죽은) 다른 버전의 당신(들)과 얼마나 동질감을 느끼는가에 달려있다. 그들을 '나'라고 생각한다면, 그들 중 누군가는 크게 성공했을 거라는 상상만으로 행복감을 느낄 것이고, 누군가가 고통을 느낀다는 상상만으로 우울해질 것이다.

그런데, 그들이 정말 '당신'이라고 생각하는가?

성급한 대답은 금물이다. 자칫 잘못하면 국가의 법이 '먹다 버린 옥수수처럼' 엉성해지는 수가 있다.

CHAPTER 8

법칙을 깨는 양자역학

1900년대 초의 어느 날, 에버니저 앨버트 폭스Ebenezer Albert Fox는 다른 사람의 닭을 훔친 혐의로 법정에 섰다. 담당 검사와 판사는 여러 가지 정황 증거를 통해 그가 범인임을 거의 확신했지만, 문제는 에버니저에게 쌍둥이 형제가 있다는 것이었다.

당시 전문 닭 도둑으로 유명세를 떨쳤던 에버니저와 그의 쌍둥이 형제는 경찰과 판사를 무던히도 괴롭혔는데, 주된 이유는 이들이 같이 다니지 않고 항상 혼자서 범죄를 저질렀기 때문이었다. 외모가 똑같으니 둘 중 누가 진짜 범인인지 판단하기 어려웠고, 결국 절도 사건은 불기소 처분으로 끝나기 일쑤였다.

폭스 형제의 농간에 잔뜩 열받은 사법당국은 미국 경찰이 지문 판독 기술을 하루속히 받아들이도록 종용했고, 결국 1904년에 쌍둥이 도둑은 지문을 증거로 기소된 최초의 미국인이 되었다.

둘 다 도둑이라는 게 확실한 상황에서 닭을 훔친 범인이 둘 중 한 사람이라면 아무나 잡아서 감옥에 가둬도 될 것 같지만, 법을 집행하는 입장에서는 피의자의 신원이 '단 한 사람'으로 특정되지 않는 한 어떤 처벌도 내릴 수 없다. 전과 기록이 화려하면서 1인 범죄(한 사람이 저지른 범죄)의 심증이 농후한 쌍둥이가 법정에 섰을 때 두 사람 모두 유죄판결을 받은 사례는 현대 사법 역사상 단 한 건도 없었다.

둘 다 벌을 받아 마땅하다는 건 감정적인 판단일 뿐이다. 미국 법원이 지문 채취 및 판독 기술을 개발하는 데 수백만 달러를 쏟아부은 이유는 범인의 신원을 특정하는 것이 그만큼 중요한 사안이었기 때문이다.

용의자의 신원(정체성)이 명확하게 정의되지 않으면 우리의 사법체계는 제대로 작동할 수 없다. 범죄자의 신원을 특정하지 못하면 기소 자체가 불가능하다. 간단히 말해서 '정체성이 없으면 적용할 법도 없다'.(신원이 확인되지 않으면 처벌할 수 없다는 뜻이다-옮긴이)

불행히도 양자역학에서는 물리적 대상의 정체성을 정의하기가 훨씬 까다롭다. 사실 이것은 그리 놀라운 일이 아니다. 개인의 정체성에 대한 우리의 직관은 전자, 이중슬릿, 양자불멸과 같은 개념이 등장하기 훨씬 전부터 이미 확립되어 있었다.

그러나 20세기 초에 양자역학이 등장하면서 판도가 완전히 뒤집어졌다. 이론과 실험이 너무나도 정확하게 일치하는 바람에 물리학자들은 양자역학을 받아들일 수밖에 없었으나 마음속은 한시도 편할 날이 없었다. 양자역학에서 사물의 정체성을 판단하는 방식이 현대의 사법제도와 달라도 너무 달랐기 때문이다.

정체성 속의 '나'

에버릿의 주장대로 우리가 다중우주에 살고 있다면 나무, 바위, 땅콩처럼 우리가 단일 개체로 간주해 온 것들은 실제로 단일 개체가 아니라 수많은 버전으로 존재한다.

땅콩을 예로 들어보자. 에버릿의 다중우주에서 땅콩은 여러 우주에 걸쳐 다양한 형태로 존재한다. 한 버전은 식탁 중앙에 얌전히 놓여있고, 다른 버전은 왼쪽이나 오른쪽으로 살짝 이동한 상태이며, 또 다른 버전은 누군가의 입안에서 씹히고 있다(바닥에 떨어져서 쓰레기통으로 직행하는 버전도 꽤 많을 것이다).

그렇다면 이들 중 어느 것이 진정한 땅콩일까? 모두 다일 수도 있고, 모두 아닐 수도 있다.

양자적 물체도 마찬가지다. 물론 여기에는 사람도 포함된다.

당신의 두뇌에 있는 특정 뉴런 바로 옆에 매우 중요한 역할을 하는 전자가 있다고 가정해 보자. 어떤 복잡한 메커니즘으로 인해(자세한 과정은 따지지 말자), 전자가 시계 방향으로 자전하면 뉴런과 충돌했을 때 '닭을 훔치고 싶다'는 충동에 사로잡히고, 반시계 방향으로 자전하면 뉴런과 충돌한 후 '조용히 차 한잔 마시고 싶다'는 차분한 생각을 떠올리게 된다고 하자.

좀비 고양이 실험에 등장했던 전자처럼, 이 전자도 시계 방향과 반시계 방향으로 동시에 자전한다.

자, 과연 어떤 일이 벌어질까?

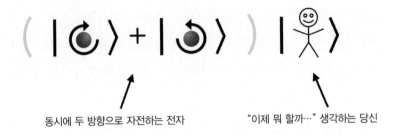

동시에 두 방향으로 자전하는 전자　　　　　"이제 뭐 할까…" 생각하는 당신

전자의 한 버전은 뉴런과 충돌하고 다른 버전은 충돌하지 않으므로, 우주는 2개의 타임라인으로 갈라진다. 한 우주에서 당신은 전자가 시계 방향으로 회전하는 바람에 닭 도둑이 되고, 다른 우주에서는 조용히 차를 마시는 준법 시민이 된다.

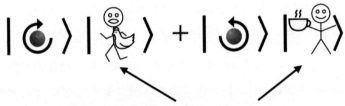

전자가 당신의 뉴런과 충돌하는 순간부터 '닭을 훔치는 당신'과
'차를 마시는 당신'이 동시에 존재하게 된다

그런데 두 버전으로 분할된 두 명의 당신은 여전히 똑같은 사람일까? 이 질문에 "yes!"라고 답하고 싶은 사람이 꽤 많을 것이다. '닭을 훔친 당신'과 '분할되기 전의 당신'은 모든 기억과 경험을 공유하고, 차를 마시는 당신도 마찬가지이므로, 둘 사이의 차이라곤 훔친 닭 한 마리(또는 여러 마리)밖에 없을 것 같다.

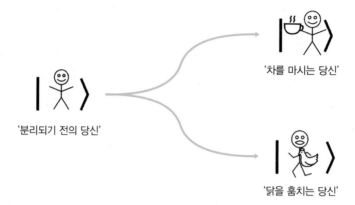

'차를 마시는 당신'

'분리되기 전의 당신'

'닭을 훔치는 당신'

그러나 '닭을 훔친 당신'과 '차를 마시는 당신' 사이에는 중요한 차이가 있다. 첫째, 두 버전은 다른 일을 하고 있으므로 시간이 흐를수록 삶의 차이가 더욱 크게 벌어질 것이다. 예를 들어 '닭을 훔친 당신'은 수감 생활 중 틈틈이 뜨개질을 배워서 훗날 뜨개질 세계 챔피언이 될 수도 있고, '차를 마신 당신'은 실수로 노트북컴퓨터에 우유를 엎지르는 바람에 중요한 보고서를 날리고 직장에서 해고될 수도 있다.

결국 두 버전은 취향, 인간관계, 인생 경험, 정치적 견해 등에 커다란 차이를 보이고, 심지어 성격까지 달라질 것이다.

둘째, 두 버전은 서로 만나거나 의견을 교환하는 등 상호작용을 할 수 없다. 한쪽이 감기에 걸려도 다른 쪽은 콧물을 흘리지 않고, 한쪽이 닭을 훔쳐도 다른 쪽은 공짜 닭고기를 먹을 수 없다. 이런 점에서 보면 두 버전은 아무래도 다른 사람인 것 같다.

'차를 마시는 당신'

'분리되기 전의 당신'

둘은 '같은 사람'
처럼 보이지 않음

'닭을 훔치는 당신'

    마지막으로, 분리되기 전에 당신은 어떤 사람이었는가? 분리된 후에도 여전히 같은 사람인가? 아니면 분기점에서 새로운 사람으로 다시 태어나는가?

    이것은 학술적인 질문이 아니다. 미국 사법당국은 닭 도둑의 신분을 확인하기 위해 그 옛날 수백만 달러를 퍼부었다. 에버릿의 이론 때문에 모든 인간의 정체성이 하나로 정의되지 않는다면 이 세상은 어떻게 될까? 혹시 사법체계가 대출 광고를 찍는 가수처럼 일관성을 상실하는 건 아닐까?

    혹시 우리 집 냉장고를 훔친 닭고기로 가득 채워도 무사히 넘어갈 수 있지 않을까?

정체성의 위기

    인간의 정체성에 의구심을 품게 만든 과학 이론은 다중우주가 처음이 아니었다. 세포분열에서도 이와 비슷한 문제가 제기된다.

    하나의 세포(모세포)가 2개(딸세포)로 분열되면, 둘 중 어느 쪽이 '원래 세포'인가? 그리고 2개의 딸세포는 완전히 똑같은가? 여기에는 두 가지 옵션이 있다.

(1) 모세포와 딸세포는 각기 다른 정체성을 갖고 있다.
(2) 모세포와 딸세포는 똑같은 정체성을 갖고 있다.

이것은 사상가들이 에버릿의 다중우주에서 정체성 문제를 해결하기 위해 제안했던 옵션과 동일하다. 즉 (1) 분할되기 전의 당신과 분할된 후의 당신은 다른 사람일 수도 있고, (2) 정체성이 완전히 같은 동일인일 수도 있다.

이제 관점 (1)을 도입하여, 분할되기 전의 당신과 분할된 후의 당신(들)이 다른 사람이라고 가정해 보자.

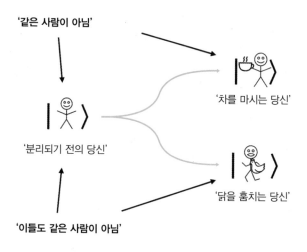

당신이 여러 버전으로 분리될 때마다 새로 생긴 버전은 분할되기 전의 당신과 다른 사람이다. 이는 당신이 '분할될 때마다 죽는다'고 말하는 것과 같다. 원인이 무엇이건 일단 분할되기만 하면 당신의 정체성은 더 이상 존재하지 않으며, 새로 등장한 버전(당신이 아닌 사람들)에게 자리를 내어준다.

우리 몸 안에서는 매 초마다 넓게 퍼진 입자 수조 개가 충돌을 일으키고 있다. 이 모든 것이 양자적 사건이므로, 에버릿의 다중우주에서 우리는 매 초 수조 개의 버전으로 분리되고 있다. 물론 범죄를 저지르는 순간에도 당신은 수많은 버전으로 분리되기 시작한다. 그런데 이 많은 버전들이 '당신'이 아니라면(즉, 그들과 정체성을 공유하지 않는다면), 분리가 수조 번 일어나기 전에 당신이 저지른 죄를 어떻게 새 버전에게 물을 수 있겠는가?

당신이 체포될 때쯤이면 당신은 더 이상 범죄를 저지른 사람이 아니다. 이런 경우 당신은 다음과 같이 항변할 수 있다. "사람 잘못 보셨어요! 그래요, 어젯밤에 동물원에 몰래 들어가서 라마를 타고 달린 건 맞습니다. 하지만 그 사람은 더 이상 내가 아니라고요. 그 후로 내 몸 안에서 수많은 양자적 사건이 일어났고, 그럴 때마다 다른 버전으로 분리되었으니 같은 사람일 수가 없지요, 이해되셨으면 잠깐 실례 좀 해도 되겠습니까? 어젯밤에 '내가 아닌' 그 녀석이 어찌나 난리를 쳤는지 온몸에서 라마 냄새가 진동을 하네요."

그렇다. 이게 바로 (1)번 옵션의 부작용이다. 분리되기 전과 후를 다른 사람으로 취급해야 하니, 누군가가 아무리 나쁜 짓을 해도 책임을 물을 수가 없다. 세상이 온전하게 유지되려면 과거의 당신과 미래의 당신을 연결 짓는 방법을 어떻게든 찾아야 한다.

그렇다면 옵션 (2)는 어떨까? 분리되기 전의 당신과 분리된 후의 당신이 완전히 같은 사람이라면 아무런 문제도 발생하지 않을까?

아니다. 이 옵션에도 심각한 문제가 있다. 분리되기 전의 당신이 '닭을 훔친 당신'과 같고, '차를 마시는 당신'과도 같은 사람이라고 가정해보자. 그렇다면 '닭을 훔친 당신'과 '차를 마시는 당신'도 같은 사람이 된다!(A가 B와 C로 갈라졌는데, A=B이고 A=C이면 B=C이다-옮긴이)

그 여파는 독자들도 짐작이 갈 것이다. 당신은 거실에 조용히 앉아서 차를 마셨을 뿐인데, 느닷없이 닭 절도에 대한 책임을 져야 한다. 닭을 훔친 기억이 전혀 없다고 아무리 항변해도 소용없다.

이뿐만이 아니다. 에버릿의 다중우주에는 물리적으로 가능한 모든 우주가 존재하므로, 개중에는 당신이 닭 절도보다 훨씬 끔찍한 범죄를 저지른 우주도 있다(당신이 "칫솔질 한 번으로 치석이 말끔하게 제거되는" 말도 안 되는 치약 광고를 제작한 우주도 있을 것이다. 이런 식으로 CG를 이용하여 성능을 과장하는 광고는 정말 극악무도한 범죄!).

그러나 당신은 남에게 해를 끼친 적이 없다. 당신은 그저 '양질의 교양 과학서를 고르는 안목을 가진' 모범적인 시민일 뿐이다. 이런 사람에게는 징역형이 아니라 훈장을 줘야 한다! 하지만 당신이 다른 우주에 있는 중범죄자와 동일한 정체성을 갖고 있다면, 그가 저지른 범죄로부터 자유로울 수 없다.(그러나 가지 우주끼리는 완전히 단절되어 있으므로 다른 우주에 있는 당신이 어떤 짓을 하고 다니는지 알 길이 없다. 당신만 모르는 것이 아니라, 이 세상 어느 누구도 모른다. 그런데 다른 우주에 있는 경찰이 무슨 수로 나를 찾아서 체포한다는 말인가? 이 부분에서 저자의 논리에 약간의 구멍이 보인다-옮긴이)

두 번째 옵션도 별로 바람직하지 않은 것 같다. 당신이 실제로 행한 일과 상관없이 '당신이 지금의 육체로 할 수 있는 일 중 가장 끔찍한 범죄'에 책임을 져야 한다니, 이런 억울한 경우가 또 어디 있겠는가? 게다가 가상의 범죄자까지 가두기엔 감옥이 턱없이 부족하고, 다른 우주에서 치러진 타조 경주에서 딴 돈까지 내줄 정도로 재정이 넉넉하지도 않다.

이런 세상은 정말 혼란스러울 것 같다. 그렇다면 다른 옵션은 없을까?

이 글도 법적 자문이 아님!

다행히도 우리는 혼란을 잠재우는 방법을 찾았다. 빗자루를 방불케 하는 긴 수염의 철학자, 데이비드 루이스David Lewis 덕분이다. 여기서 잠시 루이스의 철학 세계를 들여다보자.

우리는 인생을 일련의 '개별적인 순간'으로 경험하고 있으며, 매 순간 자신을 '완벽한 사람'이라고 느낀다.(잘난 사람이라는 뜻이 아니라, 인간에게 요구되는 최소한의 조건을 갖췄다는 뜻이다-옮긴이) 그래서 우리는 사람의 정체성이 모든 순간마다 완벽한 형태로 존재한다고 생각하는 경향이 있다.

그러나 이것은 사실과 다를 수도 있다. 어쩌면 '사람'은 매 순간 존재하는 것이 아니라, 시간을 초월해서 존재하는지도 모른다.

내가 '일론 머스크'에 대해 언급할 때, 나는 '1995년 1월 21일 미국 동부시간^{EST}으로 오전 11시에 존재했던 사람'이나 '테슬라 모터스를 설립한 사람'을 칭하는 것이 아니다. '일론 머스크'라는 이름 안에는 여러 시간대에 걸쳐 다양한 일을 해온 사람이 종합적으로 내재되어 있다. 내가 '일론 머스크는 2003년에 테슬라 모터스를 설립했다'거나, '그 후 일론 머스크는 테슬라 기가팩토리^{Gigafactory}에 보관할 수 있는 햄스터의 수를 트윗으로 보냈다'* 라고 말할 수 있는 이유는 일론 머스크의 정체성이 어느 한순간에 한정되지 않고 시간을 가로질러 존재하기 때문이다.

이것이 사실이라면, 앞에서 '닭을 훔치고 차를 마시는 당신'에 대해 늘어놓았던 모든 이야기는 말짱 도루묵이 된다.

분리되기 전의 당신과 분리된 후의 당신(두 가지 버전)은 같지도 않고, 다르지도 않다. '분리되기 전의 당신'과 '닭을 훔치는 당신'은 둘 다 '완벽한 개인'의 일부분이며, 그 개인의 정체성은 특정 시간대에 걸쳐 존재한다.

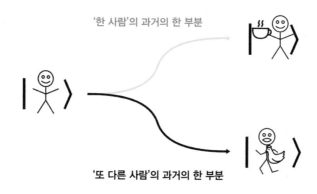

'한 사람'의 과거의 한 부분

'또 다른 사람'의 과거의 한 부분

---

* 답은, 약 500억 마리다. 그러나 팔로워 중에는 햄스터가 아프리카산인지 유럽산인지에 따라 답이 다르다고 우기는 사람도 있다.

그렇다면 그 '시간대'란 얼마나 긴 시간대인가? 어머니의 배 속에 수태되었을 때부터 본인이 죽음을 인식할 때까지인가? 아니면 살아있는 동안에도 '이전의 당신과는 완전히 다른 사람으로 변하는' 특정 시간이 존재하는가?

이것은 너무나 어려운 질문이어서, 공상과학 작가는 물론이고 전문 학자들도 답을 제시하지 못하고 있다. 지난 수백 년 동안 수많은 철학자들이 이 문제를 연구해 왔는데도 합의에 도달하지 못한 것을 보면 보통 어려운 문제가 아닌 것 같다. 그러나 대부분의 사람들은 이런 문제로 고민하지 않고 좀 더 직관적인 답을 선택한다. 당신이 "내가 어젯밤에 라마를 타려고 동물원에 무단침입한 건 맞지만, 그때의 나는 지금의 나와 다른 사람이다"라는 식의 주장을 펼치는 이유는 과거의 자신보다 현재의 자신이 진정한 나(정체성)에 더 가깝다고 느끼기 때문이다. 귀찮은 일을 뒤로 미루는 이유도 이와 비슷하다. 당신이 더러운 접시를 지금 당장 닦지 않고 이 일을 '미래의 당신'이 하도록 미루는 이유는 '미래에 설거지를 하게 될 당신'보다 '현재의 당신'에게 더 강한 동질감을 느끼기 때문이다.

대부분의 법체계에서는 이런 종류의 직관에 기초하여 공소시효를 정한다. 공소시효란 당신이 어떤 범죄를 저지른 이후로 그에 대한 법적 처벌을 내릴 수 있는 최대한의 시간 간격이다. 이런 제도가 왜 도입되었을까? 생각해 보면 이유는 간단하다. 사람은 언제라도 변할 수 있으니, 시간이 흐를수록 '범죄를 저지른 과거의 나'와 '현재의 나' 사이의 도덕적 연결고리가 희미해진다고 생각하기 때문이다(다른 이유도 있다. 시간이 많이 흐를수록 증거는 훼손되기 마련인데, 이렇게 훼손된 증거로 억울한 사람이 기소되는 것을 막으려면 증거의 유효기간을 정해놓아야 한다).

여기서 요점은 개인의 정체성에 유효기간이 존재한다는 것이다. 이 기간은 당신이 태어난 날부터 죽는 날까지일 수도 있고, 현대미술을 재정적으로 지원하기로 결정한 날부터 '결국 현대미술이란 알록달록한 사각형 그림에서 아름다움을 느끼는 척하는 이상한 인간들의 집단'임을 깨닫는 순간까지일 수도 있다. 어쨌거나 이 유효기간 동안 엄청난 수의 양자적 사건이 일어나고, 그 결과 우주는 수없이 많은 가지 우주로 분할된다. 데이비드 루이스의 이론에 의하면 한 개인은 하나의 특정한 양자 분할의 산물이며, 다중우주의 수많은 경로 중 단 하나의 특정 경로(특정한 역사)에만 존재한다(아래 그림 참조).

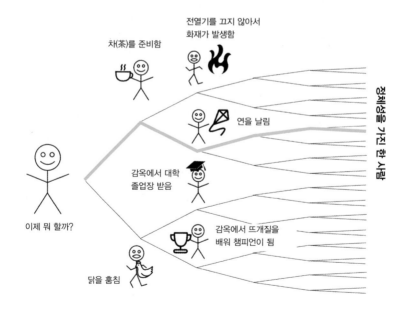

이 관점을 수용하면 앞서 언급했던 '법적 신원 문제'를 해결할 수 있다. 예를 들어 당신이 닭을 훔친 후, 주변의 전자를 비롯한 양자적 물질과 계속 충돌하여 (과거에도 항상 그래왔듯이) 수많은 버전으로 분리되었다고 가정해 보자.

닭 절도 사건 이후로 가지 우주가 아무리 많이 양산되었다 해도, 이들 모두는 당신이 닭을 훔쳤던 순간을 과거의 일부로 간직하고 있다. 그러므로 '닭을 훔쳐서 유죄판결을 받은 버전의 당신'과 '닭을 훔치지 않은 버전의 당신'은 별개로 취급되어야 한다. 닭을 훔치는 대신 차를 마셨던 당신과 그 후에 가지를 친 당신(들)은 경찰을 피해 도망 다닐 필요가 없다. 이들의 정체성은 조류 관련 범죄와 무관하므로, 적어도 이 사건에 대해서는 어떤 처벌도 받지 않을 것이다.

양자적 정체성에 관한 연구는 아직 초기 단계에 머물러 있다. 데이비드 루이스의 이론을 수용하면 법 이론의 허점을 보완할 수 있지만, 그로 인해 또 다른 문제점이 발생할 수도 있다. 이 책에서 지금까지 다뤘던 다양한 이론들을 떠올려 보라. 완벽한 이론이 어디 있었던가?

현존하는 법률체계에는 한 인간의 정체성이 정확하게 정의되어 있지 않다. 한 개인을 특정하는 요소가 모호하고, 누가 무엇에 대하여 어디까지 책임을 져야 하는지 그 한계도 불분명하다. 이 문제를 해결하려면 상식적인 선을 넘지 않으면서 일관되게 적용할 수 있는 정체성 이론이 있어야 하는데, 아직은 여러 이론이 난립하고 있을 뿐 어떤 결론도 내려지지 않은 상태이다.

에버릿의 가설이 사실로 밝혀지면 정체성에 대한 개념도 크게 달라질 것이다. 그러나 달라지는 건 이것뿐만이 아니다.

이런, 또 자유의지 얘기로 돌아왔네?

앞에서도 말했지만, 다수의 철학자들은 자유의지를 '지금과 다른 선택(또는 다른 일)을 할 수 있는 능력'으로 정의하고 있다. 그러므로 우리가 '이미 내린 선택이 아닌 다른 선택을 내릴 수도 있는 우주'에 살고 있다면, 우리는 자유의지가 존재하는 세상에서 살고 있는 셈이다.

판사와 변호사, 그리고 TV에 얼굴 내밀기를 좋아하는 사람들은 이것이 사실이기를 간절히 바랄 것이다. 앞서 말한 대로 현대 국가의 사법체계가 도끼 살인마와 닭 절도범, 또는 국립공원 라마 반입 금지령(캐나다에 한함) 위반자 등을 정당하게 처벌할 수 있는 이유는 '누구나 자유의지를 갖고 있다'는 확고한 믿음 때문이다. 그러나 에버릿의 다중우주에서 "자유의지는 물리적으로 불가능하므로 존재할 수 없다"고 판명된다면, 양자역학의 핵심 관점 중 일부가 법의 정당성을 훼손하는 난처한 상황에 직면하게 된다.

따라서 '다른 선택을 할 수 있는 능력'은 물리학 이론에서 중요한 화두가 될 수밖에 없다. 그렇다면 이 시점에서 떠오르는 질문이 하나 있다. 다른 선택을 할 수 있는 능력이란 '특정한 일을 하지 않겠다고 거부하는 능력'인가, 아니면 '그 일 외에 다른 일을 할 수 있는 능력'인가?

언뜻 생각하면 이 두 가지는 별 차이가 없는 것 같지만, 에버릿의 다중우주에서는 완전히 다른 결과를 낳을 수도 있다.

당신이 다중우주의 모든 분기점에서 '다른 선택'을 할 수 있다면, 자유의지를 물리학의 범주 안에 포함시킬 수 있다는 희망을 가질만하다.

그러나 당신이 아무리 노력해도 당신의 버전 중 일부는 분명히 닭을 훔칠 것이고, 또 다른 버전은 동물원에 몰래 잠입해서 라마를 타고 신나게 달릴 것이다. 즉, '당신의 버전 중 하나가 이런 멍청한 짓을 하지 않도록 미연에 방지하는 선택'이라는 게 아예 존재하지 않는 것이다. 당신이 어떤 선택을 하건 이런 일은 반드시 일어난다. 그러므로 우리가 제기할 수 있는 현실적인 질문은 다음과 같다. "당신은 닭 도둑, 무단침입자, 모범시민 중 어떤 자신을 발견하게 될 것인가?" 그러나 당신이 속하게 될 다중우주의 가지는 당신이 선택할 수 없다. 그 일은 그냥 당신에게 일어날 뿐이다.

바로 이것이 문제다. 우리는 다중우주 어딘가에 자신이 속해있다고 느낀다. 여기까지 오는 동안 자신이 어떤 선택을 했는지 기억할 수도 있다. 그러나 이 모든 선택은 본인의 의지가 아니라, 도저히 통제할 수 없는 양자적 사건의 결과였다. '그런 결정을 내린 주체는 분명히 나 자신이었다'고 느낄 수도 있다(그래서 간간이 과거를 회상하며 자부심이나 수치심을 느낀다). 그러나 이런 느낌은 실체가 아니라, 생존에 필요한 '주체의식'을 스스로에게 심어주기 위해 우리의 뇌가 만들어 낸 이야기일 뿐이다.

현실 세계에서 우리의 자아의식은 방대한 다중우주에서 어느 날 갑자기 하나의 가지 우주로 뚝 떨어진 것처럼 보인다. 우리는 그것을 주문한 적도 없고, 그로부터 초래되는 미래를 바꿀 수도 없다. 우리는 단지 여행 중일 뿐이며, 기적 같은 과정을 거쳐 주변의 형상과 소리, 냄새 등을 인식하고 있다. 그러나 자유의지 자체는 환상에 불과하다.

그냥붕괴 이론과 달리 에버릿의 다중우주는 모호한 구석이 없다. 자유의지는 존재하지 않는다. 여기에 특별한 이유는 없다. 그냥 없으니까 없는 거다. 이것이 사실로 판명된다면, 그날부로 현대사회는 모래 위에 세워진 성이 된다. 기소해야 할 범죄자의 신원을 파악할 수 없고, 운 좋게 법정에 세운다 해도 자유의지가 없으니 그에게 죄를 물을 수도 없다.

그렇다고 해결책이 없는 건 아니다. 데이비드 루이스 스타일의 정체성 이론과 결과론에 입각한 법철학을 동원하면 어설프게나마 기존의 질서를 유지할 수 있다. 그러나 확고한 기반을 다지려면 전문가들의 신중한 판단에 따라 기존의 법률을 대대적으로 수정해야 한다.

자유의지를 포기하니까 글이 점점 암울한 쪽으로 흐르는 것 같다. 분위기를 바꾸는 의미에서, 한 가지 흥미로운 사례를 여기 소개한다. 짧게 요약하자면 '많은 사람들이 에버릿의 이론에서 그 원인을 찾고 있지만 사실 원인은 다른 곳에 있는' 사례다. 다중우주 때문에 법체계가 위태로워지는 사례는 앞에서 충분히 보았으니, 그 외의 사례도 짚고 넘어갈 필요가 있다.

만델라 효과

몇 년 전, 나는 에버릿의 다중우주 가설을 정리해서 블로그에 올렸다가 곤욕을 치른 적이 있다. 처음에는 예상했던 것보다 꽤 많은 사람들이 내 글을 읽어줘서 나름 흐뭇했는데, 얼마 후부터 "다른 평행우주에서 온 여행객을 만났다"거나 "다른 우주에 직접 다녀왔다"고 주장하는 트위터 쪽지가 쇄도하기 시작한 것이다. "가만… 이러다 내가 다중우주간 공간

이동 전문가로 등극하는 거 아닐까?" 잠시 동안 이런 허황된 상상에 빠졌다가, 과거에 넬슨 만델라^Nelson Mandela와 관련하여 인터넷에 불어닥친 폭풍의 한복판에 내가 또다시 들어가고 있음을 문득 깨달았다.

다들 알다시피 만델라는 남아프리카공화국의 인종차별 정책에 항거했던 유명한 정치인이다. 그는 1962년에 체포되어 감옥에 수감되었고, (다중우주의 한 가지에서) 1994년부터 1999년까지 대통령직을 역임했으며, 2013년에 95세의 나이로 세상을 떠났다. 그러나 사람들이 기억하는 만델라의 이력은 사실과 완전 딴판이어서, 만델라 사망 후 전 세계 온라인 커뮤니티는 만델라가 '1980년대에 감옥에서 죽었다'는 소문으로 거의 도배되다시피 했다.(한국에서는 만델라가 대통령이 된 후부터 매스컴에 오르기 시작했기 때문에 이런 현상이 나타나지 않았다-옮긴이)

기억이 왜곡된 사례는 만델라뿐만이 아니다(위키피디아에도 사실과 다른 역사 이야기가 흘러넘친다).

유명한 아동만화 시리즈의 주인공 베렌스타인 베어스^Berenstain Bears가 원래 '베렌슈타인 베어스^Berenstein Bears'였다고 주장하는 사람들도 있고, 영국의 유명 칩 브랜드인 워커스 크리스프^Walkers Crisps가 1980년대 혹은 1990년대에 '치즈 앤 어니언(치즈-땅콩 맛)'과 '솔트 앤 비너거(소금-식초 맛)' 버전의 포장 색상을 바꿨다고 믿는 사람들도 있다. 물론 두 경우 모두 사실이 아니다.

다수의 사람들이 우리의 타임라인과 일치하지 않는 사건을 경험했다고 착각하는 현상을 '만델라 효과^Mandela effect'라고 하는데, 관련 사례가 의외로 많다. 이들이 사전에 모여서 헛소리를 주장하기로 모의한 것이 아니라면(거주 지역이나 활동 반경으로 미루어 볼 때, 그럴 가능성은 거의 없다), 어떻게 이런 현상이 일어날 수 있는지 선뜻 이해가 가지 않는다.

그런데 얼마 전부터 만델라 효과를 에버릿의 다중우주와 연결 지으려는 시도가 세간의 관심을 끌기 시작했다. 그들의 주장을 잠시 들어보자.

전 세계 80억 인구 중 상당수의 사람들이 만화 제목의 철자나 포장용 봉지의 색상 같은 사소한 것을 '똑같이 틀리게' 기억한다는 건 있을 수 없는 일이다. 그리고 채팅과 소셜미디어가 널리 퍼진 이 시대에 일부 사람들이 순전히 재미를 위해 틀린 주장을 하기로 모의하는 것도 현실적으로 불가능하다.

따라서 그들의 기억은 모두 사실일 가능성이 높다. 그들은 자신도 모르는 사이에 '베렌스타인이 베렌슈타인으로 표기된 우주'나 '블루칩의 포장 봉투가 초록색인 우주', 또는 '넬슨 만델라가 〈소프라노스Sopranos〉(1999년부터 방영된 미국 TV드라마-옮긴이)의 시즌 1을 보지 못한 우주'에서 지금의 우주로 이동했을 것이다.

다중우주 속 하나의 가지 우주에서 다른 가지 우주로 '점프'하는 것이 가능하다면, 현실적인 문제들이 고구마 줄기처럼 줄줄이 딸려 나온다. 그리고 이들 중 대부분은 앞서 다뤘던 자유의지와 정체성 못지않게 법철학에 심각한 혼란을 야기할 것이다. 예를 들어 내가 다른 우주에서 암호화폐 사기범에게 1만 달러를 사기당한 후 이 우주로 점프해 왔다면, 이곳에 존재하는 그를 사기죄로 고소할 수 있을까? 경찰서에 출두한 목격자가 '다른 가지 우주에서 본 것'을 증언할 가능성이 항상 있다면 그 증언을 어떻게 신뢰한다는 말인가?

굳이 법적인 문제가 아니더라도, 룸메이트가 '일주일 내내 방 청소를 자신이 도맡아 했던 우주에서 점프해 온 사람'인 척하면서 설거지를 당신에게 미룬다면 딱히 대처할 방법이 없다.

그러나 에버릿의 다중우주가 제아무리 희한한 세상이라 해도, 만델라 효과를 '우주 간 점프'로 설명하는 것은 SF소설에나 나올법한 지나친 비약이다.

다중우주 간 이동

사람들과 다중우주에 관한 이야기를 나누다 보면 항상 제기되는 질문이 하나 있다. "우리는 가지 우주들 사이를 오락가락할 수 있는가?" 음… 딱히 불가능할 이유는 없다.

그러나 내가 말하는 '오락가락'은 일상적인 의미가 아니다. 다중우주의 가지는 우리가 방문할 수 있는 여행지가 아니라, 우주에서 '물질이 배열되는 방식'일 뿐이기 때문이다.

2개의 가지 우주가 하나로 합쳐지려면 원자의 위치와 전자의 스핀 등모든 세부 사항이 완벽하게 같아야 한다. 예를 들어 '거의 완벽하게 같은' 2개의 가지 우주를 상상해 보자. 둘 사이의 차이라곤 전자 1개의 위치뿐이다. 즉, 한 우주(A)에서는 문제의 전자가 약간 왼쪽으로 치우쳐 있고, 다른 우주(B)에서는 약간 오른쪽으로 치우쳐 있다. 그런데 어느 순간 A의 전자가 살짝 오른쪽으로 이동하고 B의 전자가 살짝 왼쪽으로 이동하여 두 우주가 완전히 똑같아졌다면, 이들은 하나의 가지 우주로 병합된다(단, 문제의 전자를 제외한 모든 만물이 동일한 상태를 유지한다는 가정하에 그렇다).

그러나 사람들이 '다중우주 간 여행'을 상상할 때, 달랑 전자 1개의 위치가 자신의 우주와 조금 다른 우주로 가고 싶진 않을 것이다. 이왕이면 무언가 관심 가는 대상이 화끈하게 다른 우주로 가는 것이 바람직하다. 예를 들어 만화에 등장하는 곰의 이름이 다른 우주나 칩스 봉지의 색상이 다른 우주라면 한 번쯤 가볼 만하다.

물리적으로 동일한 가지 우주끼리는 하나로 쉽게 합쳐지지만, 차이가 벌어지기 시작하면 다시 합쳐지거나 상호작용을 할 가능성이 거의 없다. 다른 건 모두 똑같고 전자 1개의 위치만 조금 다른 두 가지 우주의 경우에는 그 전자가 살짝 이동하여 완전히 같아질 수도 있지만, 전자 2개, 또는 3개 이상이 다르다면 두 우주가 같아질 가능성은 급격하게 낮아진다. 그러니 생각해 보라. 소금-식초 맛 칩스의 포장지는 수조 × 수조 개의 원자로 이루어져 있는데, 포장지의 색상이 다른 두 가지 우주에서 이 많은 원자들이 재배열되어 색상이 같아질 확률이 과연 얼마나 되겠는가?

바로 이것이 문제다. 우리의 우주가 '소금-식초 맛 워커스 칩스의 포장지가 초록색이 아니라 파란색인 우주'와 하나로 합쳐지려면 포장지의 색을 좌우하는 염료 분자들이 자발적으로 재배열되어야 한다. 그것도 포장지 1개가 아니라 특정 기간 동안 공장에서 생산된 모든 포장지에 이런 기적이 똑같이 일어나야 한다. 이 확률은 슈퍼컴퓨터를 동원해도 계산하기 어려운데, 대충 짐작해 보면 (캐나다 사람인 내가) 벼락을 연달아 세 번 맞고 살아난 후 미국 대통령선거에서 이기고, 재임 기간 동안 로또복권 1등에 백 번 연속 당첨될 확률과 비슷하다.

다중우주 간 점프설을 굳게 믿는 사람들은 이렇게 항변할 것이다. "나는 지금 워커스 칩스 포장지의 색상이 기적처럼 바뀌었다고 주장하는 게 아니다. 우리가 이 우주로 공간이동 했다는데 뭔 말이 그렇게 많은가? 이동한 건 우리지, 그 멍청한 포장지가 아니지 않은가!"

좋다. 정 그렇다면 확률을 따지기 전에 몇 가지 질문을 던져보자. 가지 우주란 무엇인가? 당신은 그것을 어떻게 표현하고 싶은가? 지금 당신이 속해있는 가지 우주를 어떻게 서술할 것인가?

한 가지 방법은, 주변을 둘러보고 눈에 보이는 대로 서술하는 것이다(저기 별이 있고, 그 너머에 은하가 있고. 내 눈앞에는 커피잔이 있고… 등등). 그러나 당신의 우주를 서술하는 가장 확실한 방법은 모든 구성 입자를 일일이 나열하고 상태를 서술하는 것이다(원자 1은 위치 X에서 Y 방향으로 자전하면서 속도 Z로 날아가고, 원자 2는 위치 A에서 B 방향으로 자전하면서 속도 C로 날아가고… 등등).

다른 가지 우주는 입자 목록은 똑같지만 구체적인 정보가 다를 것이다. 그러므로 한 사람이 한 가지 우주에서 다른 가지 우주로 이동한다는 것은 말이 되지 않는다. 그의 몸을 구성하는 원자들은 다른 우주에도 존재한다. 단지 다른 일을 하고 있을 뿐이다!(만일 그 사람이 A 우주에서 B 우주로 점프했다면, A 우주에서는 그의 몸을 구성하는 원자들이 갑자기 사라져야 한다-옮긴이)

기본적으로 다중우주에 속한 하나의 가지 우주는 물질의 목록일 뿐, 당신이 방문할 수 있는 장소가 아니다. 당신이 다른 우주로 '공간이동 teleportation'을 했다는 것은 당신의 몸을 구성하는 입자들이 '목적지 우주에 존재하는 당신의 상태와 똑같아지도록' 자발적으로 재배열되었다는 뜻이다. 지금 당신이 속한 우주와 목적지 우주의 차이가 클수록, 원자들이 거기에 맞게 재배열될 확률은 급격하게 낮아진다. 그러니 '만델라 효과를 우주 간 점프로 설명하는 사람들'의 몸을 구성하는 원자들이 동시에 재배열되어 우리 우주에 존재하는 그들의 원자 배열과 똑같아질 확률은 그냥 0이라고 보면 된다.

베렌스타인 베어스가 잘못 인쇄된 수백만 권의 책과 티셔츠, 해피밀 장난감, 봉제인형 등이 존재하는 우주도 마찬가지다(그리고 보니 구글에서 내 나이가 다섯 살이라고 소개한 우주도 본 것 같다).

그렇다고 만델라 효과가 거짓이라고 주장할 생각은 없다. 결코 일어난 적 없는 일을 기억하는 사람이 수백만 명이나 되니 거기에는 분명 이유가 있을 것이다. 아마도 그것은 우주적 스케일의 물리학적 음모가 아니라, 심리학적 현상일 가능성이 높다.

그렇지 않다면 나도 공간이동을 했다는 뜻인데….(저자도 잘못된 기억을 갖고 있는 모양이다-옮긴이)

'정상'으로 돌아가기

평행한 타임라인, 외계생명체, 양자불멸성, 불확실한 정체성, 자유의지의 부재… 이것은 우리가 양자역학을 해석하면서 지금까지 얻은 결과물이다. 다행히도 만델라 효과나 워커스 칩스 포장지 색상 때문에 심란해질 필요는 없는 것으로 판명되었지만, 에버릿의 가설이 파동함수의 붕괴를 설명하는 이론 중에서도 가장 기이하다는 점에는 이견의 여지가 없을 것이다.

사실, 이 책에서 언급한 이론 중 이상하지 않은 것은 단 하나도 없다.

보어는 "우리가 고양이를 볼 때(관측할 때)마다 마법 같은 붕괴가 일어나 다양한 고양이 버전 중 하나만 남고 모두 사라진다"는 논리로 좀비 고양이 문제를 해결했다. 보어의 이론에 따르면 우주는 양자역학의 법칙을 따르지 않는 '큰 세계'와 양자역학의 법칙을 따르는 '작은 세계'로 분할되어 있다. 그러나 이런 분할이 존재하는 이유와 경계선의 정확한 위치에 대해서는 아무런 언급도 없었고, 누군가가 의문을 제기하면 "Shut up and calculate!"라는 대답만 돌아올 뿐이었다.

이 세상이 두 영역으로 분할된 이유를 어떻게든 밝히고 싶었던 천재 과학자 존 폰 노이만은 양자역학에 의식意識을 도입하려 애썼고, 고스와미는 여기서 한 걸음 더 나아가 우주의식과 잠재적 세계, 그리고 '주관적 경험과 생명을 중심으로 돌아가는 우주의 역사'를 책으로 출간하여 수백만 독자를 확보했다.

그 후 등장한 '그냥붕괴 이론'은 붕괴라는 개념을 '애초부터 설명할 수 없는 현상'으로 취급했다. 고스와미는 붕괴를 '언젠가 실험으로 검증될 가능성이 있는 더 큰 그림의 일부'라고 생각한 반면, 그냥붕괴 이론 지지자들은 '붕괴란 아무런 이유 없이 일어나는 사건이어서 논리적 설명이 불가능하다'고 주장했다. 붕괴가 정말로 아무런 이유 없이 '그냥' 일어나는 것이라면, 자유의지는 과학사의 쓰레기통으로 직행해야 한다.

실망스러운가? 아마 그럴 것이다. 나도 충분히 이해한다. 우주를 '정상적인' 방법으로 설명하는 이론은 정말 없는 것일까? 평행우주, 마법 같은 붕괴, 우주의식 등 비상식적인 요소를 도입하지 않고 우주의 거동을 설명하는 이론이 정녕 없다는 말인가?

이런 이론이 존재하기를 바라는 사람은 당신뿐만이 아니다. 양자역학을 보다 정상적인 논리로 설명하기 위해 혼신의 노력을 기울인 물리학자가 있었으니, 그가 바로 전직 특허청 직원이자 폭탄머리로 유명한 알베르트 아인슈타인이었다. 그는 기이하기 짝이 없는 양자역학을 정상적인 이론으로 되돌리기 위해 죽는 날까지 혼신의 노력을 기울였으나, 한 가지 사실이 그의 발목을 잡는 바람에 끝내 뜻을 이루지 못했다.

알고 보니 '정상'이라는 것 자체가 사물을 다스리는 이치 중 가장 기이한 방법이었던 것이다!

◦●◦ CHAPTER 9 ◦●◦

숨은 변수 이론과 물리학의 문제점

1900년 초까지만 해도, 대부분의 과학자들은 자신감으로 충만해 있었다. 과학으로 알아낼 수 있는 것은 거의 다 알아냈기에, 이제 과학에서 일어날 수 있는 일은 다음 두 가지뿐이라고 생각했다.

첫째는 이론으로 계산된 물리량의 정확도를 높이고 이로부터 멋진 발명품을 만드는 것이었는데, 이런 일은 실제로 일어났다. 비록 날아다니는 자동차와 방사선 벽난로radioactive fireplace는 아직 만들지 못했지만, 재활용 우주로켓과 메신저 RNA 백신, 그리고 고양이 동영상이 아쉬운 부분을 메꿔주었다.*

둘째, 사람들은 과학이 현실 세계를 좀 더 명확하고 세밀하게 설명해 줄 것으로 기대했다. 20세기 초의 모든 과학 분야는 왜 이렇게 자화자찬하는 분위기에 흠뻑 빠져있었을까? 조금 더 과거를 돌아보면 그 이유는 자명하다.

---

* 방사선 벽난로는 1900년에 개최된 파리 세계박람회에서 '2000년에 상용화될 미래 발명품'으로 소개되었다. 난방비를 절약해서 의료비(방사선 피폭 치료비)로 쓰라는 뜻이었을까?

생물학자들은 1700년대 중반까지만 해도 생명체의 신체 구조가 시대에 따라 변한다는 사실을 전혀 알지 못하다가 1870년대에 진화론이 등장하면서 일대 혁명을 겪었고, 1905년에는 유전물질이 자손에게 전달되는 수학적 원리까지 알아냈다.

화학도 마찬가지다. 1700년대까지는 원자의 '원' 자도 모르다가 1800년대 초부터 조금씩 그 존재를 눈치채기 시작했고, 1870년대에 와서 '무게가 다른 원자는 화학적 성질도 다르다'는 사실을 알게 되었으며, 1890년대에 전자가 최초로 발견된 후 1904년에 전자가 원자핵의 주변을 공전한다는 '원자모형'이 드디어 탄생했다.

과학자들은 세련되고 명확한 이론을 바라보며 세상의 이치가 하나의 초점으로 수렴하는 듯한 느낌마저 들었다. 그들은 "현재 알려진 물리량에 소수점 이하 자릿수를 몇 개 더 추가하여 정밀도를 높이면 현실에 대한 그림이 더욱 구체화될 것"이라며, 마치 과학의 역할이 끝난 것처럼 여유만만했다. 더욱 만족스러웠던 것은 그들이 구축한 이론이 예측 가능하다는 점이었다. 정말로 그랬다. 우리의 우주는 입자가 한순간에 한 장소에만 존재하고, 수염을 덥수룩하게 기르면 IQ가 10만큼 높아지는, 그런 우주였다.

만일 당신이 시계를 1905년도에 멈추고 나에게 과학의 미래에 대해 물었다면, 나는 주저 없이 "감기약에 헤로인 함량이 조금 줄어드는 것 외에는 달라지는 게 거의 없을 것"이라고 답했을 것이다. 그러나 현실은 그런 식으로 흘러가지 않았다. 양자 혁명은 과학적 예측의 정확성을 높이고 더욱 멋진 발명품을 안겨주었지만, 다른 한편으로는 현실을 더욱 혼란스럽게 만들었다.

과학자들은 바로 그 양자역학 때문에 저마다 다른 우주관을 갖게 되었고, 기존의 실험으로는 누가 옳은지 판별할 수도 없었다. 개중에는 물리법칙에 의식을 도입한 것도 있고, 빛보다 빠른 속도를 허용하는 경우도 있었다.

그러나 가장 받아들이기 어려운 부분은 양자역학을 해석하는 대다수의 이론이 무작위성을 허용한다는 것이었다. 그 바람에, 우아하고 세련되었던 이론은 졸지에 동전 던지기 게임으로 전락했고, 샤워 중 기발한 아이디어를 떠올리는 극적인 장면도 더 이상 연출하기 어려워졌다.

그중에서도 제일 혼란스러운 것은 보어의 이론이었다. 여기에는 동시에 여러 상태에 존재하던 전자를 하나의 상태로 결정짓는 '붕괴', 정보가 빛보다 빠르게 이동하는 '비국소성nonlocality', 그리고 정보 전달에 시간이 전혀 소요되지 않는 '즉각성instantaneousness' 등이 포함되어 있다. 예를 들어 좀비 고양이 실험에서 상자의 뚜껑을 열고 고양이를 관측하면, 권총이 아무리 먼 곳에 있어도(심지어 다른 행성에 있어도) 고양이와 권총의 상태는 티끌만큼의 시간차도 없이 동시에 붕괴된다.

이 모든 것을 가장 끔찍하게 싫어한 사람은, 사촌누이와 재혼한 20세기 물리학의 거장 알베르트 아인슈타인이었다. 결정론적 우주관을 신봉했던 아인슈타인은 무작위에 기초한 양자역학을 받아들일 생각이 눈곱만큼도 없었다. 아마도 그는 고무풍선을 머리빗으로 착각하여 머리칼에 대고 열심히 문지르면서(정전기!) 이렇게 중얼거렸을 것이다. "정상, 정상으로 돌아가야 해…."

당신은 이렇게 묻고 싶을 것이다. "잠깐, 아인슈타인이 말하는 '정상' 이란 대체 무슨 뜻이지? 정상과 비정상의 기준은 또 뭐고? 그리고 아인 슈타인이 무작위성을 싫어한 건 그의 미학적 취향 아니었나?"

맞는 말이다. 완전 인정한다. 그러나 이것이 바로 현실이다. 고스와미 의 우주의식에서 에버릿의 다중우주에 이르기까지, 이 책에 언급된 모 든 이론도 결국은 개인의 미학적 취향이 가미된 결과였다. 옳고 그름을 판별할 만한 데이터가 없을 때, 사람들은 옳은 이론을 식별하는 기준으 로 흔히 '아름다움'을 내세우곤 한다. 그러나 아름다움은 다분히 주관적 인 개념이어서, 의견 일치를 보기가 쉽지 않다. 다중우주가 일부 물리학 자에게 우아한 이론처럼 보인다 해도, 다른 물리학자에게는 끔찍한 악 몽일 수도 있다.

개중에는 평행우주보다 자발적 붕괴에 끌려서 보어 이론의 취약점인 비국소성이나 무작위성을 대수롭지 않게 여기는 사람도 있고, 여기에 지나치게 신경 쓴 나머지 아예 새로운 이론을 만들어 낸 사람도 있다.

오늘날 양자역학과 관련된 논쟁은 자신의 이론(자신의 미적 취향에 맞는 이론)이 훨씬 실질적이면서 실험 결과와 일치한다고 주장하는 몇 몇 그룹 간 경쟁으로 정리된 상태이다. 이들의 고함과 툴툴대는 소리를 과학적으로 우아하게 표현할 수도 있지만, 결국은 이런 내용이다. "자, 보라고. 내 이론이 네 것보다 훨씬 예쁘잖아. 눈은 폼으로 달고 다니냐?"

지금은 데이터가 부족하여 어떤 이론도 신뢰도를 확인할 수 없는 상 태이다. 양자역학을 해석하는 다양한 이론 중 어떤 것이 사실인지 판별 할 수 있는 실험은 아직 등장하지 않았다. 하긴, 자신이 옳다고 철석같이 믿는 사람에게 실험 데이터는 별 의미가 없을 것 같기도 하다.

더 많은 데이터가 확보될 때까지, 양자역학에 대한 해석은 로르샤흐 테스트Rorschach test(피험자에게 좌우대칭형 그림을 보여주고 반응을 분석하는 식으로 진행되는 인격진단검사-옮긴이)와 비슷한 수준에 머물 것이다. 물리학자가 현실을 서술하는 여러 이론 중 하나를 선택하여 그것만이 옳다고 주장하면서 다른 이론을 배척한다면(실제로 자주 있는 일이다), 그는 과학적 논리를 펼치는 것이 아니라 자신의 미적 취향을 만천하에 홍보하고 있는 것이다.

'이론의 아름다운 속성은 실험적 증거를 대체할 수 있다'거나 '선택된 소수만이 아름답고 추한 이론을 구별할 수 있다'는 것은 과학이라면 반드시 경계해야 할 태도다.

이런 이야기를 하다 보니 또다시 아인슈타인으로 돌아가게 된다. 그는 헝클어진 머리칼과 풍성한 콧수염으로 유명했지만, 길거리에 떨어진 시가를 주워서 거기 남은 담뱃잎을 자신의 파이프에 털어 넣고 줄담배를 이어가는 골초이기도 했다. 또한 그는 '과학 이론의 미적 감각'에 관한 한 신뢰도가 가장 높은 사람일 것이다(참고로 에버릿도 둘째가라면 서러운 골초였고, 고스와미는 어디를 가나 철 지난 모자를 쓰고 다녔다).

중력이론에 혁명을 몰고 온 아인슈타인은 양자역학도 무작위성이나 초광속 운동(빛보다 빠르게 진행되는 운동) 같은 헛소리 없이 '아인슈타인식 혁명'으로 이끌고 싶었다.

그리하여 그는 풍선으로 머리를 빗으면서 새로운 이론 개발에 착수했다가, 이론물리학을 완전히 뒤집어엎어 놓고 막다른 길에 도달했다.

더 깊이 들어가야 해!

아인슈타인은 스스로에게 물었다. "미시 세계의 법칙은 왜 무작위로 작동하는 것일까? 혹시 사물의 속성이 정말로 무작위적이어서 그런 게 아니라, 우리가 큰 그림의 일부만 보고 있기 때문에 무작위처럼 보이는 건 아닐까?"

한 가지 예를 들어보자. 내 이름은 이론적으로 'Jérémie'지만, 내 고향 오타와에 있는 스타벅스의 바리스타들은 생각이 다르다. 내가 주문한 20달러짜리 시나몬 돌체라떼가 나왔을 때, 컵홀더에는 'Jeremy'라는 이름이 적혀있기 일쑤다. 이런 일이 하도 자주 발생해서 지금은 거의 익숙해졌다.

가끔은 철자가 맞을 때도 있지만, 같은 카페에 몇 번 가다 보면 결국은 Jeremie와 Jeremy가 무작위로 섞여서 어떤 이름이 적혀 나올지 예측할 수 없게 된다.

그러나 실제로 나는 바리스타의 억양을 듣는 순간, 그의 제1언어가 프랑스어인지 아닌지 금방 알 수 있다. 만일 그가 프랑스어를 구사하는 사람이라면 컵홀더에는 프랑스식 이름이 적혀있을 가능성이 높다. 즉, '바리스타의 억양'이라는 하나의 변수 덕분에, 예측 불가능할 것 같았던 철자를 예측할 수 있게 된 것이다.

그러나 주변이 너무 시끄럽거나 바리스타의 말소리가 작아서 그의 억양을 듣지 못할 때도 있다. 이런 경우에는 '억양'이라는 변수가 어딘가로 숨어서 컵에 적힌 철자를 예측할 수 있는 유일한 정보를 잃게 되고, 내 이름은 다시 무작위로 바뀐다. 철자를 생성하는 규칙 자체가 무작위여서가 아니라, 그것을 좌우하는 변수가 보이지 않는 곳으로 숨었기 때문이다.

아인슈타인은 양자적 입자가 컵홀더에 적힌 내 이름 철자와 비슷하다고 생각했다. 입자는 무작위로 행동하는 것처럼 보이지만, 그 무작위성 자체가 실체가 아닌 환영이라는 것이다. 양자적 입자의 거동은 완전히 결정되어 있는데, 우리가 알 수 없는 숨은 변수에 의해 조종되고 있기 때문에 무작위로 보이는 것뿐이다.

아인슈타인의 시나리오에 의하면 전자는 두 방향으로 동시에 자전하다가 누군가에게 관측되었을 때 하나로 결정되는 것이 아니라, 원래부터 한 방향으로 자전하고 있다. 그리고 자전 방향은 우리에게 보이지 않는 하나 이상의 변수에 의해 결정된다.

이 숨은 변수 이론이 사실로 판명된다면 물리학의 판도가 완전히 뒤집혀서 현실은 또 한 꺼풀의 껍질을 벗게 되고, 양자역학에 밀려 서랍 속으로 들어갔던 결정론이 물리학의 중앙 무대로 복귀할 것이다. '태엽이 풀리는 시계'를 연상시켰던 뉴턴의 우주처럼, 숨은 변수 이론의 우주도 100퍼센트 결정론적이다. 양자역학의 불확실성을 말끔하게 제거하고 모든 것을 확실하게 예측할 수 있으니, 물리학은 더욱 견고한 진리로 자리 잡게 된다. 이로부터 얻을 수 있는 연구보조금을 상상해 보라. 생각만 해도 신나지 않는가!(저자는 대학원생 시절에 연구비가 항상 쪼들렸던 모양이다-옮긴이)

그러나 모든 것을 한 방에 끝내고 싶었던 아인슈타인은 예측 가능한 숨은 변수 이론이 초광속 이동까지 금지해 주기를 원했다.

당시 아인슈타인은 몰랐지만, 그가 사망하고 몇 년 후에 아일랜드의 물리학자 존 벨John Bell은 아인슈타인의 희망 사항이 실현될 수 없음을 증명했다. 그리스문자가 잔뜩 들어있는 어떤 방정식으로부터 "초광속 이동을 허용하지 않고서는 숨은 변수 이론을 구축할 수 없다"는 결론이 내려진 것이다. 그렇다. 아인슈타인의 이론은 처음 탄생할 때부터 실패할 수밖에 없는 운명이었다.

그런데 아인슈타인은 초광속 이동을 왜 그토록 싫어했을까? 앵무새 노래처럼 반복되는 감이 있지만, 그 이유를 찾다 보면 또다시 미학 이야기로 돌아온다. 사실, 양자 이론에 초광속 효과를 금지하는 조항은 없다.* 단지 아인슈타인이 그것을 싫어했을 뿐이다.

상대성이론의 창시자이자 광전효과photoelectric effect로 노벨상까지 받은 당대 최고의 물리학자도 자신의 미적 감각에 편향되어 실패할 수밖에 없는 이론에 매달리면서 말년의 대부분을 보냈다. 〈스타트렉〉의 대사를 빌려서 표현하자면 "미학과 빈 자루는 자루만큼의 가치가 있다".(원래 대사는 "위엄과 빈 자루는 자루만큼의 가치가 있다(Dignity and an empty sack is worth the sack)"이다. 미학과 자루를 더한 가치가 자루의 가치와 같으니, 미학의 가치는 0이라는 뜻이다-옮긴이)

다행히도 다른 물리학자들은 아인슈타인만큼 까다롭지 않았고, 그중 한 사람은 초광속 효과를 수용한 채 숨은 변수 이론을 계속 파고들기로 마음먹었다.

---

* 물체나 정보가 빛보다 빠르게 이동하면 원인과 결과의 순서가 뒤바뀌는 등 심각한 문제가 발생한다. 이것은 아인슈타인의 상대성이론에서 입증된 사실이다. 그러나 보어의 이론에 등장하는 초광속 효과는 정보를 전달하는 데 사용할 수 없기 때문에, 빛보다 빨라도 문제를 야기하지 않는다.

그런데 문제는 그가 지독한 빨갱이라는 것이었다.

공산주의 물리학자

요즘 '아주 똑똑한 사람들' 사이에는 1950년대 회계사 스타일의 두꺼운 안경을 살짝 치켜올리면서 낮은 목소리로 이런 대사를 읊는 게 유행이다. "서양 과학은 말이지, 너도 알다시피 서구 사회의 산물이기 때문에 맹점이 아주 많아."('사회society'를 '소셜 밀리유social milieu'라고 하거나, 다른 프랑스어를 간간이 섞으면 효과가 더욱 좋다.)

별로 달갑게 들리진 않지만, 사실 이들의 말에는 일리가 있다. 그리고 20세기 최고의 물리학자 중 1인이었던 데이비드 봄David Bohm은 이 교훈을 배우는 데 아주 비싼 대가를 치렀다.

데이비드 봄은 실제로 작동하는 숨은 변수 이론을 구축하는 방법을 알아냈지만, 끝내 완성하지 못하고 세상을 떠났다. 주된 이유는 보어가 이끄는 코펜하겐 학파가 양자역학의 판도를 완전히 움켜쥐고 새로운 해석을 철저하게 배척했기 때문이다. 그들에게 보어는 신과 같은 존재였고, 그 외의 다른 이론은 필요 없었다.

그러나 데이비드 봄은 정치적 이데올로기의 희생양이기도 했다. 그는 독실한 공산주의자였는데, 불행히도 당시는 미국의 정치인과 정부 지도자들이 눈에 불을 켜고 공산주의자들을 색출하던 1950년대였다.

공산당 집회에 구경 갔다고? 그럼 당신은 공산주의자다. 빨간색을 좋아한다고? 당신도 공산주의자다. 기숙사 룸메이트들에게 "공평하게 돌아가면서 요리를 하자"고 제안했다고? 이런 빨갱이를 봤나! 모든 것이

단순했던 50년대에 봄은 제비를 잘못 뽑았다. 그는 공산당 청년동맹과 노동조합을 비롯한 여러 단체에서 활동하다가 '적색 공포 Red Scare'(공산주의자에 대한 전국민적 히스테리 열풍 –옮긴이)의 원흉으로 블랙리스트에 올랐고, 그때부터 물리학자로서의 삶에 막대한 지장을 받게 된다.

1943년에 봄은 미국의 일급 기밀 프로젝트인 맨해튼 프로젝트에 차출되었으나, 당국으로부터 보안 허가를 받지 못해 최종 명단에서 누락되었다. 또 1950년에는 사상 검증을 위해 미국 의회에 소환되었을 때 답변을 거부했다는 이유로 체포되기도 했다. 봄의 혐의는 1951년에 기각됐지만, 이미 프린스턴 대학교 교수직에서 해임된 그는 징그러운 미국을 떠나 브라질에 자리를 잡았다. 이것으로 박해가 끝났을까? 아니다. 봄이 브라질에 도착하자마자 그곳에 파견된 미국 영사는 "미국으로 귀국할 때 돌려주겠다"며 그의 여권을 압수했다. 브라질에 체류하는 동안 제3국으로 가는 길을 아예 막아버린 것이다. 이 모든 것은 과학자로서 그의 경력과 유럽 동료들과의 교류, 그리고 양자역학에 대한 그만의 해석을 세상에 알리는 데 커다란 악재로 작용했다.

데이비드 봄은 양자역학에 대하여 동시대의 어느 누구보다 강한 열정을 갖고 있었다. 열정만 강한 것이 아니라, 실제로 봄은 당대 최고의 과학자 중 한 사람이었다. 프린스턴에서 봄과 함께 일했던 아인슈타인은 청문회가 불미스럽게 끝났을 때 그를 영국의 연구소에 취직시키기 위해 백방으로 뛰어다녔으나, 미국 정부의 반대에 막혀 뜻을 이루지 못했다. 만일 봄이 미국에 계속 머물면서 당대 최고의 물리학자들과 교류를 이어갔다면, 양자역학은 적어도 지금처럼 모호한 상태로 남지는 않았을 것이다.

봄의 사례에서 얻은 한 가지 교훈은 과학적 합의를 도출하는 데 학문적 정치 못지않게 국가의 정치도 중대한 영향을 미칠 수 있다는 것이다. 물론 백악관에서 시가를 입에 물고 "그 빨갱이 녀석 데이비드 봄이 물리학계에서 설쳐대는 모습은 절대 볼 수 없어!"라며 대놓고 말한 사람은 단 한 명도 없지만, 사실 그럴 필요도 없었다. 어차피 봄의 이론은 지정학적, 이념적 싸움의 희생양이 되어 사라질 운명이었다.

사실 여기에는 미학적 취향도 중요한 요소로 작용했다. 서구의 물리학자들이 봄의 이론에 관심을 갖지 않은 주된 이유는 그런 이론이 더 이상 필요하지 않다고 느꼈기 때문이다. 관측자와 관측 대상의 상호작용을 파고들어 가면 문제가 주체할 수 없을 정도로 복잡해질 것이 뻔했기 때문에, "관측 행위로 인해 중첩된 상태가 붕괴된다"는 한 마디로 모든 상황을 마무리한 것이다.

데이비드 봄의 이론은 당시 미국의 정치적 상황과 학계의 중론(미학적 취향)에 밀려 역사 속으로 사라졌고, 그 후로 수십 년 동안 양자역학은 더 이상 앞으로 나아갈 이유를 찾지 못한 채 다수의 의견을 존중하는 민주주의 사회처럼 평화롭게 안주해 왔다.

나는 개인적으로 봄의 이론에 동의하진 않지만, 중요한 것은 이론의 진실 여부가 아니다. 누가 뭐라 해도 봄은 20세기 최고의 혁신가 중 1인이자, 제2의 갈릴레오로 가장 적합한 인물이었다.

물론 논란의 여지가 있는 아이디어를 제기했다고 해서 누구나 갈릴레오가 되는 것은 아니다. 위대한 아이디어는 100가지 끔찍한 아이디어를 거친 후 탄생하기 때문에 대체로 전통적 이론과 화끈하게 다르다. 그래서 이미 기득권을 확보한 과학자와 정치색 짙은 연구기관은 자신의 권위와 타당성을 보호하기 위해 새로 등장한 이질적인 이론을 배척하는 경향이 있다. 그리고 그 결과는 항상 똑같다. 데이비드 봄 같은 사람은 공정한 평가를 받기도 전에 학계로부터 완전히 차단된다.

이런 것은 당연히 부당한 처사이므로, 내막을 아는 사람이라면 누구나 '무언가 조치를 취해서 상황을 바로잡아야 한다'는 생각을 갖게 된다. 그러나 마음을 앞세우면 더 나쁜 결과가 초래될 수 있다. 특정 과학 이론을 은밀하게 훼손하는 행위보다 더 나쁜 것은 이런 관행을 막기 위해 사람들이 구축한 시스템이다.

미국의 물리학자들은 데이비드 봄이 공산주의자라는 이유로 (비공식적으로, 은밀하게) 그의 이론을 기피했다. 그러나 이제 곧 보게 되겠지만, 봄의 이론이 탄생하게 된 기원은 이론 자체보다 더욱 흥미롭다. 봄의 이론을 이해하면 과학자들이 (공식적으로) 어떤 이론을 지지하고 어떤 이론을 배척하는지 분명하게 알 수 있다.

목욕한 물은 놔두고, 아기는 버려!

독자들은 블라디미르 레닌^{Vladimir Lenin}이라는 이름을 들으면 어떤 인물이 연상되는가? 아마도 러시아의 마지막 황제 니콜라이 2세를 쫓아내고 세계 최초의 공산주의 국가(머지않아 수천만 명의 국민을 굶기고, 숙청하고, 강제노동소에서 죽게 만들 국가)를 수립한 '만사태평한 마르크스주의자'가 떠오를 것이다.

그러나 레닌에게도 부정적인 면이 있었다.

그는 물리학과 철학에 대해 매우 냉철하고 완고한 사람이었다. 레닌의 사상에 눈에 띄는 오류는 없지만, 그는 "수단과 방법을 가리지 않는다면 무하마드 알리도 끌고 올 수 있다"고 큰소리치는 대학생처럼, 넘치는 자신감으로 과학철학에 접근했다.

레닌은 "인간의 의식이란 두뇌 활동의 산물이며, 현실은 그것을 바라보는 사람이 있건 없건 확고하게 존재한다"고 믿었다. 그야말로 유물론의 최상급이다. 레닌이 두 번째 망명 중이던 1908년에 집필한 400페이지짜리 책《유물론과 경험비판론》에는 물리학을 대하는 그의 태도가 가감 없이 드러나 있다.

러시아의 마르크스주의자들은 레닌의 책에 열광했고, 얼마 후 레닌은 살인에 특화된 혁명가이자 사이비종교의 아이콘으로 등극했다. 물리학과 철학 분야에서 레닌이 남긴 저서는 소련 인민이라면 반드시 읽어야할 필독서가 되었으며, 그가 죽어서 미라로 만들어진 후에도 수십 년 동안 공산주의 사상을 밝히는 경전으로 통했다.

레닌의 사망 후 권력을 이어받은 사람은 '어느 각도에서 봐도 사담 후세인을 닮은' 이오시프 스탈린^{Joseph Stalin}이었다. 편집증이 유난히 심했던 스탈린이 반대파의 씨를 말리겠다며 살벌한 공포정치를 펼치고 있을 때 소련의 철학자들은 소련 인민의 생각(물리학 포함)과 그들의 삶에 적극적으로 개입하기 시작했고, 레닌의 사상은 석관을 넘어 소련의 문명과 과학에 계속해서 영향을 미쳤다.

공산주의-레닌주의 철학자들은 "서방 세계의 과학은 비도덕적이고 사악한 자본주의의 산물이어서 절대 신뢰할 수 없다"고 주장한다. 오직 사회주의 체제하에서만 우주의 비밀을 밝힐 수 있으며, "인터넷 드레스는 파란색인가 금색인가?"라는 과학적 의문도 해결할 수 있다.('인터넷 주소internet address'를 풍자한 것-옮긴이) 그리하여 그들에게는 자본주의에 물들지 않은 새로운 과학이 필요했고, 기어이 하나를 만들어 냈다.

이것이 바로 레닌의 관점에 따라 과학을 재해석한 '사회주의 과학socialist science'이다. 여기서 불편한 과학 이론(레닌식으로 수정하기 어려운 이론)이 눈에 띄면 가차 없이 폐기된다. 사회주의 과학은 소련의 체제를 유지하는 이념적 기둥이었다.

소련의 철학자들은 외부 세계가 관측자와 무관하게 독립적으로 존재해야 한다고 생각했다. 따라서 '관측자가 관측 대상의 상태를 붕괴시킨다'는 보어의 이론은 말짱 헛소리이며, 여기에 대항하는 사람은 서구 자본주의에 물든 속물 취급을 받았다.

그런데 이렇게 부자연스러운 과학이 과연 안정적으로 유지될 수 있을까? 물론 턱도 없다. 불안한 기초가 허물어지지 않으려면 특수 제작한 버팀대를 받쳐야 한다. 그래서 소련 당국은 사회주의 과학의 안정적인 발전을 보장하기 위해 특수 제작한 법령을 공포했다. 1947년부터 보어의 양자역학을 연구하거나 퍼뜨리는 행위를 법으로 금지한 것이다.

지어낸 이야기가 아니라 엄연한 실화다. 서구 과학의 편견에 대한 (일리 있는) 반작용으로, 소련 당국은 스스로의 과학적 편견을 최소화하는 대신 극대화하는 전략을 펼쳤다. 그리하여 각종 학회에서 보어를 맹비난하는 연설이 이어졌고, 보어의 이론을 지지하거나 조금이라도 관심을 보이는 사람은 불순분자로 낙인찍혔다. 서구의 과학자들이 의심스러운 이론에 보이지 않는 족쇄를 채우는 동안, 소련은 정부가 직접 나서서 금지령으로 대응한 것이다.

바로 이 시기에 데이비드 봄은 양자역학과 마르크스주의를 섞으려고 애쓰는 공산주의 과학자들과 교류하기 시작했다. 그가 양자역학에서 무작위성을 배제하고 객관적 관점을 부각시킨 것은 자신의 이론이 마르크스주의의 미학적 취향에 부합되도록 나름대로 애를 썼기 때문이다(그놈의 미학, 또 나왔다!).

그러나 소련의 관료와 과학자들은 '나름 레닌주의에 입각한' 데이비드 봄의 이론을 그다지 환영하지 않았다. 심지어 개중에는 레닌주의와 완전히 상반된다며 배척하는 사람도 있었다. 이들은 봄의 논문에서 레닌의 미학과 충돌하는 부분을 일일이 지적하면서 '완전히 틀린 이론'으로 단정 지었다.

사회주의자들의 생각은 확고했다. "데이비드 봄이 공산주의 체제에 일부 동조했다 해도, 그는 어쩔 수 없이 타락한 자본주의 문화에 젖은 속물이다. 치즈버거와 동물 프라이(닭튀김)를 2.4달러에 파는 나라에서는 진정한 사회주의 과학자가 나올 수 없다."

그렇다면 자본주의에 물들지 않은 과학 이론이란 대체 무엇일까? 뭐가 얼마나 대단하길래 서방 세계 과학자는 물론이고 소련의 과학자들까지 어리둥절하게 만들었을까? 보어와 고스와미, 그리고 에버릿의 희한한 가설을 대신할 만큼 정상적인 이론이었을까? 그리고 당신은 재료가 떨어지기 전에 인앤아웃 버거에서 2.4달러짜리 버거-프라이 콤보세트를 손에 넣을 수 있을까?

CHAPTER 10

자유분방한 역학

만일 당신이 길거리에서 아무나 붙잡고 "양자역학의 제일 기이한 특징이 뭐라고 생각하십니까?"라고 묻는다면, 아마도 이런 답이 돌아올 것이다. "뭐라고? 당신 누구야? (아이들을 향해) 얘들아, 차 안에 들어가서 나오지 마. (다시 당신을 향해) 당장 꺼지지 못해? 수갑 차고 질질 끌려가게 해줘?"

그러나 대화를 나눌 준비가 되어있는(그리고 양자역학에 조금이나마 관심이 있는) 사람에게 물어보면 이렇게 말할 것이다. "입자 1개가 여러 곳에 동시에 존재할 수 있다는 게 제일 이상해."

그러므로 지금이 1950년대이고 당신이 세계 최고의 이론물리학자라면, 양자역학을 어떻게든 수정해서 주어진 한순간에 입자가 한 곳에만 존재하도록 만들고 싶을 것이다.

그러나 그게 말처럼 쉽지가 않다. 지금까지 실행된 수많은 실험에 의하면, 입자는 정말로 여러 곳에 동시에 존재하는 것처럼 보인다. 다행히도 당신의 이론을 입증하기 위해 이 모든 실험 결과를 일일이 설명할 필요는 없다. 영의 이중슬릿 실험 하나면 된다. 이것 하나만 만족스럽게 설명하면 당신의 이론은 인정받을 수 있다.

이 정도 업적이면 노벨상 한두 개쯤 받을 수도 있고, 평소 숙원이었던 250달러짜리 체 게바라 티셔츠를 사 입을 수도 있을 것이다.

데이비드 봄은 처음에 이런 생각으로 연구에 착수했다. 양자역학에서 입자가 2개 이상의 장소에 동시에 존재하는 기이한 상황을 완전히 제거하여, 상식이 통하는 양자역학을 구축하는 것이 그의 목표였다. 그렇다면 봄은 이중슬릿 실험을 어떻게 설명했을까?

만일 그가 자신의 이론을 책으로 출간했다면, 다음과 같이 적었을 것 같다.

봄: 이제 이중슬릿 실험에 관한 이야기를 해봅시다. 광원에서 방출된 빛이 2개의 가느다란 슬릿을 향해 날아가고 있습니다. 이들 중 운 좋게 슬릿을 통과한 빛은 그 뒤에 있는 스크린에 도달해서 흔적을 남깁니다. 왠지 어디서 들어본 것 같지요?

당신: 네, 이 책 1장에서 읽긴 읽었는데 오래돼서 기억이 가물가물하네요. 이 책의 저자인 제레미가 나의 빈약한 기억력을 미리 예측해서 굳이 책을 뒤지지 않아도 되도록 이런 식으로 글을 쓰고 있군요. 다행입니다.

봄: 그래요, 참 괜찮은 친구죠. 어쨌거나 이중슬릿 실험에서 슬릿 하나를 막고 나머지 하나만 열어놓으면, 광원과 열린 슬릿을 연결한 직선이 스크린과 만나는 곳에 반점이 나타날 겁니다. 대부분의 빛이 그 근처에 도달할 테니까요.

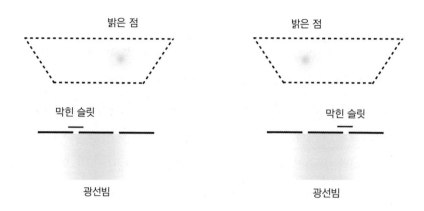

그런데 두 슬릿을 모두 열어놓으면 스크린에 반점 2개(왼쪽 슬릿에 해당하는 왼쪽 반점과 오른쪽 슬릿에 해당하는 오른쪽 반점)가 생기는 게 아니라, 보기에도 이상한 간섭무늬가 나타납니다.

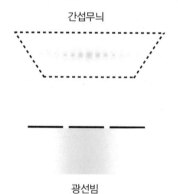

이 결과를 이해하려면 한 슬릿을 통과한 빛이 다른 슬릿을 통과한 빛과 복잡하게 섞여서(즉, 간섭을 일으켜서) 그림과 같은 줄무늬를 만들었다고 생각하는 수밖에 없습니다.

당신은 이렇게 생각할 겁니다. "오케이, 그럴듯한 설명이군. 하나의 슬릿을 통과한 입자가 다른 슬릿을 통과한 입자와 규칙적으로 충돌하면 그런 줄무늬쯤이야 얼마든지 만들 수 있겠지. 나는 손가락 그림자로 나비도 만들 수 있으니까!"

하지만 세상만사는 그렇게 단순하지 않습니다. 매 순간 하나의 광자(빛의 입자)가 슬릿을 통과하도록 만들어도 스크린에 간섭무늬가 나타나거든요. 광자를 한 번에 하나씩 발사하면 매 순간 슬릿을 통과하는 광자는 단 1개뿐인데, 이 광자가 무슨 수로 그 뒤에 따라오는 광자와 상호작용을 한단 말입니까? 혹시 자기 자신과 상호작용을 하는 걸까요?

생각이 여기까지 미치면 대부분의 사람들은 다음과 같이 결론짓습니다. 입자 1개가 2개의 슬릿을 동시에 통과하여 간섭을 일으켜서 스크린에 간섭무늬를 만든다고 말이죠. 하지만 제가 보기에 그건 말도 안 되는 헛소리입니다.

당신: 그럼 어떻게 설명해야 합니까? 다른 대안이 있나요?

봄: 이런 딜레마에 빠진 이유는 사람들이 입자에 대해 어떤 편견을 갖고 있기 때문입니다. '입자'라는 것은 더 큰 전체의 절반에 불과해요.

저의 이론에서 모든 입자는 운동을 제어하는 '파동'과 짝을 이루고 있습니다.

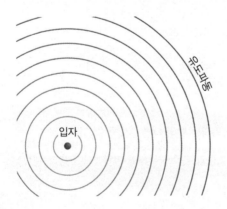

파동이 하는 일은 입자를 중심으로 주변 공간을 향해 퍼져나가면서 그 일대에 무엇이 있는지 확인하는 것입니다.

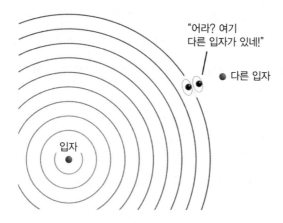

파동은 자신이 본 것에 기초하여 입자의 갈 길을 조금씩 조정합니다. 당신은 파동을 '입자 주변을 끊임없이 스캔하여 상황을 보고하는 정찰병'으로 생각할 수도 있고, '주변에 대한 반응으로 어떻게 움직여야 할지를 입자에게 알려주는 지휘자'라고 생각해도 됩니다.

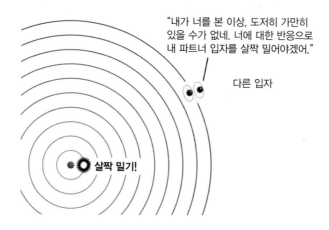

당신: 길 건너편에서 검은 정장에 트렌치코트를 걸치고 우리를 주시하는 스파이가 있다는 말이군요.

봄: 정말 신기한 건 말이죠. 눈을 가늘게 뜨고 양자역학 방정식(슈뢰딩거의 파동방정식)을 뚫어지게 바라보면 정확하게 이런 식으로 해석된다는 겁니다.

당신: 좋습니다. 그러면 이중슬릿 실험에서 나타난 간섭무늬도 당신의 '입자+파동 이론'으로 설명할 수 있나요?

봄: 자, 여기부터 시작해 봅시다. 일단 저는 하나의 슬릿을 통과한 빛이 다른 슬릿을 통과한 빛과 상호작용 해서 간섭무늬를 만든다는 점에는 완전히 동의합니다. 그리고 간섭무늬가 만들어지려면 빛이(또는 빛의 일부라도) 두 슬릿을 동시에 통과해야 한다는 점에도 동의합니다. 하지만 무언가가 두 슬릿을 동시에 통과했다면, 그것은 더 이상 입자가 아닙니다. 여기에 제 이론을 추가하면, 동시에 통과한 것은 입자가 아니라 '입자의 파동'인 거지요.

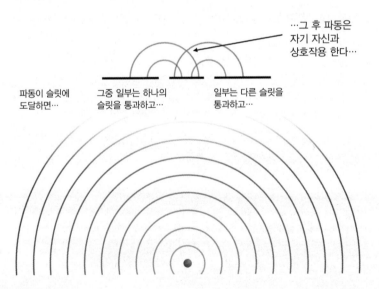

…그 후 파동은 자기 자신과 상호작용 한다…

파동이 슬릿에 도달하면…

그중 일부는 하나의 슬릿을 통과하고…

일부는 다른 슬릿을 통과하고…

이제 두 슬릿을 동시에 통과한 파동은 자기 자신과 상호작용 할 수 있습니다. 그런데 파동은 파트너 입자의 거동을 결정하므로, 방금 말한 상호작용에 의해 입자의 도착 지점이 결정됩니다. 이런 식으로 생각하면 '입자가 두 슬릿을 동시에 통과했다'는 말도 안 되는 소리를 늘어놓지 않고서도 간섭무늬가 생기는 이유를 설명할 수 있습니다.

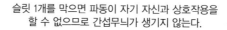

슬릿 1개를 막으면 파동이 자기 자신과 상호작용을
할 수 없으므로 간섭무늬가 생기지 않는다.

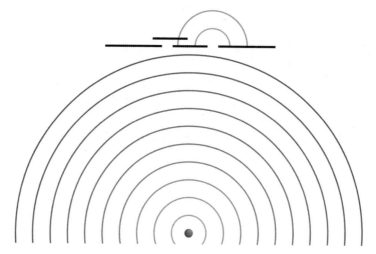

빛이 2개의 슬릿을 동시에 통과한다는 주장에 반대하는 것이 아닙니다. 슬릿을 통과하는 게 빛의 어떤 부분인지, 그 점에 대해 생각이 다른 거지요. 제가 보기엔 아직 아무도 알아채지 못한 파동이 슬릿을 통과하는 것 같습니다. 다른 물리학자들은 그것을 '두 장소에 동시에 존재하는 입자'라고 믿고 있지만요.

당신: 알겠습니다. 그런데 트렌치코트를 입은 사람이 아직도 저기 서있어요. 제가 가서 FBI 요원인지 물어볼까요?

데이비드 봄은 '모든 입자와 파트너처럼 묶여 다니는 파동'이라는 새로운 개념을 도입하여 '한순간에 단 하나의 장소에만 존재하는 입자'라는 지극히 당연한 개념을 되살려 냈으나, 그 대가로 초광속 효과를 포함한 몇 가지 기이한 부작용을 낳았다. 입자의 길을 안내하는 유도파동 guiding wave이 사방으로 퍼져나가다가 무언가와 마주치면 "이크, 앞에 뭔가가 있네. 내 파트너 입자에게 살짝 이동하라고 알려줘야겠군. 내가 무언가를 봤으면 파트너가 반드시 반응을 보여야 하니까"라는 판단하에 곧바로 이동 명령을 전달한다. 그런데 이 명령이 새로 마주친 입자에서 파동의 파트너 입자에게 전달되는 속도는 빛의 속도보다 훨씬 빨라야 한다. "우주에 존재하는 어떤 물체나 신호도 빛보다 빠르게 이동할 수 없다"는 아인슈타인의 계명이 시도 때도 없이 위반되는 것이다!

봄의 이론이 사실이라면 뉴턴의 운동법칙까지 위태로워진다. 입자가 유도파동으로부터 수신한 '살짝 밀기' 신호는 실제 힘이 작용하지 않은 경우에도 입자의 속도나 이동 방향을 바꿀 수 있다(유도파동에서 날아온 신호는 물리학에서 말하는 '힘force'과 근본적으로 다르다). 고등학교 물리에 대해서는 이 정도로 해두자.

데이비드 봄의 이론이 옳다면 물리학 교과서를 처음부터 다시 써야 한다. 그러면 케임브리지 대학교 출판부에서 즐거운 비명이 튀어나오겠지만, 우리의 일상생활도 엄청난 변화를 겪게 된다.

결정론과 숙명론은 다르다

앞서 논한 바와 같이 결정론은 자유의지와 양립할 수 없다. 모든 것이 결정되어 있다는 것은 우리가 내리는 선택도 이미 정해져 있다는 뜻이기 때문이다. 봄이 말하는 우주도 이와 비슷하여, 그 안에 예상할 수 있는 모든 결과가 포함되어 있다. 자유의지가 없으면 최악의 범죄자조차 비난하거나 처벌할 근거가 없으므로, 법체계의 근간이 위태로워진다.

그러나 이 책에서 아직 언급되지 않은 것이 하나 있다. 결정론을 받아들였을 때 치러야 할 심리적 대가가 바로 그것이다. 사람마다 차이가 있겠지만, 절대 이루어지지 않는 쪽으로 이미 결정되어 있는 일을 어떻게든 이뤄보려고 애를 쓰는 것은 아무리 좋게 봐줘도 한갓 공염불에 불과하다. 그런데 매사를 이런 식으로 생각하면 사는 게 대체 무슨 의미가 있는지 회의에 빠지기 쉽다. 가만히 있어도 될 일은 되고 아무리 노력해도 안 될 일은 안 된다는데, 매일 직장에 출근해서 뼈 빠지게 일해본들 그게 다 무슨 소용인가? 그냥 방 안에 틀어박혀서 소셜미디어를 뒤지고 게임이나 하는 편이 차라리 나을 것 같다. 게다가 내가 내린 결정에 책임을 질 필요가 없으니, 어떤 결정을 내려도 달라질 게 없지 않은가?

결정론을 수용하면 "나의 선택은 중요한 요소가 아니므로, 차라리 시도조차 하지 않는 편이 낫다"는 결론에 도달하기 쉽다. 그러나 이런 것은 숙명론fatalism이지 절대 결정론이 아니다.

사실 결정론과 숙명론은 정반대의 개념이다. 데이비드 봄이 제안한 결정론적 우주에서는 자신의 의지대로 선택하는 것이 불가능할 수도 있지만, 선택 자체는 결과에 중대한 영향을 미친다.

결정론은 최초의 선택에서 최종 결과까지 하나의 직선으로 연결되어 있기 때문이다. 오늘 하는 일과 내일 할 일 사이에는 무작위성이 스며들

여지가 없다. 호두맛 아이스크림을 잔뜩 사서 저녁 반나절 사이에 다 먹어치웠다면, 다음날 밀려올 부작용과 후회를 피할 길이 없다(체중이 또 늘었네. 몸은 또 왜 이렇게 피곤하지?—슈가 크래시 현상, 차라리 호두과자를 사 먹을걸… 등등).

바로 여기가 핵심이다. 과거가 미래를 결정한다면, 현재(그리고 지금 내리는 선택)도 미래를 결정한다. 당신의 선택은 현실적으로 매우 중요하며, 그로부터 초래되는 필연적 결과를 맞이하게 된다. 만일 당신이 다음 문장에 반드시 반응해야 하는 운명이라면, 삶이 몰라볼 정도로 즐거워질 것이다. "이봐, 그거 알아? 나 지금부터 정말 열심히, 치열하게 살 거야!"

어설픈 철학은 위험하다. 결정론과 숙명론을 혼동하는 것도 여기에 속한다.

그래도 봄의 가설이 많은 사람들에게 심리적으로 강력한 동기를 제공한다는 점에는 의심의 여지가 없다. 만일 이 가설이 사실로 판명된다면, 자기계발서가 날개 돋친 듯 팔려나갈 것이다. 하지만 빚을 내가며 출판사를 차리기엔 아직 이르다. 봄의 이론에는 근본적인 문제가 있기 때문이다.

봄이 떨군 폭탄—의식

데이비드 봄의 이론은 '위치'를 나타내는 변수를 중심으로 구축되었다. 즉, 모든 입자가 명확한 위치를 갖는다고 가정한 것이다. 또한 입자가 갖고 있는 '관측 가능한 모든 속성'은 위치로부터 계산할 수 있다고 가정했다(그리고 유도파동의 역할에 대해 약간의 설명이 추가되어 있다).

그러나 입자의 위치 대신 운동량momentum(질량에 속도를 곱한 값-옮긴이)을 핵심 변수로 취했어도, 봄의 이론은 아무 문제 없이 작동했을 것이다. 물론 변수가 바뀌면 완전히 다른 현실을 서술하는 이론이 되겠지만, 그로부터 예측된 결과는 위치 기반 이론과 동일했을 것이다.

그렇다면 봄은 왜 하필 위치를 기본 변수로 선택했을까? 이유는 간단하다. 그냥 봄이 운동량보다 위치를 선호했기 때문이다. '위치는 운동량보다 아름답다'라는 것 외에는 그 어떤 이유도 찾아볼 수 없다.

하지만 이것은 별로 좋은 선택이 아니었다. 봄의 이론은 위치 대신 운동량을 변수로 선택할 수도 있지만 '위치와 운동량의 조합'이라는 특별한 변수를 사용해도 동일한 결과가 얻어진다. 예를 들어 위치와 운동량을 1:1로 섞거나 2:1로 섞어서 변수로 사용해도 된다.

위치와 운동량을 섞는 방법은 무한히 많다. 즉, 봄의 이론은 하나의 이론이 아니었던 것이다. 그러나 그는 무수히 많은 이론들 중에서 '제일 예쁘다'는 이유로 하나의 이론을 선택했고, 그것이 곧 위치 변수를 기반으로 한 이론이었다.

데이비드 봄의 다른 이론들은 지금도 논란의 여지가 많다. "봄의 이론을 수용하면 상대성이론은 어떻게 달라져야 하며, 입자의 스핀이나 각운동량 같은 물리량은 어떻게 수정되어야 하는가?" 지금도 물리학자들은 이런 문제를 놓고 상대방에게 분필을 던져가며 격렬한 논쟁을 벌이는 중이다.

그러나 정상적이고 유물론적인 이론을 꿈꿨던 봄에게 가장 중요한 문제는 이런 것이 아니었다. 뉴턴의 물리학이 플라톤의 동굴 벽에 그림자를 드리웠을 때부터 과학을 무던히도 괴롭혀 왔던 문제, 가장 만족스러

운 양자 이론조차 질퍽한 웅덩이에 빠져 허우적거리게 만드는 문제, 그
것은 바로 인간의 '의식'이었다.

저는 뉴에이지 선동꾼이 아닙니다!

이야기를 풀어나가기 전에 먼저 밝혀둘 것이 있다. 나는 결코 뉴에이
지 사상을 전파하고 싶어 안달 난 사람이 아니다. 그러나 물리학만으로
의식의 출현 과정을 설명하기에는 논거가 빈약한 것도 엄연한 사실이
다. 한 가지 논거가 있긴 하려나? 저기 지평선 위에? 아니면 그 너머에?
물리학이 의식과 친하지 않은 데는 그럴만한 이유가 있다.

여러 사람을 한곳에 모아놓으면 스스로 헤쳐 모이기를 반복하면서 서
서히 흥미로운 구조체계가 형성된다. 그들은 정부를 조직하고, 회사를
설립하고, 영국 로터리 감사협회UK Roundabout Appreciation Society 같은 모임
에 가입하기도 한다.

이런 구조체는 거대한 '인간 초유기체human superorganism'에 내장된 기관
器官과 부속물로 간주할 수 있다. 우리의 손발과 신장이 신체를 활용하고
목표를 달성하는 데 도움이 되듯이, 정부와 회사, 사교 모임 등은 인간
초유기체의 이익을 증진하는 데 특정한 역할을 한다.

누군가가 묻는다. "뭔 소리야? 이익이라니… 제레미, 너 지금 그 초유
기체인가 뭔가 하는 게 의식이 있다고 주장하는 거야?"(어쨌든 내 이름
철자를 제대로 읽어줘서 고맙다.)

나는 과거에 이런 생각을 자주 떠올리곤 했다. 지구상의 모든 개인이 저
마다 다른 결정을 내린다면, 이들로 이루어진 인간 초유기체가 어떻게 의

식을 가질 수 있겠는가? 초유기체의 행동은 각 개인이 내리는 선택에 의해 결정되는데, 의식은 고사하고 '정신mind'이나 제대로 유지할 수 있을까?

하지만 이 점을 생각해 보라. 한 개인의 행동은 전적으로 그의 몸을 구성하는 개개의 세포에 의해 결정된다.

이런 관점에서 볼 때 우리는 세포에서 진행되는 모든 과정에 순종하는 노예로, 세포의 '바람'과 '욕망'에 부합되지 않는 일은 절대로 할 수 없다. 우리의 모든 행동은 인간 초유기체와 마찬가지로 의식이 통제할 수 없는 요인으로부터 제약을 받고 있다.

그러나 우리는 이런 사실을 인지하지 못한 채 살아간다. 규모가 다른 생명체는 의사소통 방식이 다르기 때문이다. 우리 몸의 세포들은 복잡한 생화학적 메커니즘을 통해 정보를 교환하고 있는데, 우리는 그것을 이해할 수도, 해석할 수도 없다. 다람쥐와 얼룩다람쥐는 서로 의사소통이 가능하지만, 세포와 나 사이의 관계는 나와 김정은의 관계와 비슷하다.(두 사람 사이에 아예 말이 안 통한다는 뜻이다-옮긴이)

인간 초유기체도 이와 비슷하여, 세포의 전기화학적 신호 못지않게 낯선 방식으로 세상과 소통하고 있을 것이다. 그리고 우리는 세포나 초유기체와 소통할 수 없으므로, 그들이 세상을 경험하고 있다는 사실도 전혀 인식하지 못한다. 그저 "멍청한 작은 세포가 지극히 사소한 일을 하고 있겠지…"라고 대충 짐작할 뿐이다.

우리는 침 흘리는 개를 보면 개가 배고픈 상태라고 생각하고, 전광석화처럼 날린 파리채를 가뿐하게 피하는 파리를 보면 '죽기 싫어서 최고의 비행술을 구사한다'고 생각한다. 그러나 세포는 배가 고프거나 두려

움을 느낀다 해도 의사 전달 방식이 우리와 근본적으로 달라서, 아무리 주의를 기울여도 우리는 세포가 무엇을 느끼는지 알 수 없다. 그래서 우리는 세포에게 의식이 없다고 가정한다.

과학자와 철학자들 중에는 원자에서 세포, 곤충, 그리고 인간에 이르기까지, 집단을 이끄는 '의식의 연속체consciousness continuum'가 존재한다고 믿는 사람들이 꽤 있다. 그러나 그것은 의식의 연속체가 아니라 '의식을 인지하는 능력의 연속체'일지도 모른다.

우리와 스케일이 다른 영역에 존재하는 유기체(세포, 인간 초유기체 등)의 의식을 인지하지 못하는 이유가 각기 다른 소통 방식 때문이라면, 의사소통이 우리보다 훨씬 빠르거나 느린 속도로 진행되는 유기체의 의식도 느끼지 못할 것이다. 예를 들어 식물은 주변과의 상호작용이 매우 긴 시간에 걸쳐 진행되기 때문에, 몇 초 또는 몇 분 동안 바라봐서는 딱히 의식이 있다고 느껴지지 않는다(내 말을 못 믿겠다면 해바라기의 움직임을 고속도로 촬영한 영상을 찾아보라. 어린 해바라기꽃은 항상 태양을 정면으로 바라보기 위해 태양을 따라 움직인다).

'의식의 고향'이라는 인간의 두뇌도 만만치 않다. 과거에 뇌전증(간질병)을 치료하기 위해 뇌량 절단 수술(좌뇌와 우뇌를 연결하는 뇌량腦梁 일부를 절단하는 수술-옮긴이)을 받은 사람들은 일상생활에 큰 지장이 없었지만, 좌뇌와 우뇌가 서로 나머지 반쪽의 존재를 인식하지 못하는 것처럼 행동하곤 했다. 이는 곧 각자 독립적으로 의식을 만들어 내는 좌뇌와 우뇌가 뇌량을 통해 연결되어 하나의 통합된 의식을 창출한다는 뜻이다.

따라서 우리의 의식은 하나가 아니라 여러 의식의 집합체일 가능성이 높다. 그렇다면 그 안에는 의식이 몇 개나 들어있을까? 뇌를 의식 단위로 세분화하는 기술이 개발된다면, 우리의 뇌에는 얼마나 많은 '나'가 들어있을까?

나를 쳐다봐도 소용없다. 나도 모른다. 그러나 의식이 인간이나 뇌의 특정 부분, 동물, 또는 이들을 구성하는 세포의 전유물이라고 믿을만한 근거는 어디에도 없다. 토끼굴이 얼마나 깊이 파여있는지 누가 알겠는가? 유물론으로는 의식이 있는 것과 없는 것 사이의 경계를 명확하게 정의할 수 없다. 이는 과학자들이 아직도 의식의 실체를 규명하지 못하고 있는 이유 중 하나다.

의식을 설명하기 위해 굳이 마법 같은 요소를 도입할 생각은 없다. 내가 하고 싶은 말은, 객관적인 사실의 세계와 주관적인 경험의 세계를 이어주는 규칙이 아직 발견되지 않았다는 것이다. 이것으로 '의식의 연속체'와 뇌량 절단 효과를 설명하려면 매우 이상한 규칙이어야 할 것이다.

이런 점에서 볼 때, 물리학에 무언가 커다란 요소가 빠져있다는 느낌을 지우기 어렵다. 결정론이건 무작위 이론이건, 양자역학이건 뉴턴역학이건 간에, 누락된 부분을 메꾸려면 객관적인 물질계에서 경험과 의식이 창출되는 과정을 설명할 수 있어야 한다. 안타깝게도 지금 당장은 아무런 실마리도 없다.

정상적인 우주론에 매달리는 것은 별로 좋은 생각이 아니다. 방금 언급한 조건을 만족하는 이론이라면, 가장 평범한 버전이라 해도 19세기 물리학자들이 상상했던 것보다 훨씬 이상할 것이다.

흔들리는 기반

그렇다면 우주론은 앞으로 어떤 변화를 겪게 될까?

무엇보다 과거의 전례로 미루어 볼 때, 현실에 대한 개념이 뒤집어질 가능성이 높다. 20세기 초에 과학자들은 우주의 작동 원리를 설명하는 명확하고 논리정연한 이론을 기대했지만, 곧이어 나타난 양자역학은 모순적이고 반직관적인 메뉴로 뷔페 잔치를 벌였다.

기존의 이론에 큰 위협이 되지 않는다면, 새 이론의 옵션 중 하나를 선택하는 것은 그다지 부담스러운 일이 아니다. 그러나 지금 우리가 처한 상황은 전혀 그렇지 않다. 이 책에서 줄곧 이야기해 온 대로 물리학은 인간의 본성과 의식, 자유의지, 심지어 사후 세계에 대한 관념에도 지대한 영향을 미친다. 이것은 결코 가볍게 넘길 일이 아니다. 방금 나열한 항목은 사회 전체가 따르는 규칙과 가치관에 지대한 영향을 주기 때문이다.

오늘의 물리학은 미래를 지배할 이념의 기초를 제공한다. 그런데 문제는 오늘의 물리학이 불확실하다는 것이다. 물리학자들이 모호한 방정식을 너무 오랫동안 갖고 노는 바람에 다양한 해석이 쏟아져 나왔고, 그때마다 우리는 우주에서 우리의 위치를 다시 생각해야 했다.

보어의 붕괴이론이 발표되자 물리학자들은 궁금해하기 시작했다. "인간의 의식이 물리학에서 핵심적 역할을 할 수 있을까?" 수백 년 만에 처음으로 자연이 아닌 '사람'이 물리학의 중앙 무대에 데뷔한 것이다.

범우주적 의식을 앞세운 아미트 고스와미의 이론은 '의식이 겪은 경험' 자체가 우주의 구성 요소일 수도 있다는 흥미로운 가능성을 제기했고, 여기에 영향을 받은 사람들은 범심론과 사후 세계, 심지어 채식주의까지 다른 관점에서 생각하게 되었다.

'그냥붕괴 이론'은 의식, 정신, 영혼과 같은 모호한 개념을 물리학에서 완전히 추방하고, 양자역학으로는 자유의지를 구제할 수 없다고 못 박았다.

에버릿의 다중우주 가설은 평행우주 타임라인과 불멸성, 그리고 기이하기 짝이 없는 우주의 역사를 새로운 메뉴로 내놓았는데, 그것을 현대의 사법체계에 적용하자 산탄총에 맞은 스위스 치즈처럼 구멍이 숭숭 뚫린 망신창이가 되었다.

또한 데이비드 봄은 20세기 물리학이 시작된 곳으로 되돌아가서 '미래가 비석에 새겨진' 완벽한 결정론적 세계를 보여주었다.

이들 중 어떤 것이 옳은 이론일까? 우리를 정답으로 인도해 줄 마땅한 가이드라인은 없지만, 미학적 취향에 끌리는 것만은 경계해야 한다. 많은 사람들은 개인의 미학적 선호도에 기초하여 '좋은' 이론과 '나쁜' 이론을 판별하면서도, 정작 본인은 그 사실을 인지하지 못하는 경우가 태반이다.

물론 얼마든지 그럴 수 있다. 이론의 가치를 판단할 때, 미학적 취향은 과학적 사실 못지않게 중요한 영향을 미친다. 아인슈타인은 무작위성과 초광속 효과를 허용하지 않는 우주를 선호했고, 데이비드 봄은 현실이 관측자와 무관하게 존재하는 우주를 선호했다. 그리고 고스와미가 좋아하는 우주는 그 반대였는데, 그의 눈에는 수학적으로 엄밀하게 증명된 이론만큼 확실해 보였다. 그러나 고스와미의 이론은 수학적으로 증명된 이론이 아니며, 다른 사람의 이론도 마찬가지다.

그 결과 학술 강연장보다 뉴욕 동물원이나 영국 프리미어리그 경기장에나 어울릴 법한 고함과 비방, 세력 싸움이 난무하기 시작했다. 물리학자들은 고스와미의 논문을 읽지도 않은 채 찢어버렸고, 코펜하겐 학파는 보어의 붕괴이론을 사수하기 위해 에버릿의 가설에 신랄한 비판을 퍼부었다. 한편 소련에서는 보어의 이론이 공산주의 철학에 위배된다며 아예 법으로 금지시켰고, 데이비드 봄은 정치적 성향 때문에 프린스턴 대학교에서 쫓겨났다. 앞으로도 많은 과학자들이 자신의 믿음이 과학적 사실이 아닌 미적 취향에 의해 형성되었음을 인정하지 않은 채 서로 언성을 높이며 귀한 시간을 흘려보낼 것이다.

이것은 무언가가 잘못되어 나타난 결과가 아니다. 인간의 이성은 원래 이런 식으로 작동한다. 물리학자가 물리학을 다루는 방식은 우리가 '관심은 많지만 이해할 수 없는 것(정치, 스포츠, 종교 등)'을 다루는 방식과 비슷하다. 정당인이 반대파를 배려한 최선의 연설을 절대로 하지 않는 것처럼, 다중우주 지지자들은 고스와미의 이론이나 그냥붕괴 이론을 이해하려 애쓰지 않았다.

학교에서는 '현실에 적용했을 때 아무 문제 없이 작동해야 옳은 이론이 될 수 있다'고 가르쳐 왔다. 그러나 현실 세계에서 과학 이론은 현실에 적용했을 때가 아니라 '물리학자들 앞에 공개했을 때' 살아남아야 옳은 이론으로 대접받는다. 양자역학 탄생 초기에 그랬던 것처럼, 학계의 중론이 확립되면 모든 이론은 '살아남을 이론'과 '카펫으로 덮어버릴 이론'으로 양분된다. 그리고 학계의 중론은 영향력 있는 교수와 나이 든 물리학자들이 정한 '학계 정치'의 불문율과 연구지원금을 좌우하는 정치적 상황 등에 의해 결정된다.

물리학만 그런 것이 아니다. 우리 사회에서 중요한 문제가 발생했을 때 가동되는 대부분의 시스템은 지난 세기에 물리학을 망쳐놓은 학계의 고질적 구조와 비슷하다.

그리고 지금 그 결과가 하나둘씩 나타나고 있다.

━━━━━━━━━━◇●◇━━ **CHAPTER 11** ━◇●◇━━━━━━━━━

의식의 미래

10장에서 강조한 바와 같이 오늘의 물리학은 미래 사회를 건설하는 기반이다. 책을 팔기 위해 적어 넣은 미사여구가 아니다. 물리학에 대한 우리의 감각은 정체성을 형성하고, 정체성은 우리의 사고思考를 결정한다.

'사고'에는 방대한 양의 콘텐츠가 포함되어 있다. 앞에서 다뤘던 정의감과 법질서, 진화의 역사, 불멸성 등도 여기에 속한다. 그동안 독자들에게 '불만으로 똘똘 뭉친 대학원생'의 모습을 자주 보여줬는데, 이 책도 이제 마무리 단계에 접어들었으니 지질한 모습을 버리고 'AI Artificial Intelligence(인공지능)를 연구하는, 라면보다 비싼 음식을 사 먹을 수 있는 직장인'으로 돌아올 때가 된 것 같다.(마지막 장에서는 과도한 농담과 푸념을 자제하겠다는 말로 들린다. 일단 들어보자—옮긴이)

한때 물리학을 공부했던 실리콘밸리 컴퓨터쟁이의 관점에서 볼 때, 지금은 물리학의 역할이 그 어느 때보다 중요한 시기인 것 같다. 인류의 역사를 몽땅 뒤져봐도, 물리학(특히 양자역학)에서 말하는 '인간의 본질'이 지금처럼 중요하게 부각된 적은 한 번도 없었다. 왜 그런가? 지금부터 그 이유를 찬찬히 따져보자.

인간을 닮은 인공지능을 향해

나는 앞으로 수십 년 안에 인간과 동일한 수준의 인공지능이 등장하고, 얼마 지나지 않아 인간을 능가하는 초인공지능이 개발될 것이라 믿어 의심치 않는다. 마음이 너무 앞서 나가는 감이 있지만, 이 분야의 전문가들은 대체로 여기에 동의하는 분위기다. 내가 왜 이렇게 생각하는지, 그리고 21세기 양자역학이 어쩌다가 사상 최대의 도박판에 끼게 되었는지, 지금부터 그 이유를 알아보기로 하자.

일단은 인공지능의 핵심 개념을 691 단어로 축약해서 설명하고자 한다. 나와 함께 일하는 동료들이 이 글을 읽으면서 얼굴을 찌푸리지 말아야 할 텐데, 살짝 걱정이 앞선다. 준비되었는가? 이제 단어 계수기를 작동시켜도 된다.

인공지능^AI이란 복잡한 방식으로 정보를 처리하는 컴퓨터 프로그램의 일종으로, 도로에서 자동차를 운전하거나 온라인에서 자극적인 콘텐츠를 걸러내는 데 사용된다. 물론 단백질 분자가 접히는 방식을 예측하거나 핵융합반응을 제어하는 등, 사람이 할 수 없는 일을 꽤 그럴듯하게 해내기도 한다.

인공지능이 작동하려면 데이터와 처리 능력, 그리고 모델^model이라는 세 가지 요소가 필요하다. 이들의 정체가 무엇이며 어떻게 상호작용을 하는지 이해하기 위해, 먼저 '미적분학을 배우는 데 실패하는 세 가지 방법'에 대해 알아보자.

첫째, 교과서가 없으면 미적분학을 배울 수 없다. 인공지능이 무언가를 배우려면 교과서가 필요한데, 그 역할을 하는 것이 바로 데이터다. 교과서가 없으면 미적분학을 배울 수 없듯이, 단백질 결합에 대한 데이터가 없으면 인공지능은 단백질 분자가 접히는 방법을 예측할 수 없다.

둘째, 교과서가 있어도 읽고 공부하지 않으면 미적분학은 물 건너간다. 인공지능도 주어진 데이터를 읽어서 자신의 것으로 만들어야 하는데, 처리 능력이 있어야 이 과정을 수행할 수 있다. 교과서가 두꺼울수록 많은 학습량이 요구되듯이, 데이터가 많을수록 고도의 처리 능력이 요구된다.

셋째, 교과서가 있고 그것을 공부할 마음이 있다 해도 머리가 따라주지 않으면 미적분학을 배울 수 없다. 앵무새에게 미적분학을 가르친다고 상상해 보라. 열심히 반복하면 "미분, 적분!" 정도는 외칠 수 있겠지만, 뇌의 용량이 부족하여 모든 내용을 담지는 못할 것이다. 인공지능의 두뇌를 모델이라 하는데, 바로 여기에 인공지능이 학습한 모든 것이 저장된다.

지난 수십 년에 걸친 인공지능의 역사는 '서서히 개선되는 처리 능력'의 역사였다. 시간이 지날수록 프로세서(처리 장치)의 효율은 높아진 반면, 가격은 점점 더 저렴해졌다.

마침내 인공지능이 꽤 흥미로운 일을 할 수 있을 정도로 강력한 프로세서가 등장했고, 2012년에는 누군가가 그 프로세서를 이용하여 인공신경망artificial neural network(두뇌의 구조와 기능을 흉내 내는 모델)을 구축한다는 참신한 아이디어를 떠올렸다. 물론 사람의 능력에는 한참 못 미쳤지만, 새로 등장한 프로세서는 주어진 영상 속에서 개, 비행기, 버스 등과 같은 물체를 꽤 정확하게 식별해 냈다. 역사상 처음으로 사람의 눈과 비슷하게 작동하는 인공 눈이 만들어진 것이다.

구글에서 페이스북에 이르기까지, 거의 모든 IT 기업들은 잔뜩 흥분하여 이 분야로 뛰어들었고, 얼마 지나지 않아 언어 번역과 안면 인식, X선 사진 분석 등을 수행하는 신경망 프로그램을 선보였다. 대학이나 연구소에서 이런 일을 했다면 제대로 작동하는 수준에서 만족했겠지만 역시 기업들은 설립 목적에 걸맞게 수익까지 창출했고, 여기서 얻은 수익을 재투자하여 처리 능력을 더욱 향상시켰다.

그 무렵, 일부 인공지능 기업에서 우려의 목소리가 흘러나오기 시작했다. "인공지능이 형태 인식과 상품 추천, 그리고 스타크래프트 2 게임처럼 복잡한 작업을 사람보다 월등하게 잘해도 되는 걸까? 이러다가 무슨 부작용이라도 생기면 우리가 독박 쓰는 거 아닐까?"

하지만 대부분의 사람들은 별로 신경 쓰지 않았다. 인공지능이 특정 분야에서 사람보다 나을 수는 있지만, '모든 면에서 인간보다 우월한 인공지능'은 아직 먼 나라 얘기였기 때문이다. 안면 인식 인공지능이 이름과 전화번호 등 간단한 개인정보를 저장하거나 불러올 수는 있지만, 사람이 납부할 세금까지 계산해 줄 수는 없다.

2020년, OpenAI라는 연구실의 연구원들이 그때까지 아무도 생각하지 못했던 중요한 사실을 깨달았다. "인공지능의 발전 속도가 느린 것이 과연 새로운 모형이 부족해서일까? 그렇지 않을 수도 있다. 그동안 우리가 훈련시켜 온 모델이 너무 작았기 때문일지도 모른다. 이제 새의 두뇌보다 훨씬 큰 인공지능을 만들 때가 되었다."

그들은 이 생각을 곧바로 실천에 옮겼고, 그 결과는 세상을 완전히 바꿔놓았다.

일반 인공지능의 시대

2020년, OpenAI는 GPT-3라는 자동완성 시스템을 선보였다. 처음에 GPT-3는 휴대전화의 자동완성 인공지능처럼 사람이 작성한 문장에서 다음에 나올 단어를 예측하는 용도로 개발되었는데, 막상 사용해 보니 그보다 훨씬 많은 일을 할 수 있을 것 같았다. 연구원들은 곧바로 기능 확장에 착수했고, 얼마 지나지 않아 GPT-3는 번역, 에세이 집필, 코드 작성, 기초적인 웹디자인, 질문에 답하기 등 다양한 작업을 수행할 수 있게 되었다.

GPT-3의 등장과 함께 '협소한 인공지능 시대'는 막을 내렸고, SF소설에나 나올법한 일반적 지능을 단일 인공지능 시스템으로 구현하는 시대가 도래했다.

어떻게 그럴 수 있었을까? 사실 GPT-3는 그다지 유별난 모델이 아니었다. 장점이라곤 규모가 크다는 것뿐이었는데, 연구원들은 바로 여기서 실마리를 찾았다.

GPT-3는 이전에 나온 가장 큰 모델보다 10배쯤 컸으니, 규모로만 보면 거의 괴물 수준이었다. 게다가 이 괴물 같은 처리 능력으로 전 세계 인터넷에 올라와 있는 온갖 텍스트를 학습 자료로 삼아 트레이닝을 했으니, 전문가들조차 그 잠재력을 가늠하기 어려웠다고 한다.* OpenAI

---

* 인공지능 업계에 종사하는 내 친구들은 여기에 동의하지 않을 수도 있다. 확장을 통해 인공지능의 성능을 높이는 것은 '학습 데이터의 엔트로피(entropy)'라는 요인에 의해 제약을 받기 때문이다. 그러나 나는 이것이

의 연구원들은 '기존의 작은 모델을 확장하면 사람과 거의 비슷한 수준의 인공지능을 만들 수 있다'는 것을 확실하게 보여주었다.

GPT-3가 등장한 후 관련 업계에서는 인공지능의 규모를 키우는 것이 최대 현안으로 떠올랐고, 4년쯤 지난 지금은 텍스트에 기초한 자동완성 기능뿐만 아니라 사진, 비디오, 오디오 등 다양한 데이터를 동시에 처리하는 기술도 한창 개발되고 있다. 문자 그대로 '사람처럼 세상을 인식하는' 기계가 만들어지고 있는 것이다. 과거에는 인공지능이 한계에 도달할 때마다 새로운 돌파구를 찾으려 노력했지만, 지금은 사정이 다르다. 상당수의 전문가들은 오직 시스템의 규모를 키우는 것만으로 사람과 동일한(또는 사람을 능가하는) 인공지능을 구현할 수 있을 것으로 내다보고 있다.

그러면 지금까지 서술한 인공지능의 현주소에 기초하여, 원래 우리의 관심사였던 '의식과 자유의지의 물리학'으로 돌아가 보자.

의식이 중요한 이유

최근에 나는 큰맘 먹고 오래된 카펫을 증기 세척 했다. 모르긴 몰라도 이 과정에서 집먼지진드기 수만 마리가 죽어나갔을 것이다. 무고한 생명을 대량으로 학살했다는 생각에 잠을 설친 적은 없지만, 어떤 면에서 보면 나의 행동에 죄책감을 느껴야 했을지도 모른다.

심각한 방해 요인이라고 생각하지 않는다. 엔트로피 문제는 멀티모달 학습(multimodal learning)이나 셀프 플레이(self-play) 같은 기술로 극복 가능하며, 정 극복할 수 없다면 피해 가는 방법도 있다. 회의론자들은 부정적인 의견을 내놓기 전에 스케일링(규모 키우기)의 효과가 왜 하필 이제 와서 미약해지는지 그 이유를 설명해야 할 것이다.

우리 모두는 '학대하지 않고 돌봐야 할 생명체'와 그럴 필요가 없는 생명체를 구별하는 판단 기준을 갖고 있다. 그런데 그 기준은 어떻게 결정된 것일까? 아마도 가장 그럴듯한 잣대는 생명체가 갖고 있는 '의식의 수준'일 것이다. 의식이 있는 생명체는 좋고 나쁜 것을 느낄 수 있으므로, 그런 생명체를 함부로 대하면 무언가를 학대하는 듯한 느낌이 든다.

이런 느낌이 타당하다고 생각한다면, 인공지능의 관점에서 그 의미를 다시 한번 생각해 볼 필요가 있다. 앞으로 수십 년 안에 사람의 인지 능력을 갖춘 인공지능이 만들어질 가능성이 꽤 높기 때문이다. 여기서 '인지능력을 갖췄다'는 것은 일정 수준의 자기인식과 행동력을 탑재한 상태에서 스스로 생각하고 추론할 수 있다는 뜻이다.

이 인공지능 프로그램은 당연히 복제 가능한 소프트웨어로 만들어질 것이고, 충분한 테스트를 거쳐서 합격 판정이 내려지면 대량으로 복제될 것이다. 그것을 만든 인간에게 경제적 이득을 가져다준다면 이는 지극히 당연한 수순이다. 기계가 세금 계산을 대신 해주고 저녁 밥상을 차려준다는데, 이보다 좋은 게 또 어디 있을까? 10억 개의 기계로 돌아가는 10억 개의 집을 상상해 보라. 가격이 저렴해지면 수조 개까지 늘어날 수도 있다.

문제는 우리가 '의식을 가진 존재'라고 인정하지 않는 대상을 좋게 대해준 사례가 거의 없다는 것이다. 의식이 없는 대상을 적극적으로 학대하진 않았더라도, 일정 수준의 의식에 도달하지 않은 대상을 생명체가 아닌 '도구'로 취급해 온 것도 엄연한 사실이다(진드기 박멸, 공장식 축산, 쟁기 끄는 소 등). 우리가 직관적으로 정한 '의식의 커트라인'을 넘지 못하면 진드기처럼 부지불식간에 학살당하거나, 인간의 편의를 위해 대량으로 생산(또는 복제)된다.

인공지능의 의식을 신중하게 고려하지 않으면, 수조 개에 달하는 '인공 마음'을 부지불식간에 고문하고 학대하는 끔찍한 사태가 발생할 수도 있다. 인공지능에게 고통을 표현하는 기능마저 없다면, 우리는 그들을 학대하고 있다는 사실조차 깨닫지 못할 것이다. 한평생 쟁기만 끌어온 소가 어떤 고통을 느끼며 인간에게 어떤 원한을 품은 채 살아왔는지 무관심한 것과 같은 이치다.

미래의 인공지능은 의식도 중요하지만, 그에 못지않게 중요한 것이 바로 자유의지다. 지금 우리는 '사람이 생각해야 할 일'의 상당 부분을 기계에게 떠넘기고 있으며, 그 양도 빠르게 증가하는 추세다. 민감한 기사를 자동으로 골라주는 콘텐츠 자동조정 플랫폼에서 자율주행 자동차와 군용 드론에 이르기까지, 인공지능의 역할은 날이 갈수록 중요해지고 있다.

그런데 이 과정에서 사고가 발생하면 누구에게 책임을 물어야 할까? 최첨단 자율비행 드론이 표적을 잘못 인식해서 민간인에게 사격을 가했다면, 그 드론을 관리해 온 담당 군인을 처벌해야 할까? 아니면 드론의 인공지능을 개발한 엔지니어? 아니면 그를 고용해서 월급을 준 사람을 처벌해야 할까?

인공지능이 충분히 발달한 후라면 사고 친 드론에게 벌을 내릴 수도 있다. 하지만 기계를 폐기 처분하는 것으로 문제가 해결되려면, 기계가 최소한의 책임 의식을 갖고 있어야 한다. 드론이 자신의 행위에 책임을 지려면 얼마나 똑똑해야 할까? 앞서 말한 대로 자유의지에 대한 현대의 법 이론은 모호한 구석이 많기 때문에, 이것을 기계에 적용하려면 자유의지를 좀 더 정확하게 정의할 필요가 있다.

독자들 중에는 이렇게 생각하는 사람도 있을 것이다. "그런 걱정을 왜 벌써 하시나? 먼 훗날 인공지능이 의식을 갖게 되면, 인간도 기계가 느끼는 자유의지나 고통을 신중하게 생각하게 되겠지. 그런 걱정은 그때 가서 해도 되지 않을까?"

글쎄, 내 생각은 다르다. 나는 의식과 자유의지가 (적어도 부분적으로는) 양자역학에 기초하여 정의되어야 한다고 생각한다.

아이를 분무기로 훈육하지 않는 이유

의식이란 무엇인가? 우리 모두는 이 질문에 직관적인 답을 갖고 있다. 그러나 의식에 대한 직관은 인공지능이 느끼는 고통을 이해하는 데 별 도움이 되지 않는다. 왜 그런가? 그 이유는 다음과 같다.

우리는 '자녀 양육'과 '진화'라는 두 가지 관점에서 의식이라는 문제를 다뤄본 경험이 있다.

우선 자녀 양육에서 시작해 보자. 우리 인간은 성인成人의 의식을 비롯하여 청소년, 유아, 신생아, 배아, 난자, 그리고 정자의 의식에 이르기까지 다양한 단계의 의식을 연구하느라 참으로 많은 시간을 보냈다. 그 덕분에 대부분의 사람들은 '의식이 없는 존재'와 '의식이 있는 존재' 사이의 경계선을 큰 고민 없이 직관적으로 그을 수 있게 되었다.

경계선의 정확한 위치에 대해서는 아직도 논란의 여지가 있지만, 보기보다는 꽤 많은 합의가 이루어진 상태다. 예를 들어 정자와 난자는 생명이 아니고 신생아는 생명이라는 주장에 이의를 제기할 사람은 거의 없을 것이다.

의식의 수준을 진화적 관점에서 판단할 수도 있다. 인류는 지난 수십만 년 동안 균류, 조류藻類, 나무에서 개미, 쥐, 원숭이에 이르기까지, 다양한 종과 상호작용 하면서 그들의 특성을 연구해 왔다. 방금 말한 대로 우리는 '돌봐야 할 대상'과 '아무렇게나 대해도 되는 대상'을 직관적으로 구별할 수 있다.

그러나 진화의 관점에서 형성된 직관과 자녀 양육을 통해 형성된 직관은 비슷한 점이 별로 없다. '고양이가 아메바보다 고등 의식을 가진 것처럼 보이는 이유(진화적 관점)'와 '유아가 배아胚芽보다 고등 의식을 가진 것처럼 보이는 이유(자녀 양육의 관점)'는 근본적으로 다르다. 고양이의 존재감이 아메바보다 월등한 이유는 현란한 곡예를 부리고 복잡한 사냥 계획을 세울 수 있기 때문이며(사실 아메바는 눈에 보이지도 않는다!-옮긴이), 유아가 배아보다 우월해 보이는 이유는 기어 다니면서 방향을 찾고, 간간이 '아빠'나 '엄마'를 외칠 수 있기 때문이다.

고양이의 곡예 실력과 유아의 언어능력 중 어느 쪽이 더 고등한 능력일까? 이들을 직접 비교할 방법은 없다. 고양이는 진화를 거쳐 사람과 비슷한 지능을 갖게 되었고, 유아는 생물학적 성장 과정(그리고 노화 과정)을 거쳐 고도의 지능을 갖춘 어른이 된다. 초기의 영장류가 문명인이 되기까지의 진화 과정을 '자녀 양육에 대한 직감'으로 예측한다면, 완전히 빗나간 결론에 도달할 것이다.

그렇다면 인공지능은 어떨까? 인공지능의 의식과 관련된 문제를 진화나 자녀 양육 원리로 해결할 수 있을까?

내가 보기에는 턱도 없는 소리다. 인공지능의 의식은 진화나 양육과 무관하기 때문에, 완전히 다른 방향에서 접근해야 한다. 초대형 인공두뇌를 만들어서 방대한 양의 데이터로 학습을 시킨 것도 이런 이유였다. 이것은 과학의 역사를 통틀어 그 전례를 찾아볼 수 없는 새로운 방법이다. 만일 이 과정에 어떤 함정이 도사리고 있다면, 기존의 경험으로는 발견하기 어려울 것이다.

자유의지도 마찬가지다. 자유의지가 화학물질에 들어있다고 생각하는 사람은 없지만, 인간에게 자유의지가 있다고 믿는다면 분자 ···› 세포 ···› 동물 ···› 인간으로 이어지는 각 단계에서 점진적이건 급진적이건, 자유의지가 등장하는 과정을 진화적으로 설명할 수 있어야 한다. 또한 우리는 정자와 난자가 도덕적인 어른으로 서서히 변하는 과정을 '인간의 노화'로 설명할 수 있다.

자유의지나 도덕적 책임과 관련하여 진화와 양육에서 얻은 직관도 서로 일치하지 않는다. 고양이가 의자를 긁으면 우리는 고양이를 야단칠 뿐 그 외의 어떤 것에도 책임을 묻지 않는다. 하지만 어린아이가 똑같은 짓을 한다면 "거참, 가정교육이 엉망이군!" 하며 아이의 부모를 탓할 것이다. 이런 직관을 인공지능에 적용할 수 있을까?

직관이 별 도움이 되지 않는다면, 과학에 의지하는 수밖에 없다. 그중에서도 자연의 가장 근본적 원리는 물리학에 담겨있으므로, 물리학으로 돌아가는 것이 최선의 선택이다.

마감일에 쫓기는 물리학

도덕적으로 책임감 있는 AI와 그럴 필요가 없는 AI의 차이는 무엇일까? 우리의 직관과 경험만으로 둘을 확실하게 구별할 수 있을까? 이것이 불가능하다면 좀 더 포괄적인 개념을 도입해야 한다.

이런 상황에서 해결사로 등장한 것이 바로 물리학이다. 물론 물리학이 완벽한 해결책을 제공할 수는 없겠지만, 최소한 방정식의 일부는 될 수 있다. 양자역학의 다양한 해석 중 어떤 것이 진실로 판명되건 간에, '세상만사는 양자적 수준에서 일어난 사건의 결과'라는 것만은 분명한 사실이다. 양자역학은 존재 자체가 펼쳐지는 무대이며, 우리는 이 무대를 배경 삼아 도덕적 계산을 실행하고 있다.

고스와미가 옳다면 세상에 존재하는 모든 만물은 의식을 갖고 있거나, 더 큰 의식의 일부일 수도 있다. 나는 개인적으로 여기에 동의하지 않지만, 이것이 사실이라면 우리가 지금 만들고 있는 인공지능이 무엇을 느끼는지 신중하게 검토해야 한다.

폰 노이만이 옳다면 인간을 포함한 일부 동물은 '(아직 발견되진 않았지만) 관측이라는 행위를 통해 우리에게 양자계를 붕괴시키는 능력을 제공하는 메커니즘'을 이용하여 의식에 접근할 수 있다. 나는 폰 노이만의 해석도 믿지 않지만, 이것이 사실이라면 의식의 작동 원리를 알아내는 데 더 많은 시간과 노력을 투자해서 그에 맞는 인공지능을 설계해야 한다.

그러나 휴 에버릿의 다중우주가 옳다면 물리학만으로는 의식을 설명할 수 없고, 현실의 또 다른 층을 고려해야 한다. 즉, 물리적 세계에서 진행되는 정보처리로부터 '경험'이라는 감각이 탄생하는 과정을 일련의 규칙으로 설명해야 하는 것이다. 이 규칙은 범심론일 수도 있고 정신-육체 이원론일 수도 있으며, 아직 한 번도 거론되지 않은 새로운 개념일 수도 있다. 에버릿과 데이비드 봄은 자유의지가 존재하지 않는 현실을 제시하면서 매우 근본적인 질문을 던졌다. '법률과 철학이 생명체와 기계에 모두 적용되려면 어떤 부분을 어떻게 수정해야 하는가?'

위에 열거한 해석 중 어떤 것이 진실인지는 아무도 모른다. 혹시 모두 틀린 것은 아닐까? 그럴 가능성도 있지만, 답이 없다고 가정하면 우리의 처지가 너무 위태로워진다. 물리학자 중 25퍼센트가 믿고 50퍼센트가 반대하는 이론이라면 한 번쯤 신중하게 검토해 봐야 한다. 이것이 우리에게 주어진 유일한 선택이기 때문이다. 그런데도 굳이 다른 선택을 하겠다면 과거에 그랬던 것처럼 보어의 해석에 매달리면서 임의로 정해진 미적 취향에 입각하여 마음에 들지 않는 이론을 차단하는 등 똑같은 실수를 반복하는 수밖에 없다. 이런 식으로 접근하면 초기에 꽤 많은 관심을 끌겠지만, 결국은 어디에도 도달하지 못할 것이다.

지금 우리는 걱정스러우면서도 매우 흥미진진한 상황에 처해있다. 이제 막 '기술이 철학을 능가하는 시대'에 접어들었으니, 마감일에 쫓기는 기분으로 물리학에 집중할 필요가 있다. 미학과 관련된 논쟁에 휩쓸리지 않으면서, 윤리나 도덕처럼 모호한 분야를 물리학과 같은 기술적 분야에 접목시켜야 하는 것이다.

쉬운 답은 없다

우리의 여정은 수많은 피조물 중에서 인간의 위치를 파악하는 것으로 시작되었고, 이 과정에서 양자역학으로부터 얼마나 많은 정보를 얻을 수 있는지도 알게 되었다.

양자역학은 '창조주'로서 인간의 책임을 해석할 때 핵심적 역할을 한다. 인간이 자신의 위치와 역할을 이해하려면 반드시 거쳐야 할 과정이다. 인간과 비슷한 수준의 인공지능을 구축할 준비가 되어있다면, 그로부터 초래되는 위험을 제대로 인지하고 있는지 확인하기 위해 가끔은 양자 메뉴를 들여다볼 필요가 있다.

"양자역학의 다양한 해석을 놓고 고민하지 마세요. 그들 중 무엇이 진실인지 나는 알고 있습니다!"—내가 이렇게 외칠 수 있다면 얼마나 좋을까.

하지만 현실은 내 마음 같지 않다. 누군가가 "어떤 해석이 진실인가?"라고 묻는다면, 나는 "아무도 모른다"고 답할 수밖에 없다. 나보다 똑똑한 사람에게 물어봐도 사정은 마찬가지다. 무엇이 진실인지 실험으로 확인할 수 있다면 참 좋겠는데, 지금까지 얻은 실험 결과는 어느 하나를 특별히 지지하지 않는다. 게다가 아직 등장하지 않은 이론이 사실일 가능성도 있다!

하지만 좀 더 감칠나는 질문에는 내 나름대로 답을 줄 수 있다. 누군가가 나에게 "당신은 양자역학의 어떤 해석을 믿나요?"라고 묻는다면, 나의 대답은 다음과 같다(e-book을 조회할 때 자주 보았던 문구일 것임).

이 책의 미리 보기는 여기까지입니다. 재미있다고 생각되면 로그인을 하거나 회원가입을 해주세요. 그러면 더 많은 내용을 볼 수 있습니다.

만일 당신이 사후 세계와 영혼, 그리고 신을 믿는 전통적인 종교인이라면, 의식意識에 기초한 고스와미와 폰 노이만의 해석에 끌릴 것이다(적합도=A+). 또는 신성한 존재가 붕괴 결과를 결정한다는 믿음하에 자유의지를 사수하고 싶다면 '그냥붕괴 이론'도 괜찮은 선택이다(적합도=B+). 그러나 데이비드 봄의 결정론은 종교와 밀접하게 엮여있는 자유의지를 위태롭게 만들기 때문에 별로 매력적이지 않다(적합도=D). 마지막으로 에버릿의 다중우주는 거의 모든 사람들에게 반감을 불러일으킬 것이다. 이 가설을 수용하려면 자비롭기 그지없는 신이 '무고한 사람들이 고통을 겪는 말도 안 되는 우주'까지 창조했다고 믿어야 하기 때문이다.

종교가 없는 사람에게 에버릿과 봄, 그리고 그냥붕괴 이론은 대체로 무난해 보일 것이고, 고스와미의 이론은 약간의 메스꺼움을 유발할 수도 있다.

양자역학을 굳이 종교라는 렌즈를 통해 바라볼 필요는 없다. 요즘은 누군가가 범심론자(우주 만물에 영혼과 의식이 깃들어 있다고 믿는 사람)라고 하면 정신병자 취급을 받기 십상이지만, 그들이 최후의 승자가 될지도 모른다. 지금까지 제기된 양자역학의 해석 중 범심론과 상충하는 것은 단 하나도 없다. 범심론은 고스와미의 '우주의식'에서 그랬던 것처럼, 에버릿의 다중우주에서도 딱히 문제를 일으키지 않는다. 그러므로 만일 당신이 범심론자라면 주변 사람들의 평판에 흔들리지 말고 끝까지 밀고 나갈 것을 권한다.

그러나 당신이 '물질과 영혼을 포함한 모든 우주 만물은 물리법칙으로 표현 가능하다'고 믿는 유물론자라면 상황이 조금 불리해진다. 폰 노이만은 '의식이 개입된 관측 행위'를 붕괴의 원인으로 지목했는데, 이것을 또 다른 물리법칙으로 간주하면 그런대로 괜찮은 이론이지만, 물리법칙에 의식을 끌어들여서 재미를 본 사례가 단 한 번도 없다는 게 문제다.

우주의식 덕분에 물리계가 존재한다는 고스와미의 이론은 유물론자에게 제일 먼저 거부당할 테고, 에버릿과 데이비드 봄, 그리고 그냥붕괴이론은 그런대로 참아줄 만하다.

마지막으로, 당신이 전직 물리학자이고 현재 AI 관련 일을 직업으로 삼고 있으면서 우연히 양자역학에 관한 책을 쓰게 되었다면, 책이 마무리 단계에 접어든 지금 독자들도 스스로 선택할 수 있는 안목을 갖췄을 테니 당신의 카드 패를 공개할 때가 되었다. 이 책을 쓰면서 계속 숨겨왔지만, 사실 나는 휴 에버릿 3세의 다중우주 가설을 믿는 사람이다.(역자는 저자가 보어와 에버릿의 일화를 소개할 때부터 알아봤다. 과도한 농담과 감정 섞인 글을 그토록 남발했는데, 눈치 못 챌 사람이 어디 있겠는가?-옮긴이) 나는 종교를 믿지 않으며, 내가 보기에 의식에 기초한 이론은 아직 부족한 점이 많다. 게다가 나는 의식을 물리학보다 중요하게 여기는 사람들과 어울리는 것을 별로 좋아하지 않는다. 최종 이론은 아직 결정되지 않았지만,* 나는 에버릿 스타일의 이론이 진실에 가장 근접한 후보라고 생

---

* 내가 '최종 이론은 아직 결정되지 않았다'고 주장하는 데에는 두 가지 이유가 있다. 첫째, 나는 현재의 물리학이 의식을 다룰 정도로 충분히 발달하지 않았다고 생각한다. 수학 방정식에서 형이상학적 요소를 추출하려면 고스와미 스타일의 도약을 허용해야 하는데, 아무리 긍정적으로 생각해 봐도 이것은 도약이 아니라 과학적 논리를 무시한 비약에 가깝다.

두 번째 이유는 좀 더 현실적이다. 물리학자들은 아직도 작은 물체의 거동을 서술하는 양자역학과 크고 무거운 물체의 거동을 서술하는 중력이론을 하나로 통합하지 못했다. 물리학 자체가 두 부분으로 나뉘어 있는 것

각한다.

나는 가끔씩 이런 생각에 빠지곤 한다. "내 직감이 맞을 거야. 다른 해석은 죄다 엉터리잖아? 그런 이론을 지지하는 사람들은 아마 나보다 똑똑하지 않아서 그런 걸 거야." 그러다가도 문득 다음과 같은 생각이 들면서 정신을 차리곤 한다. "이크, 지금 내가 뭐 하는 거야? 그 옛날에 보어가 에버릿과 봄을 묵사발 낼 때와 똑같은 생각을 하고 있잖아?"

양자물리학에 대한 개인적 관점은 종교나 철학의 영향을 받기 쉽다. 그러나 이런 이론을 개발하고 연구하는 물리학자도 사정은 마찬가지다. 양자역학에 대한 다양한 해석들이 교착 상태에 빠진 지금, 실마리를 풀어줄 데이터가 확보되지 않는 한 우리는 미학적 취향과 직관에 의존할 수밖에 없다.

보어처럼 되지 않기

모든 물리학자들이 인류 문명의 미래나 인공지능의 한계를 걱정할 필요는 없으며, 실제로 그런 사람도 거의 없다. 제때 퇴근해서 집에서 차려준 저녁 식사를 먹으려면 양자역학의 해석 같은 건 뒷전으로 밀어놓아야 한다. 그들은 다중우주가 정말로 존재하는지, 우주에게 의식이 있는지, 또는 양자적 물체가 가끔씩 자발적으로 붕괴되는지, 이 모든 의문이 밝혀질 때까지 기다릴 여유가 없기에, 좋건 싫건 임의로 하나를 선택해야 한다.

이다. 이 시점에서 흥미로운 질문 하나가 떠오른다. "중력과 의식을 동시에 고려할 때, 에버릿이나 고스와미, 또는 데이비드 봄의 이론이 끼어들 여지가 있을까?"

물리학자뿐만이 아니다. 작가도, 소프트웨어 개발자도, 목수도 마찬가지다. 어떤 분야건 논란이 생기는 이유는 그것을 확실하게 종식시킬 데이터가 부족하기 때문이다(데이터가 주어진다 해도 그것을 분석할 시간이나 자원, 또는 전문성이 부족하면 논란은 계속된다).

하루하루를 무난하게 살아가려면 사회적 압력과 직관, 그리고 물리학자들의 양자역학에 적용하는 이기심 등으로 버무려진 도수 높은 칵테일에 취한 채 논란을 해결할 수밖에 없다. 결국 우리가 돌아갈 곳은 직장과 집, 그리고 교양과학 서적뿐이다.

마음속 찜찜한 구석을 별다른 생각 없이 즉흥적으로 해결하고 일상에 묻혀 살아가다 보면, 자신의 신념과 자연관이 손톱만큼의 정보만으로 결정되었다는 사실을 서서히 망각하게 된다. 이런 상태로 시간이 흐르면 어설픈 신념과 자연관은 신앙의 기초가 되고 정체성의 일부가 된다. 게다가 이런 것은 눈에 보이지 않기 때문에 '벗어날 수 없는 마음의 함정'으로 굳어지기 쉽다. 현재 통용되는 세계관과 사회제도, 법률 등은 이런 것들이 모여서 형성된 것이다. 지금 당장은 별문제 없이 돌아가고 있지만, 대충 쌓아 올린 기초가 얼마나 오래 버텨줄지는 아무도 알 수 없다.

그래서 우리는 가끔씩 하던 일을 멈추고 자문할 필요가 있다. "혹시 내가 보어처럼 생각하고 있는 건 아닐까?"

해본 사람은 알겠지만, 감사의 글을 쓰는 것은 결혼식 축사 원고를 쓰는 것과 비슷한 작업이다. 혹시나 빼먹은 사람이 있을까 봐 걱정되기도 하고, 감사 명단에 포함된 사람들은 너무 많은 것을 베풀어서 내가 진 빚을 '보드게임용 화폐'로 때운다는 느낌마저 든다. 그래도 집필이 끝난 후 입을 싹 씻는 것보다는 보드게임용 화폐라도 들이미는 게 낫겠다 싶어서 몇 자 적어보기로 했다. 보드게임용 화폐는 불을 지필 수 있고, 몇 장을 겹치면 더운 날 부채로 쓸 수 있으며, 정 쓸 곳이 없으면 그냥 보드게임할 때 써도 된다.

　사실 나는 이 책을 쓰면서 너무나 많은 사람들의 도움을 받았다. 그들의 도움이 없었다면 이 책은 끔찍한 재앙으로 끝났을 것이다. 그러므로 여기 언급될 모든 사람들은 스크루지 맥덕Scrooge McDuck(디즈니 만화 캐릭터로 도널드 덕의 삼촌 격-옮긴이)의 커다란 금고를 보드게임용 화폐로 가득 채울 자격이 있다. 개중에는 베타버전 테스트 전문요원처럼 내 원고의 모든 버전을 읽어준 사람도 있고, 엉망진창 망신창이인 내 글을 다듬어 준 사람도 있으며, 멋대로 지껄여 대는 장광설을 초인적인 인내심으로 견디면서 하품 한 번 하지 않고 끝까지 읽어준 사람도 있다.

마지막 사람이 누구인지 아는가? 바로 당신이다! 당신은 품위 없는 농담과 낙서를 방불케 하는 조잡한 그림, 그리고 이곳저곳에서 마구 퍼온 인용문을 잘 참으면서 여기까지 왔으므로, 나의 보드게임용 화폐를 1순위로 받을 자격이 있다. 정말로, 진심으로, 깊이 감사드린다.

게임용 화폐 1순위 수령자 명단에는 우리 부모님도 있다. 부모님은 독자들이 내게 베푼 것 외에 몇 가지를 더 베풀었는데, 예를 들면 어린 시절에 나를 키워주고, 실망할 때마다 어깨를 도닥여 주고, 내가 스물여섯 살이 될 때까지 치과 보험료를 내주고… 기타 등등이다. 나는 이 책에 수록된 모든 내용에 대하여 부모님과 많은 이야기를 나눴다(다 합하면 수십 시간은 족히 될 것이다). 이 책에서 고스와미 스타일의 양자 의식이 3개 장章에 걸쳐 논의되었다는 사실을 기억하는가? 처음 쓴 원고에는 이것이 하나의 장으로 묶여있었다. 만일 그런 상태로 책이 나왔다면 대부분의 독자들은 그 장을 다 읽기 전에 책을 집어 던졌을 것이다. 양자 의식을 여러 개의 장으로 나눈 것은 부모님의 충고를 따른 결과다. 부모님 말을 잘 들으면 자다가도 떡이 생긴다더니, 내가 바로 그런 경우였다.

내 동생 에드는 감사의 글에서 언급하기가 조금 망설여진다. 사실대로 말하면 독자들이 이렇게 따질 것이기 때문이다. "아니, 그럼 이 책은 네가 쓴 게 아니라 네 동생이 쓴 거나 마찬가지잖아!" 당신이 본문을 완독한 후 이 글을 읽고 있다면, 그것은 순전히 에드 덕분이다. 그 녀석은 내 원고를 여섯 번이나 정독했고, 매번 읽을 때마다 웬만한 편집자 못지않게 날카로운 눈으로 문제점을 지적해 주었다. 친절한 성격을 타고난 에드는 내가 성공하기를 바라는 마음에 이런 수고를 감내했겠지만, 가장 큰 이유는 독자들이 이 책을 즐거운 마음으로 읽어주기를 바랐기 때문이다. 참, 에드의 아내 파리야도 아주 멋진 사람이다.

출판사에서는 '감사의 글' 마감일을 내일로 못 박았고, 일주일 후면 나는 유부남이 된다. 즉, 결혼식 날 신부 자리에 서게 될 사리나 코트로네오는 아직 나의 법적 아내가 아니라는 뜻이다. 하지만 일주일 사이에 대형 사고가 발발할 확률은 극히 낮을 것이므로, 그녀를 그냥 '나의 아내'라 부르기로 하겠다. 나의 아내 사리나는 내가 휘갈긴 최악의 원고가 세상에 그대로 노출되는 것을 막아준 최초의 방어선이었다. 사실 나의 첫 원고는 엉성한 설명에 대중문화를 대충 버무린 졸작 중의 졸작이었다. 독자들의 이해를 돕기 위해, 사리나와 나눴던 대화 한 마디를 여기 소개한다.

나: 잠깐… 두 번째 항목을 첫 번째로 옮기고, 여기에 디팩 초프라의 양자 강화 아로마테라피quantum-enhanced aromatherapy가 실용성이 없는 이유를 설명하면 어떨까?
사리나: 출간과 동시에 폭망하고 싶으면 네 맘대로 해. 책을 그런 식으로 쓰면 가족들도 안 읽을 거야.

독자들이 이 책을 읽고 "제레미라는 친구, 농담에 목숨 건 괴짜 같은데 현실감각을 상실한 떠버리는 아니군. 그런대로 참을만했어"라고 생각했다면, 그건 100퍼센트 사리나 덕분이다.

나는 이 책을 쓰면서 출판계가 어떤 식으로 돌아가는지 처음으로 알게 되었고, 내가 출판 대리인^{agent}에게 엄청난 신세를 졌다는 것도 알게 되었다. 그가 평범한 작가를 만났다면 만사가 순조로웠을 텐데, 나처럼 이상한 작가를 만나는 바람에 거의 죽을 고생을 했다. 그래서 나의 뛰어난 출판 대리인 마이크 나르둘로에게 보드게임용 화폐 한 트럭을 선사한다. 몇 년 전, 마이크는 내가 머릿속에 떠오르는 대로 휘갈긴 양자역학 블로그를 읽고 이메일을 보내왔다. "헤이, 낯선 사람. 혹시 당신의 글을 책으로 낼 생각 없으신가?" 마이크의 빼어난 안목과 신속한 조치, 그리고 끊임없는 격려가 없었다면 이 책은 태어나지도 않았을 것이다. 참, 책의 제목도 마이크가 정했는데, 처음에 내가 지은 제목보다 5만 배는 나은 것 같다. 원래 제목이 뭐였냐고? '양자역학, 빅뱅에서 사후 세계까지'(뭔 소리여?), '양자역학: 아무도 말한 적 없는 가장 기이한 이야기'(으… 끔찍해!) 등이었다. 제목을 수렁에서 건져준 마이크에게 다시한번 깊이 감사드린다!

이런 책(수식어를 남발하고, 툭하면 문장이 전치사로 끝나고, 반쯤 넋이 나간 상태에서 황당한 아이디어를 늘어놓는 책)이 출간되려면, 그에 못지않게 정신 나간 편집자가 있어야 한다. 다행히도 나에게는 닉 게리슨이라는 뛰어난 편집자가 있었다. 사실 그는 편집자라기보다 철학자나 과학자에 가까운 사람이다. 닉의 빼어난 통찰력 덕분에 이 책의 마지막 장은 (10점 만점에) 3점에서 11점짜리 글로 업그레이드되었다가, 다시 내 손을 거치면서 8점으로 진정되었다. 모든 상품이 그렇듯이, 품질은 가격에 맞게 적당한 것이 좋다.

솔직히 말해서 이 책이 처음 기획된 후로 출간될 때까지 내가 한 일이라곤 닉과 마이크, 그리고 내 동생 에드에게서 아이디어를 훔쳐온 것뿐이다. 그 외에 글의 서체와 책의 판형, 페이지 여백, 삽입된 그림 등 전체적인 외관은 펭귄 캐나다 편집팀의 합작품이다. 그러므로 이 책이 지금과 같은 모습으로 탄생하는 데 가장 큰 공을 세운 수훈갑은 단연 펭귄 캐나다 편집팀이다(절대 아부가 아님!).

그러나 닉, 마이크, 펭귄 캐나다를 알기 훨씬 전에, 나에게는 칼턴 대학교 언론 미디어 대학 학장인 수전 하라다가 있었다. 누구든지 책을 쓰는 사람에게는 "이게 뭐야? 뭔 소린지 통 알 수가 없잖아. 1장은 처음부터 다시 써!"라고 호통쳐 줄 사람이 꼭 필요하다. 다행히도 수전은 세계적인 언론학 교수였고 우리 부모님 집 건너편에 살았기에 그 역할을 해줄 수 있었다. 수전은 출판에 대해 일자무식이었던 나를 눈뜨게 해주었고, 내 원고를 여러 차례 읽어주었으며, 편집에 대해서도 소중한 조언을 해주었다. 그러므로 수전에게도 보드게임용 화폐를 한 아름 안겨드린다.

이제 공식적으로 우리 가족이 된 코트로네오가※ 사람들에게도 많은 신세를 졌다. 그 집안에서 제일 먼저 작가로 데뷔한 도시 코트로네오는 나를 끊임없이 격려해 주었고, 귀한 시간을 할애하여 나의 원고를 꼼꼼하게 읽어주었다. 그리고 크리스천 코트로네오와 테일러 코트로네오, 퍼트리샤 코트로네오는 책의 제목을 정할 때 중요한 역할을 했다. 물론 프랭크 코트로네오도 빠뜨릴 수 없다. 그는 도시와 함께 친구의 결혼식장으로 가는 차 안에서 거의 두 시간 동안 이어진 양자역학 강의를 초인적인 인내심으로 들어주었다.

테일러에 대해서는 꼭 덧붙이고 싶은 말이 있다. 그는 과학자들이 '양자역학을 이해하는 데 꼭 필요하다'고 주장하는 과학 교육을 받은 적이 없지만, 나와는 비교가 안 될 정도로 엄청나게 똑똑하다. 그래서 하는 말인데, 나는 과학자들의 주장이 틀렸다고 생각한다. 우리 주변에는 테일러 같은 슈퍼 천재가 은밀한 곳에 숨어서 커밍아웃할 날을 기다리고 있을 것이다. 이 책은 자칫하면 난해한 전문용어를 남발해 가며 과학과 친하지 않은 사람들에게 "어이, 이건 네가 읽을 책이 아니야!"라고 외치는 편협한 교양과학서가 될 수도 있었다. 그러나 테일러의 날카로운 지적과 현명한 충고 덕분에 그나마 지금과 같은 모습을 갖추게 되었다.

철학자이자 프로그래머인 알렉스 플라츠코프와 미래학자이자 정치학자인 필립 노바코비치, 그리고 과묵한 출판계의 거물 루도 베니산트에게도 감사의 말을 전한다. 이들은 바쁜 와중에도 각자 시간을 내서 나의 어설픈 원고에 꼼꼼하게 코멘트를 달아주었고, 그 덕분에 나는 '실제보다 훨씬 잘난 작가'처럼 보일 수 있었다.

2년 전, 나는 그 유명한 베스트셀러 작가 조디 피코로부터 트위터 메시지를 받았다. 《The Book of Two Ways》라는 소설을 집필 중인데, 이야기에 끼워 넣은 과학적 내용을 검증해 달라는 쪽지였다. 내가 조디 피코에 대해 알고 있는 것은 딱 두 가지다. 첫째, 그녀는 현실성을 매우 중요하게 여기기 때문에 정확성을 1퍼센트라도 높일 수 있다면 지루하기 그지없는 1시간짜리 양자역학 강의도 기꺼이 들을 사람이다. 둘째, 그녀는 겉으로 보이는 것보다 훨씬 바쁜 사람이다. 그런데도 조디는 나의 초기 원고(정상적인 인간이라면 도저히 읽을 수 없는 처참한 수준의 원고)

를 끝까지 읽고 많은 조언을 해주었기에, 그녀에게 보드게임용 화폐 한 다발을 메일로 보냈다. 부디 유용하게 써주기 바란다.

또 내가 즉흥적으로 진행했던 양자역학 세미나 '양자역학, 0에서 무한대까지'에 반강제로 참석했던 학부생과 고등학생들, 물리학과 교수들, 그리고 죄 없는 시민들에게 심심한 감사의 말을 전한다. 그들의 인내심과 다양한 질문, 그리고 호기심이 없었다면 나의 집필 프로젝트는 절대로 결승선을 통과하지 못했을 것이다.

마지막으로, 위대하고 고귀한 땅콩에게 가장 큰 감사를 전하는 바이다. 그 좋은 콩과식물을 수시로 거론하면서 이름을 더럽힌 것 같아 살짝 죄책감이 든다. 대체 내가 왜 그랬을까? 사실 나는 땅콩에 대해 아무런 반감도 없다. 하지만 땅콩버터를 만들려면 어쩔 수 없이 껍질을 부숴야 하지 않는가? 땅콩들에게 바라노니, 부디 이런 맥락에서 나의 뜻을 헤아려 주기 바란다.

양자역학은 신기하다. 원리 자체도 신기하고, 이론을 풀어나가는 수학
은 눈이 돌아갈 정도로 신기하고, 실험실의 장비들도 외계인에게 빌려
온 것처럼 낯설기 그지없다. 그러니 양자역학을 기본 원리로 채택한 우
리의 우주는 (전부 둘러보진 못했지만) 정말 신기한 세상일 것이다. 그
런데 잠깐… 우리는 세상에 태어난 후로 그 신기한 법칙이 적용되는 곳
에서 줄곧 살아왔는데, 신기하다고 느낀 적이 별로 없는 것 같다. 왜 그
럴까? 양자역학은 원자 이하의 작은 세계에 적용되는 물리학이어서 우
리가 사는 큰 세계에 아무런 영향도 주지 않는 것일까? 이 세상이 큰 세
상과 작은 세상으로 양분되어 있어서, 큰 세상은 뉴턴의 역학으로, 작은
세상은 양자역학으로 각자 독립적으로 운영되고 있는 것일까?

　그럴 리가 없다. 모든 물체가 원자로 이루어져 있다는 건 초등학생도
아는 사실이다. 원자가 모여서 분자가 되고, 분자가 모여서 세포가 되
고, 세포가 모여서 나의 몸이 되었으니, 나의 몸은 근본적인 단계에서 양
자역학의 법칙을 따르고 있음이 분명하다. 그런데 왜 나는 전자처럼 여

러 곳에 동시에 존재할 수 없고, 여러 가지 일을 동시에 할 수 없는 것일까? 이것은 양자역학이 처음 태동하던 시기부터 끊임없이 제기되어 온 질문인데, 100여 년이 지난 지금까지 어느 누구도 속 시원한 답을 제시하지 못했다. 20세기 초에 양자역학을 이끌었던 덴마크의 닐스 보어와 그를 따르던 코펜하겐 학파의 물리학자들이 어설픈 설명으로 땜질을 한 후, 계속 의문을 제기하는 후속 물리학자들에게 "닥치고 계산이나 하라(Shut up and calculate!)"는 엄명을 내렸기 때문이다.

기존의 권위에 반발하면 곧바로 화형에 처해지던 중세도 아닌데, 양자역학이 물리학자 몇 사람의 권위에 눌려 문제를 방치했다는 것은 언뜻 이해가 가지 않는다. 이 책에서 저자는 시종일관 보어를 '양자역학의 발전을 저해한 빌런' 취급을 하고 있지만, 사실 여기에는 (책에서 언급하지 않은) 더욱 중요한 이유가 있다. 물리학자들이 양자역학의 현실적인 해석에 별 관심을 갖지 않은 이유는, 이론으로 계산된 값이 실험으로 얻은 데이터와 입이 딱 벌어질 정도로 정확하게 일치했기 때문이다. 예를 들어 전자는 전하를 띤 채 자전하기 때문에 '자기모멘트'라는 물리량을 갖고 있는데, 이 양을 양자역학으로 계산한 값은 1.00115965246(±2)이고, 실험실에서 관측된 값은 1.00115965221(±4)이다. 자기모멘트의 값을 지구의 둘레(4,000만 미터)에 비유했을 때 이론과 실험의 차이가 0.1 밀리미터밖에 안 난다! 이 정도면 역사 이래 인류가 개발한 이론 중 가장 정확한 이론으로 손색이 없다(이것은 빙산의 일각에 불과하다. 지금까지 실행된 수많은 실험 중 양자역학의 예측에서 어긋난 결과가 얻어진 사례는 단 한 번도 없다). 이토록 정확한 이론을 '철학적으로 모호하다'는 이유로 포기한다면 그게 더 이상한 일일 것이다.

누가 뭐라 해도 양자역학은 더할 나위 없이 정확한 이론이지만, 누구나 쉽게 걸고넘어질 수 있는 취약점이 하나 있다. 흔히 '슈뢰딩거의 고양이'로 대변되는 '파동함수의 붕괴'가 바로 그것이다. 예를 들어 수소 원자에 슈뢰딩거의 파동방정식을 적용하여 풀면 전자의 파동함수가 얻어지는데, 이 함수에 의하면 하나의 전자는 다양한 궤도에 '동시에' 존재할 수 있다. 다만, 각 궤도마다 전자가 존재할 확률이 다를 뿐이다. 물론 슈뢰딩거 방정식을 풀면 이 확률까지 정확하게 알 수 있다.

자, 지금부터가 문제다. 실제로 수소 원자를 관측하면 전자는 항상 '단 하나의 궤도'에서 발견된다. 왜 그런가? 닐스 보어의 설명에 의하면 "관측 행위 자체가 수소 원자를 교란시켜서 전자의 파동함수를 붕괴시켰기 때문이다". 이 내용을 처음 배우는 물리학과 학생들은 당연히 의문을 가질 수밖에 없는데, 앞으로 배워야 할 수학적 콘텐츠에 압도되어 더 파고들 엄두조차 내지 못한다. 게다가 시중에 판매되는 양자역학 교과서 중 이 부분을 비중 있게 다룬 책은 거의 없다고 봐도 무방하다. 이렇게 학부와 대학원 과정을 거쳐 물리학자가 되고 나면 양자역학의 관측 문제(파동함수의 붕괴 문제)는 '학창 시절에 잠시 품었던 치기 어린 의문'으로 남는다. 어차피 양자역학은 수학이라는 난공불락의 성벽으로 든든하게 에워싸여 있으니, 파동함수가 붕괴되는 과정을 어떤 식으로 설명하건 달라질 것은 없다. 보어의 해석이 틀렸다 해도 스마트폰은 여전히 잘 작동하고, 태양 내부에서는 여전히 핵융합반응이 일어날 것이며, 양자컴퓨터 관련주는 꾸준히 오를 것이다.

현역 물리학자가 파동함수의 붕괴 원리를 파고들기 시작하면 교수직을 유지하기가 어려워진다. 일단 동료들 사이에서 '이단자'로 찍혀 공동연구를 하기가 어렵고, 제대로 밝혀진 내용이 거의 없어서 논문을 대량으로 생산하기도 어렵기 때문이다. 이런 점에서 볼 때, 이 책의 저자인 제레미 해리스는 물리학과 박사과정 중 학교를 그만두고 다른 분야(AI)에 투신했으니, 양자역학의 고질적인 문제를 폭로하기에 알맞은 인물인 것 같다. 이 책은 그의 탄탄한 물리학 지식과 그 자신이 몸소 겪었던 이론물리학계의 현실에 특유의 유머 감각을 버무려서 만든 '유쾌하지만 결코 가볍지 않은' 양자역학 개념서이다.

　파동함수의 붕괴 원리를 설명하기 어려운 이유는 붕괴 과정에 '관측자의 의식意識'이 필연적으로 개입되기 때문이다. 대부분의 물리학자는 인간의 의식이 물리학에 도입되는 것을 극도로 꺼리기 때문에, 관측 문제가 도마 위에 오르면 자리를 피하거나 불가지론을 외치곤 한다. 그러나 이미 기업가로 변신한 제레미 해리스는 기존의 이론에 반기를 들어도 딱히 손해 볼 것이 없으므로, 100년의 전통을 자랑하는 보어의 붕괴이론에 다양한 대안을 제시하면서 거의 융단폭격을 가한다. 물리학자인지 종교지도자인지 정체가 불분명한 아미트 고스와미의 우주의식 이론에서 시작하여, 파동함수가 아무런 이유 없이 그냥 붕괴된다는 '그냥붕괴이론', 파동함수가 붕괴되지 않고 모든 가능성이 별개의 우주로 갈라져 나간다는 휴 에버릿 3세의 다중우주 가설, 그리고 데이비드 봄의 유도파동에 이르기까지, 모든 대안들이 한결같이 참신하고 흥미로우면서 한편으로는 황당무계하다. 그리고 책의 후반부에서는 "각 대안이 사실이라면, 이 세상의 도덕적 가치와 법률체계는 어떻게 달라져야 하는가?"라는 질문과 함께 인간의 의식과 자유의지를 양자역학적 관점에서 재조명한다. 8장으로 가면 독자들도 이게 과학책인지, 철학책인지, 아니면 법률 서적인지 헷갈릴 것이다. 이것은 저자의 개인적 취향 탓이 아니라 관측 문제를 파고들다 보면 어쩔 수 없이 도달하게 되는 종착역이며, 기존의 물리학자들이 관측 문제를 기피하는 이유이기도 하다. 그 정도로 관측 문제는 우리의 정체성과 가치관, 그리고 우주의 본질과 함께 관련되어 있다.

현학적인 작가가 동일한 주제로 글을 썼다면 엄청나게 어렵고 심각한 책이 되었을 것이다. 저자도 이 점을 걱정했는지, 아니면 원래 그런 체질을 타고났는지, 수시로 구사하는 유쾌한 농담이 책의 중압감을 크게 덜어주고 있다. 나는 번역을 거의 30년 동안 해왔는데, 책을 번역하면서 이렇게 웃어보긴 난생처음이다. "에버릿의 가설은 보어가 구축한 모든 이론(그리고 그가 쌓아온 모든 경력)을 향해 날린 '거대한 가운뎃손가락'이었다!"—어떤 물리학자가 이런 기발한 유머를 구사할 수 있을까? 게다가 (저자는 허접하다며 너스레를 떨고 있지만) 간간이 삽입된 경쾌한 그림도 본문과 한 몸처럼 어우러져서 내용을 이해하는 데 커다란 도움이 된다.

다시 한번 강조하건대, 이 책은 양자역학 자체를 다룬 책이 아니라 그것을 해석하는 방법에 관한 책이다. 해석을 어떻게 하건 양자역학의 철옹성은 절대로 무너지지 않는다. 그러니 아무 걱정 하지 말고 상상의 날개를 활짝 펼치면 된다. 그것도 귀찮다면 저자가 펼친 날개에 올라타기만 해도 된다. 장담하건대, 양자역학을 이토록 재미있게 풀어낸 책은 한 동안 찾기 어려울 것이다.

추신. 이 책을 읽은 독자 중 한 사람이 amazon.com에 다음과 같은 후기를 올렸다.

"Ket me if you can!"(할 수 있다면 나를 켓에 가둬봐!)

옮긴이 **박병철**

연세대학교 물리학과를 졸업하고 한국과학기술원(KAIST)에서 박사학위를 받은 후 근 30년간 대학에서 학생들을 가르쳤으며, 지금은 집필과 번역에 전념하고 있다. 2006년에 제46회 〈한국출판문화상〉을, 2016년에 제34회 〈한국과학기술도서상〉을 받았다. 옮긴 책으로 《페르마의 마지막 정리》, 《프린키피아》, 《파인만의 물리학 강의 I, II》, 《평행우주》, 《엘러건트 유니버스》 등 100여 권이 있으며, 저서로는 어린이 과학 시리즈 《나의 첫 과학책》과 《별이 된 라이카》 등이 있다.

이게 다 양자역학 때문이야!

초판 1쇄 인쇄 2025년 4월 16일
초판 1쇄 발행 2025년 4월 30일

지은이 | 제레미 해리스
옮긴이 | 박병철
발행인 | 강봉자, 김은경

펴낸곳 | (주)문학수첩
주소 | 경기도 파주시 회동길 503-1(문발동 633-4) 출판문화단지
전화 | 031-955-9088(대표번호), 9532(편집부)
팩스 | 031-955-9066
등록 | 1991년 11월 27일 제16-482호

홈페이지 | www.moonhak.co.kr
블로그 | blog.naver.com/moonhak91
이메일 | moonhak@moonhak.co.kr

ISBN 979-11-7383-003-7 03420

* 파본은 구매처에서 바꾸어 드립니다.